茶叶绿色生产模式及配套技术

◎ 全国农业技术推广服务中心　组编

中国农业科学技术出版社

图书在版编目（CIP）数据

茶叶绿色生产模式及配套技术 / 冷杨，李莉，肖强主编．—北京：中国农业科学技术出版社，2016.10

ISBN 978－7－5116－2772－8

Ⅰ.①茶… Ⅱ.①冷… ②李… ③肖… Ⅲ.①茶叶－栽培技术－无污染技术 ②制茶工艺－无污染技术 Ⅳ.①S571.1 ②TS272.4

中国版本图书馆 CIP 数据核字（2016）第 238572 号

责任编辑　于建慧
责任校对　李向荣

出 版 者　中国农业科学技术出版社
　　　　　北京市中关村南大街 12 号　邮编：100081
电　　话　(010)82109708(编辑室)　(010)82109702(发行部)
　　　　　(010)82109709(读者服务部)
传　　真　(010)82106650
网　　址　http://www.castp.cn
经 销 者　全国各地新华书店
印 刷 者　北京富泰印刷有限责任公司
开　　本　710mm×1 000mm　1/16
印　　张　14.25
字　　数　296 千字
版　　次　2016 年 10 月第 1 版　2016 年 10 月第 1 次印刷
定　　价　50.00 元

《茶叶绿色生产模式及配套技术》

编委会

主　　编　冷　杨　李　莉　肖　强

副 主 编　黎星辉　王娟娟　夏　冰

编写人员（按姓氏笔划排序）

王沅江　王娟娟　白　岩　朱旭君

刘跃明　李玉胜　李尚庆　李　莉

肖宏儒　肖　强　何孝严　冷　杨

张香萍　张富龙　陆德彪　陈明成

陈　勋　陈常兵　尚怀国　宗庆波

房婉萍　贺丽秀　夏　冰　高　峻

唐劲驰　韩文炎　傅尚文　黎星辉

前　言

2015 年，我国茶叶生产形势良好，面积继续扩大，增产增收。全国茶园面积达 4 316万亩（15 亩 = 1hm^2。全书同），同比增长 4. 2%；干毛茶产量约为 227. 8 万 t，同比增长 8. 9%；干毛茶产值超过 1 500亿元，同比增长 10%以上。但是，茶叶生产也面临一些问题与挑战，继续保持茶叶持续健康发展的压力正逐步增大。一是茶叶生产规模扩张过快，保持茶叶产销平衡的压力逐步增大；二是茶叶价格回归理性，但生产成本越来越高，保持茶农持续增收的难度逐步加大；三是茶叶质量安全关注度高、容忍度低的现状未发生变化，国内外质量安全标准趋严，而依赖化肥、农药的传统种植模式还未彻底改变，确保茶叶质量安全及保护茶区生态环境的压力不断加大；四是茶园季节性用工矛盾凸显，“谁来采茶”的问题日益严重。

如何应对上述困扰茶产业发展的问题，笔者认为，2015 年 10 月召开的中国共产党十八届五中全会提出的“创新、协调、绿色、开放、共享”的五大发展理念，就是对此最好的回答。当前，推动我国茶叶绿色生产正当其时，既满足社会对控制茶叶农残、减轻面源污染，保护好茶区生态环境的重要诉求，又能破解茶产业发展缺少新的增长点，茶叶生产技术模式落后及成本持续上升等难题。大规模实施茶叶绿色生产是茶产业转变发展方式及进一步提质增效的重要措施，有利于促进茶农增收和茶业增效，将在我国扶贫攻坚的关键性战役中发挥重要作用。

当前，我国茶叶绿色生产已有较好的基础。2009 年以来，农业部在全国启动园艺作物标准园创建，按照规模化种植、标准化生产、商品化处理、品牌化销售、产业化经营的“五化”要求，创建了近 200 家设施优良、技术水平先进的茶叶标准园区，极大地推动了茶叶标准化生产，较好地普及了茶叶生态栽培技术。茶园害虫灯光诱控技术、色板和性诱剂诱杀技术、病毒杀虫剂和植物源农药防治技术、茶园绿肥应用技术等一批先进实用的茶叶生态栽培技术在全国主要茶区大面积推广应用。2013 年以来，全国农业技术推广服务中心与中国农业科学院茶叶研究所等单位合作，推动绿色生产技术与社会化服务融合发展，搭建信息化、商业化、点对点的精准农业服务平台，探索、构建茶叶绿色生产技术模式，在全国30余家茶企开展试点示范，有效促进了各茶区茶叶绿色生产模式的集成和示范推广。在此基础上，全国农业技术推广服务中心组织编写本书，旨在集成总结各茶区茶叶绿色生产技术模式，介绍茶叶绿色生产方面的新理念和新技术，从而进一步推动这一领域的技术进步，促进和带动全国茶叶绿色生产。

由于时间仓促，水平有限，难免有错漏和不足之处，敬请广大读者批评指正。

编　者

2016年10月

目　录

第一章

茶叶绿色生产模式概述

茶叶绿色生产模式是遵循可持续发展与生态循环农业理念，集成利用茶园环境优化、病虫害绿色防控、绿色高效施肥、茶叶清洁化高效加工等先进技术，依托社会化服务进行技术模式构建与运行，具有产品安全、环境友好、节约高效、服务精准等优点的新型茶叶生产技术体系。

茶叶绿色生产模式是一套全新的茶叶生产技术体系，具有6项突出特点：一是先进性。建园规划符合农业部标准茶园建园规范，生产全程基本不使用化学农药，实施以有机肥为主的高效施肥方案，尽可能在茶园实施机械化生产管理，研发茶叶低碳高效加工机械，实施茶叶全程清洁化加工；二是开放性。茶叶绿色生产模式是完全开放的技术体系，通过不间断的筛选试验和规模示范，持续吸收效果稳定的，国内外先进且符合本体系理念的先进生产技术；三是普适性。茶叶绿色生产模式适用于所有茶园，在无公害茶园、绿色茶园、有机茶园、GAP认证茶园及各类生态茶园都可以建立符合相应标准的绿色生产模式；四是差异性。全国各茶区、生产不同茶类、按不同标准进行管理的茶园，都可以选择适宜技术组成个性化的绿色生产技术模式，既有高端的有机茶园绿色生产模式，又有常规茶园绿色生产模式；五是安全性。绿色生产模式产出的茶叶质量稳定，全面符合食品安全国家标准。不同等级茶园产出的茶叶符合相应质量标准，出口茶叶符合出口目的国质量标准；六是高效性。茶叶绿色生产模式积极依托社会化服务开展技术集成与推广，通过“移动互联网+社会化服务”，促进配套技术推广的信息化和商业化，实现技术及科技产品的高效、快速、精准投放，为茶叶生产持续提供技术支撑。

第一节　茶叶绿色生产模式的意义和作用

一、确保茶叶质量安全的迫切要求

茶叶质量安全对消费者而言是健康，对茶叶出口企业是生命，对茶业可持续发展是基础，意义重大。当前，茶叶农残问题社会关注度高、容忍度低，是茶业发展的主要瓶颈之一。从国内看，2014 年 8 月 1 日实施的《食品中农药最大残留限量》（GB 2763—2014）标志着茶叶农残限量指标从最初的 9 项增加到现在的 28 项。同时，公众对问题产品的容忍度越来越低，市场监督的力度越来越大。从国外看，以欧盟、日本为代表的茶叶进口国农残标准限量越来越严，2015 年欧盟检测项目最多已可达 459 项。从现状看，茶树病虫害防治依赖化学农药的技术模式未彻底改变，茶叶产品农药残留检出率偏高。据国内某权威机构 2009—2012 年对全国 14 个产茶省的各种茶叶、茶制品和茶饮料总计约 2 万个样品的系统检测，不同茶类（绿茶、红茶、乌龙茶、黑茶）、不同制品（速溶茶、茶饮料）中检出农残的现象还比较普遍。从未来看，消费国与生产国对茶叶质量标准的角力愈发激烈，互联网使消费者对茶叶质量更加关注，仪器检出限越来越低，农残超标风险将越来越高。只有构建和应用茶叶绿色生产模式，彻底转变依赖化学农药、化肥，初制加工清洁化程度低的传统模式，才能稳定住茶叶质量，保障茶业稳定发展。

二、保护生态节约资源的必然选择

农业部在《农业部关于大力开展粮食绿色增产模式攻关的意见》中提出，农业发展面临生态环境束缚和资源制约两道“紧箍咒”，使得拼资源、拼投入品、拼生态环境的传统发展方式难以为继，必须走资源节约、生态友好的农业可持续发展之路。就茶叶生产而言，从环保角度看，部分茶区盲目开垦山林种茶，过量使用化肥、农药带来面源污染，造成土壤酸化、板结，给茶区生态环境造成严重破坏，尤其西湖龙井、黄山毛峰、洞庭山碧螺春、版纳普洱、武夷岩茶等众多名茶产区与风景名胜区重叠，保护生态环境的意义不言而喻。从资源角度看，传统的茶叶常规生产模式化学农药和肥料用量较大，根据《中国有机产业发展报告》，与有机茶园相比，常规茶园平均每亩多使用农药 0. 5kg，多施用化肥 67. 5kg，相当于每亩化石能源投入量增加 145. 3kg 标准煤。集成推广茶叶绿色生产模式，创新理念，革新技术，生产过程应用植物源农药、病毒杀虫剂及有机肥等友好技术，减肥减药，有效减少土壤、水体、大气污染源，优化茶园生态；加工过程推广节能机械，制茶能源提倡电能，逐步淘汰木柴、木炭，全程清洁化生产，节能环保，是保证茶业可持续发展的必然选择。

三、促进茶叶增效、茶农增收的重要途径

近年来，全国茶园面积快速扩大，产品供应趋于饱和。同时，茶叶生产成本上涨，而茶叶优质不优价现象普遍存在，茶业增效、茶农增收的难度进一步加大，迫切需要开辟茶叶增效、茶农增收新途径。茶叶绿色生产模式在促进茶业增效、茶农增收方面作用突出。首先，有利于改善茶叶的社会形象。绿色生产模式倡导的绿色、健康理念可提振消费者信心，从根本上扭转茶叶生产滥用农药化肥的不良形象，从而促进茶叶消费；其次，有利于破解“同质化”难题。茶叶生产者通过环境友好的生产模式，安全稳定的茶叶品质，可以树立独特的品牌特征，实现与市场上普通茶叶的差异化，为消费者提供高端、优质、安全的选择；最后，有利于与第三产业融合发展。绿色生产模式有助于保护和改善茶园生态环境，推动茶叶生产与旅游业融合发展，提高茶园资源综合利用率，促进茶农增收。

第二节　茶叶绿色生产模式的主要技术内容

一、茶园环境优化技术

包括标准茶园建园技术、茶林间作技术及茶园地表覆盖技术；茶园土壤有机质提升及土壤修复技术；茶园环境信息自动监测技术。

二、茶园减量高效施肥技术

包括测土配方施肥，探索建立茶园水肥一体化；建立以有机肥为主的施肥模式，大力推广生物有机肥和生物型、复合型叶面肥，推广茶园绿肥种植技术及有机肥（农家肥）堆肥技术；推广机械化开沟施肥技术。

三、茶树病虫害绿色防控技术

包括强化病虫测报及修剪、采摘等农业防治措施；推广植物源农药、微生物农药、信息素、天敌昆虫等生物防治技术及吸虫机、诱虫色板、杀虫灯等物理防治技术；推广矿物源农药；推广低容量喷雾、静电喷雾、无人施药机等先进施药器械。

四、茶叶高效、低碳、清洁化加工技术

推广低碳节能茶叶加工机械，重点推广电能机械，逐步淘汰以木柴、木炭作为制茶能源；推广不产生焦边焦叶的节能茶机；推广连续化、自动化、清洁化加工流水线；集成推广全程不落地的茶叶清洁化加工技术。

五、茶叶绿色生产信息化技术

依托物联网、互联网及移动互联网技术，研发集政策法规、生产管理、技术推广、产品推介为一体的，快捷、高效、精准的茶叶绿色生产技术移动互联平台，推动茶叶生产信息化。

除上述5项综合技术外，构建茶叶绿色生产技术模式还需要应用到茶园机械化生产管理技术、茶叶质量管理技术等配套技术，本书后续章节将做详细介绍。

第二章

茶叶绿色生产模式技术要求

茶叶绿色生产模式被运用在不同茶区不同条件的生产茶园，因地制宜地建立产品安全、环境友好、生产高效的茶叶生产技术体系。为了达到上述目的，茶园在建园规划、生产管理、人员配置方面都要满足一定技术要求，本章从这 3 个方面加以阐述。考虑到本书后续章节将对配套技术进行详细介绍，因此本章对生产管理技术要求仅作概述。

第一节　建园要求

茶树是多年生木本经济作物，种植成园能持续生产几十年、甚至上百年，因此茶园建设的基础对持续产出具有重大影响。茶园建设遵循高标准、严要求，则能更好地协调茶园的生态环境，收获优质高产的生产原料。茶园建设应以茶树为主要物种，以确保优质高效的茶叶产量为宗旨，促进生态系统循环可持续发展为目的，改善和促进茶园生态平衡，为茶树生长创造良好的生态环境，最大限度地增强茶树的代谢能力，促进茶叶产量和质量的提高，支撑茶叶产业的可持续发展。

一、茶园环境

茶园的生产经营者应具有良好的生产技术基础，基地要有适度的规模，注意保护原有自然生态环境和生物群落系统，并且禁止过度开垦。茶园基地应有丰富的植被，所在区域森林覆盖率最好应大于 70%；生态条件良好，具有可持续生产能力；年平均温度在 13℃以上、活动积温在 3 500℃以上。茶园应远离化工厂和有毒土壤、水质、气体等污染源，远离居民聚集居住区，一般应远离公路干线 200m 以上。

茶园应建于平地或缓坡地，坡度在 25°以下，坡度在 15°～25°的茶园需建立等高梯级园地；茶园与主干公路、荒山、林地和农田等的边界应设立缓冲带、隔离沟、林带，园地与其他作物地块间应建有隔离带。

茶园土壤 pH 值是 4.5～6.0，土层有效深度 1m 以上，土壤疏松肥沃、通透性好，排灌条件良好；周边环境、空气、灌溉水、土壤符合《无公害农产品种植业产地环境条件》（NY/T 5010—2016）。

二、茶园规划

茶园规划基本原则是实现“五化”，即茶区园林化、茶树良种化、茶园水利化、栽培科学化、生产机械化。

◎ 茶园规划与建设应有利于保护和改善茶区生态环境、维护茶园生态平衡和生物多样性，发挥茶树良种的优良种性。

◎ 合理设置茶园种植区、茶叶加工生产区、农资器具存储区等功能区域；茶园与茶叶加工厂的直线距离在 5km 以内，茶叶加工厂应与办公、生活区隔离。

◎ 道路规划：根据基地规模、地形和地貌等条件，设置合理的道路系统，包括主道、支道、步道和地头道，便于运输和茶园机械作业。大中型茶场以总部为中心，与各区、片、块有道路相通。规模较小的茶场，设置支道、步道和地头道。主道一般宽 6m，是整个茶园区域的交通要道；支道一般宽 4m，是运输耕作等机具的运行道路；步道一般宽 1～2m，为生产管理作业道。

◎ 水利规划：建立完善的水利系统和节水灌溉系统。主要的设施包括蓄水塘坝、渠道、主沟、支沟、隔离沟等。做到蓄水充足，能蓄能排，沟渠相连，排灌畅通。

◎ 新建茶园要做好“园、林、水、路”的合理规划，合理布置林带，间作果树或观赏树木，茶行的布置和各种植物的搭配除了满足环境保护的一般要求，还应充分考虑观赏效应。可以按照观赏要求对茶行的走向进行专业设计，使之形成一定的景观。茶树品种的选择除满足茶叶生产的基本要求外，还应从景观的角度选择不同树形、不同叶色的茶树品种进行合理搭配。坡地茶园要建成等高梯田，园地土壤要深耕 60cm，园面呈外高内低，内侧开设蓄水竹节沟，山顶、山凹及道路两侧修建排水沟，排水沟要与蓄水沟相连接，并在连接处挖积沙坑，实现小雨、中雨雨水不出园，大雨、暴雨积沙走水不冲园。

三、园地开垦

茶树作为多年生经济作物，只有根深才能叶茂，因此，建园时的深翻改土对今后几十年的茶叶生产具有长远意义。深翻改土的目的是为茶树提供适宜的生长条件，但土地垦殖与耕翻应注意保护生态环境及兼顾土地的有效利用。

（一）茶园开垦应注意的几个问题

茶园开垦应注意水土保持，根据不同坡度和地形，选择适宜的时期、方法和施工技术。平地和坡度15°以下的缓坡地等高开垦；坡度在15°以上时，建筑内倾等高梯级园地。开垦深度在50cm以上，在此深度内有明显障碍层（如硬塥层、网纹层或犁底层）的土壤应破除障碍层。

（二）平地和缓坡地的开垦

平地和15°以下的缓坡地茶园，根据道路、水渠等可分段进行，并要沿等高线横向开垦，使坡面相对一致。若坡面不规则，应按“大弯随势，小弯取直”的原则开垦。若局部地面水土流失，应填土符合种植要求。

（三）陡坡梯级开垦

陡坡做梯级开垦茶园的主要目的，一是改造天然地貌；二是保水、保土、保肥；三是可引水灌溉。

梯级茶园建设应遵循下面几个原则：一是宽度适合机械作业；二是施工尽量保存表土；三是茶垄长度在60～80m，同梯等宽。

四、茶园设施建设

（一）水利建设

根据茶园地形地势或利用自然溪沟设置排水沟，在茶园上方开防洪沟，拦截山洪，将水引入排洪沟。在茶园内侧开竹节沟蓄水，园区配套建设蓄水池。蓄水池是生态茶园必须配套的水利设施，可选择在靠近水源或雨水汇集较多的地段建造，一般每5～10亩建造一个，水池大小可根据地形、水源和灌溉面积大小而合理确定。在大规模的茶园基地可以根据观光需要或种养结合的需要，开挖水塘直至建设微型水库。有条件的地方，应在茶园内铺设管道，引水入园，建设喷灌、滴灌、水肥一体化等水利设施，提高茶园抗旱能力。

（二）道路修整

茶园建设应结合道路的新建、改造与拓宽。大面积茶园道路根据不同需要设置主干道、次干道和支道，路面实行硬化，以形成便利的交通网络。

（三）茶叶初制加工厂修建

初制加工厂宜建在茶园中心或附近安全地带，兼顾交通、生活、通讯的便利，加工厂应与生活区和办公区隔离；农资机具存放、有机肥沤肥设施建设符合绿色安全、环境友好的要求；加工厂厂房设计应按照清洁化、连续化、智能化、可视化要求建设；茶叶仓库应具有密闭、防潮功能，有条件的用冷藏库贮存茶叶，保存温度5℃左右。

（四）生态建设

林网配置和绿化建设。茶园周围、道路两侧、深沟两侧以及陡坡、山顶应建设林网，茶园内部种植适量的遮阴树木和高干果树，起到遮阴和调节茶园生态环境的作用。林网和林带的配置既应满足茶园基本的防护需要例如阻挡寒风、阻隔农药漂移等功能外，也应满足水土保持、景观配置的需求。

茶园间作树种可根据气象生态条件选择适宜本地栽种的速生优质树种，以深根、不与茶树争夺水肥、无共同病虫害、枝叶疏密适中的果树、经济树种为佳。茶园内可栽种一定数量的遮阴树，遮阴树种可选梨树、楝树、香椿、油柿、板栗等树形高大、分枝部位较高并兼有经济性、观赏性的落叶乔木；在空地及道路两旁的行道树可选香椿、香樟、楝树、桂花、梅花、杜鹃、罗汉松、天竺桂、紫玉兰、山茶花、塔松等，乔灌结合种植；防护林带和山顶可选木荷、杨梅、香樟、楠木、天竺桂等常绿树种，露地种植草坪或三叶草等植物。

护坡和梯壁可种植爬地兰、百喜草、三叶草、黄花菜等生长势强的植物，或选种印度豇豆、平托花生、圆叶决明、黄豆、苕子、花生等绿肥作物，为七星瓢虫等茶园天敌提供繁衍和栖息场所，并改善茶园环境。

随着生态茶园管理技术的进步，林木与绿化带树种、草地植被的配置还可以与病虫害的控制以及天敌的迁徙和保护联系起来。行道树可配置一定数量根系分布深、树幅广大、叶片稀疏且对有害生物具有调控作用的树种，如柠檬桉、台湾相思、托叶楹、泡桐、山苍籽、乌桕等，再适当搭配灌木类具有驱虫作用的植物如大叶千斤拔、桃金娘等，还可配置弥勒，迷迭香、薄荷等有一定驱虫作用的草本植物，或配置一定数量万寿菊、薰衣草等既有良好景观效应，又能释放出某些对害虫和天敌的行为有一定调节作用的挥发物的植物，它们的花粉还可为天敌提供天然食物。

五、茶树良种选择与种植

（一）茶树良种的选择与搭配原则

茶树良种是经过品种审（鉴）定委员会审（认、鉴）定，并且在产量、品质和抗性等方面表现优异的品种，在抗逆性、品质、单产、生育期或者适应机械化作业等方面具有突出优势。良种对于茶园生产技术水平和经济效益的提高十分关键，因此，要高度重视，遵循以下原则科学选择新建茶园的种植品种。

1. 多抗性原则

茶树品种抗性与产品的质量安全有关。农药残留是茶叶生产最大的质量安全问题之一，且主要来源于茶园病虫害防治过程的农药使用不当。因此，选择种植的品种要对当地主要病虫害具有较强的抗性。具体操作时，应根据当地病虫害发生情况，选用对当地频发病虫害抗性强的优良茶树品种。

茶树品种的抗性与茶园的稳产性有关。我国茶区纬度跨越幅度大，南北茶区之间的冬季平均气温和最低气温差异很大。茶园选择的品种应该对寒、旱具有较强的抵抗力。北部茶区选用的茶树品种，必须具有很强的抗寒力；倒春寒出现频繁的江南茶区，不宜选择春茶萌发期过早而且抗寒力低的茶树品种。干旱频发茶区要选择抗旱力强的茶树品种。

2. 多样性原则

一个地区推广的茶树品种应具有遗传多样性，避免种植单一茶树品种。遗传多样性的品种合理搭配的优点是：避免因单一品种抗病力问题引起的病虫害蔓延，有利于控制春季采摘洪峰期过于明显，可以根据市场需求的变化进行新产品开发。在考虑品种搭配时，首先要考虑春茶萌发期早、中、晚的茶树品种的比例，以名优绿茶生产为主，而且春季倒春寒现象不严重的茶产区，早生茶树品种的比例可以高一些；反之亦然。再次，基地内的茶树品种的抗逆性也该具有多样性，避免品种的单一性造成的某些病虫害快速蔓延和其他自然灾害扩散，减少病虫害和其他自然灾害造成的损失。同时，不同茶类适制性的品种之间有合理的比例，以适制当地当时主要茶类的品种为主，同时适制其他茶类的茶树品种也要有一定的比例。

3. 环境适应性和良种良法原则

品种环境适应性与良种良法结合是实现高产、优质和高效的基础。在选用茶树品种之前，可以根据茶树品种审（认）定结论进行了解茶树品种的环境适应性和对栽培条件的要求，拟引进品种如果在本地环境条件代表性区域进行过适应性试验并表现良好适应性的，可以直接引进推广种植。如果环境适应性不能确定时，必须在本地进行适应性试验或生产性试种，根据试种结果确定引进与否。

为了实现两种良法，需要向育种单位或品种适应性试验单位了解拟引进品种对栽培条件的要求和茶叶加工条件的要求，按照品种的栽培条件要求和加工条件要求提供最佳的栽培和加工条件，充分发挥良种优势。

4. 无性繁殖原则

无性系茶树品种的特点是：萌发期和生长整齐、新梢形态和品质一致，便于机械化采摘和鲜叶原料贮运加工。新建茶园应尽可能选用无性系茶树优良品种。

5. 苗木质量检验和病虫害检疫原则

苗木质量检验和病虫害检疫是保证种苗质量和控制病虫害传播的重要手段。从外地引进品种及其种苗运输之前，必须进行苗木质量检验和病虫害检疫。

（二）适制各种茶类的茶树良种特性

1. 适制绿茶的茶树良种

绿茶的花色品类繁多，有传统的炒青、烘青和蒸青，还有各种类型的名优绿茶。从外形看，名优绿茶可分成扁形茶、针形茶、卷曲形茶、自然形茶等。不同花色品类绿茶对鲜叶原料和品种有不同的要求。除了发芽早、育芽能力强、发芽整齐、芽叶持嫩性好以及抗逆性强等一般绿茶生产要求外，适制扁形绿茶的良种，在形态上还要求芽梢较小，芽长于叶、茸毛少等，如龙井 43、中茶 102、中茶 108、龙井长叶、浙农 113 等；适制针形绿茶的良种，还应具备芽头粗壮、百芽重较大、茸毛多等特点，比如浙农 117、福鼎大毫茶、鄂茶 8 号和福云 595 等；适制卷曲形绿茶的良种，需要具备发芽密度高、芽头大小中等或相对较小、叶背茸毛多等特点，比如迎霜、浙农 139 和福云 6 号等（表 2－1）。普通大宗绿茶生产时，对茶树品种的依赖性相对较低，适制绿茶的良种均可通过控制采摘标准和加工工艺生产出符合花色要求成品茶。

表 2－1　适制不同绿茶的茶树良种

绿茶品类	良种
扁形绿茶	龙井 43、中茶 102、中茶 108、龙井长叶、浙农 113、乌牛早、香山早 1 号、霞浦元宵绿、霞浦春波绿、桂绿 1 号、早逢春、平阳特早、凫早 2 号、南江 1 号、舒茶早、鄂茶 3 号、杨树林 783 和安徽 7 号等
针形绿茶	浙农 117、福鼎大毫茶、鄂茶 8 号、福云 595、浙农 139、浙农 121、浙农 21、福云 20 号、皖农 111 号、槠叶齐 12 号、鄂茶 1 号和蜀永 808 等
卷曲形绿茶	浙农 113、福鼎大白茶、迎霜、浙农 139、福云 6 号、蒙山 11 号、宜红早、名山早、鄂茶 2 号、天府茶 11 号、白毫早、赣茶 2 号、寒绿、碧香早、蒙山 16 号、早白尖 5 号、福毫、锡茶 5 号、皖农 95、菊花春、安徽 3 号、劲峰、槠叶齐、安徽 1 号和翠峰等

2. 适制红茶的茶树良种

适制红茶的品种特征是：发酵力、多酚类含量以及酚氨比高；在形态特征上要求芽叶粗壮、新梢淡绿多毫等，如云抗 10 号、云抗 14 号、英红 1 号、英红 10 号、五岭红、安茗早、秀红、福安大白茶、尖波黄 13 号、桃源大叶、云大淡绿、黔湄 809、浙农 21、黔湄 419、蜀永 808、浙农 121、鄂茶 1 号、鄂茶 2 号、安徽 3 号、劲峰、槠叶齐、安徽 1 号、迎霜等。

3. 适制乌龙茶的茶树良种

香气高而持久或具有明显花香是乌龙茶的品质特点。品种和加工过程的摇青工艺是影响乌龙茶的香气关键因素。适制乌龙茶的品种其芽叶要求耐“摇青”，不容易形成“死青”；在形态上要求新梢较肥硕厚壮、叶片披蜡质富光泽；在化学成分含量方面，要求酚氨比较大。适制乌龙茶的早生品种有：黄观音、茗科 1 号（金观音）、岭头单枞、八仙茶、黄棪、黄玫瑰、丹桂、春兰、黄奇等；中生品种有：悦茗香、九龙袍、毛蟹、梅占、紫玫瑰、黄枝香、紫牡丹、瑞香、本山、台茶 12 号（金萱）、台茶 13 号（翠玉）等；晚生品种有：铁观音、肉桂和武夷水仙等。

4. 适制黑茶的茶树良种

渥堆是黑茶的特征工序，也是形成黑茶品质的关键工序。该过程有微生物参与，作用时间长，氧化还原反应剧烈，形成黑茶特有暗褐色外观、浓烈的后酵香型和醇厚的滋味。适制黑茶的品种通常是多酚类含量较高的品种，否则经过长时间的渥堆后，成品茶滋味淡薄。茶叶氟含量随着成熟度提高而增加，黑茶鲜叶的采摘标准是成熟新梢，为了控制成品茶氟含量，在黑茶的品种选择时要考虑氟含量较低茶树品种。

（三）不同茶区适栽适制茶树良种

1. 长江中下游名优绿茶重点区域

长江中下游是我国名优绿茶重点区域包括浙江的东部、西部和南部茶区，福建的闽东茶区，江苏的苏南茶区，安徽的皖南、皖西茶区，江西的赣北茶区，湖北的鄂东南茶区和河南豫南茶区。由于该区名优茶品类多，对品种原料的要求差异较大，因此现有的品种多样化程度较高，其中福鼎大白茶、龙井43、迎霜、乌牛早和浙农117等无性系推广面积较大，也还存在相当比例的本地群体种。该区域应充分发挥各地名优茶产品特点和优势，积极推广适制各种花色品类名优绿茶的灌木型或小乔木型、早生或特早生绿茶良种，适当补充中生绿茶良种(表2－2)。

表2－2　长江中下游名优绿茶重点区域适宜推广品种

茶区	适宜推广品种
浙江	中茶108、中茶102、乌牛早、龙井长叶、浙农117、浙农139、浙农113、迎霜、平阳特早茶、翠峰、早逢春、龙井43等
闽东	霞浦元宵绿、霞浦春波绿、中茶108、中茶102、乌牛早、龙井长叶、浙农117、浙农139、浙农113、龙井43、白毫早和迎霜等
苏南	白毫早、浙农139、舒茶早、福鼎大毫茶，中茶108、乌牛早、龙井长叶、龙井43，黔湄809、槠叶齐、浙农113和白毫早等
皖南、皖西	凫早2号、舒茶早、杨树林783、安徽3号、安徽7号、乌牛早、龙井长叶、菊花春、迎霜、翠峰和劲峰等
赣北	福鼎大白茶、迎霜、龙井长叶、白毫早、浙农113和寒绿等
鄂东南	鄂茶系列良种
豫南	白毫早、龙井长叶、龙井43、槠叶齐、福鼎大白茶、安徽1号等

2. 东南沿海优质乌龙茶重点区域

东南沿海优质乌龙茶重点区域是我国乌龙茶传统产区，包括闽南乌龙、闽北乌龙和粤东乌龙茶区。该区域是我国无性系良种覆盖率最高的茶区，现有推广面积较大的无性系品种包括铁观音、水仙、毛蟹、奇兰、黄棪、肉桂、凤凰单枞和岭头单枞等。该区域应推广铁观音、白芽奇兰、大红袍、凤凰单枞、黄棪、本山、毛蟹等传统乌龙茶良种，积极推广金观音、茗科1号、黄观音、悦茗香、丹桂、肉桂、岭头单枞、黄叶水仙、黄枝香、八仙单枞、金萱和翠玉等新选或引进乌龙茶良种。

3. 长江上中游特色和出口绿茶重点区域

长江上中游特色和出口绿茶重点区域包括川西绿茶区、川南优质早茶区、川东北特色茶区、黔中茶区、重庆茶区、陕南茶区、湖北的武陵山、三峡及西北部茶区、湘东北和湘西南茶区。历史上以生产红茶、绿茶和边茶为主，鄂西、川东北和陕南的富硒茶是该区的特色茶；该区还有竹叶青、蒙顶甘露、君山银针、采花毛尖、湄江翠片等名优绿茶。该区域应重点推广适制优质绿茶和黑茶的茶树良种，比如福鼎大白茶、蜀永系列、黔湄系列、鄂茶系列、早白尖 5 号、槠叶齐 12 号、槠叶齐、尖波黄 13 号、高芽齐、白毫早、碧香早、福选 9 号、桃源大叶、安茗早、名山 131、名山 311、蒙山 11 号、蒙山 16 号、南江 2 号、南江 1 号、南江 2 号、渝茶一号和渝茶二号等。

4. 西南红茶和特种茶重点区域

西南红茶和特种茶重点区域主要由云南的滇西、滇南茶区以及广西的桂西南茶区组成。历史上主产红茶和特种茶，较为著名的有滇红、普洱茶等品类。该区域应大力推广适制红茶和黑茶的云抗 10 号、云抗 l4 号、英红系列、云大淡绿和长叶白毫等无性系良种。

（四）种植规格

平地茶园直线种植，坡地茶园横坡等高种植；采用单行条植或双行条植方式种植，满足田间机械作业要求；单行条植行距 1.5 ~ 1.8m、丛距 0.33m，双行条植行距 1.5 ~ 1.8m、列距 0.3m、丛距 0.33m，每丛 1 ~ 2 株。种植前施足底肥，以有机肥和矿物源肥料为主，底肥深度在 30 ~ 40cm。种植茶苗根系离底肥 5 ~ 10cm，防止底肥灼伤茶苗。

第二节　生产管理技术要求

茶园栽培管理、生产加工管理、产品质量管理是生产优质茶叶的关键环节。茶园土壤及施肥管理、茶园病虫害防控管理、茶树修剪采摘管理、茶叶加工质量管理，是茶叶绿色生产模式的重要内容。

一、土壤管理

（1）定期监测土壤肥力水平和重金属元素含量，每 3 年检测一次。根据检测结果，有针对性地采取土壤改良措施。对于土壤重金属等污染物含量超标的茶园应退茶还林。

（2）采用地面覆盖等措施提高茶园的保土保肥蓄水能力；植物源覆盖材料（草、修剪枝叶和作物秸秆等）应未受有害或有毒物质的污染。

（3）采用合理耕作、施用有机肥等方法改良土壤结构。耕作时应考虑当地降水条件，防止水土流失。土壤深厚、松软、肥沃，树冠覆盖度大，病虫草害少的茶园可实行减耕或免耕。

（4）幼龄或台刈改造茶园，宜间作豆科绿肥或高光效牧草等，适时收割。

（5）土壤 pH 值低于 4.0 的茶园，宜施用白云石粉、石灰等物质调节土壤 pH 值至 4.0 ~ 5.5 范围内。土壤 pH 值高于 6.0 的茶园应多选用生理酸性肥料调节土壤 pH 值至适宜的范围。

（6）土壤相对含水量低于 70% 时，茶园宜进行节水灌溉。

二、施肥管理

茶叶绿色生产模式对茶园施肥提出绿色高效的技术要求，重点注意以下几点：一是避免过量施肥，规范施肥操作，防止因施肥造成面源污染；二是根据土壤和植株养分检测结果制定施肥方案，应用水肥一体化等现代农业技术，提高肥料利用率；三是对施肥量偏高的茶园实施减量施肥；四是合理利用绿肥，增加有机肥施用比例。具体施肥技术参见本书第七章。

三、病虫害防控

茶叶绿色生产模式要求对茶园病虫害实施绿色防控和统防统治。茶园应围绕“公共植保、绿色植保”方针，结合茶树病虫害的发生特点，引进、吸收和消化先进适用的防治技术，探索建立一套以生态调控为基础，理化诱控和生物防治相结合，科学用药为辅助，专业化统防统治为主要防治模式的茶树病虫害绿色防控技术体系。

（1）生态调控。维护和改善茶园生态环境，积极创造不适宜病虫害发生的生态环境，增加茶园生物多样性，建立适合天敌昆虫繁衍的环境。选用和搭配不同的茶树良种，丰富生物多样性，以防止由于良种抗性的变化或病原菌、害虫的适应性改变而造成茶树病虫害的暴发或流行。加强茶园中耕除草、合理施肥和及时排灌等管理措施。及时采摘和修剪茶树，抑制小贯小绿叶蝉、茶橙瘿满、茶白星病等危害芽叶的病虫害发生。

（2）理化诱控与化学生态防控。理化诱控是指利用害虫的趋性来防治茶树有害生物。常见的有灯光诱集、色泽诱杀和性信息素诱捕等方法。一是利用振频式杀虫灯诱杀害虫，要注意合理设置开关灯时间，减轻对天敌昆虫的杀伤。二是针对害虫对颜色的趋向性，科学选用不同色泽的色板诱杀害虫。还可采用糖醋液诱杀、性诱剂诱杀等。由于大多数天敌昆虫如捕食螨、寄生蜂、草蛉等体型较小，可选用一些特殊的集虫装置并与性诱剂、互利素配合使用并做到“诱而不杀”，使得体型较小的寄生蜂等可以从陷阱中逃逸出来，而体型比较大一些的蛾蝶类害虫无法逃脱饥饿而死。可利用吸虫机械吸除小型害虫如螨类、叶蝉、粉虱等，当害虫集中爆发时亦可采用人工捕杀。

化学生态学防控是利用茉莉酸、水杨酸、苯并噻二唑、氨基丁酸等诱导茶树产生对害虫或病原物的抗性，或诱导茶树产生挥发物以聚集天敌。利用挥发性互利素的精细组合针对不同的害虫有目标地实施驱避、引诱的策略，同时有利于聚集寄生蜂或捕食螨。

（3）生物防治。综合运用多种对人畜无毒、对其他有益生物安全、不污染环境、不产生农药残留、对作物无不良影响、效果稳定的生物防治技术。加强茶园害虫天敌保护，释放捕食螨、寄生蜂等天敌昆虫，应用核型多角体病毒、白僵菌等病原微生物制剂，应用植物源和矿物源农药进行防治。

（4）化学农药防治。选择在茶树上取得登记的农药产品用于防治，严格遵守农药的安全间隔期。通过对症下药、适时用药、适量用药、适宜施药方式及选用高效喷药器械，尽量做到化学农药减量使用。

（5）统防统治。茶园可接受商业化的统防统治服务，也可自己组织建立统防统治队伍，可由当地茶叶企业或合作社牵头建立，也可以村为单位建立。防治队应有固定的场所，配套必要的防治设备，配备适量的植保人员。茶园基地应分年度制定防治预案，实施好统防统治，及时控制茶树病虫害的发生和蔓延，并做好防治档案记录工作。病虫防治档案，应记录防治时间、地块、防治目的、防治措施、投入品名称、剂量、防治效果、操作人等。

（6）非生物因子危害的防控

湿害预防和补救：茶园湿害原因较多，例如坡地与平地结合处，不平整地的低洼处的积水危害，可能造成茶树生长不良甚至死亡。改良的方法是开沟导流，填土平凹。有些积水地是大面积平坦地、盆型地貌、塘坝下游或水改旱地块，存在地下水位过高，排水不畅，土壤通气性不良等问题。改造方法主要是增加排水沟的深度、宽度和数量，但为了节约耕地，可设置暗沟沥水，即开挖深槽，沟槽上分层覆以粗大枝条、石头、砂砾，上层再覆土。

旱害、热害、冻害预防和补救：夏季持续高温会引起茶树冠层严重灼伤直至枯死，影响茶树的生长发育；夏季高温、秋季长时间缺少降水会导致土壤供水不足，引起茶树尤其是幼龄茶树叶片萎蔫以至死亡。预防措施包括种植遮阴树，间作绿肥，增施磷、钾、锌、镁等，根据天气状况适时灌溉、喷灌降温，已造成伤害的在高温季节过后及时修剪，补充土壤养分。持续低温，特殊地形的冷风侵袭，春季的倒春寒等易造成茶树冻害，可能对叶片、嫩枝、新芽等造成损伤。冬季造成的冻害如果较轻，可在早春增加茶树营养促进树势的恢复，如果伤害严重最好实施早春修剪。倒春寒发生后应推迟采摘，必要时使用叶面肥或植物生长调节剂促进新梢的萌发生长。

具体病虫害防控技术参见本书第八章。

四、树体管理

（1）修剪方法。根据茶树的树龄、长势和修剪目的分别采用定型修剪、轻修剪、深修剪、重修剪和台刈等方法，培养优化型树冠，复壮树势。

（2）清理树冠。重修剪和台刈改造的茶园应清理树冠，宜使用波尔多液喷洒枝干，防治苔藓和剪口病菌感染等。

（3）侧边修剪。覆盖度较大的茶园，每年进行茶行边缘修剪，相邻茶行树冠外缘保持 20cm 左右的间距。

（4）修剪枝叶处理。修剪枝叶留在茶园内，病虫枝条清出茶园。

（5）间作树木树冠培养。茶园间作果树或观赏树木除了根据间作植物的生长特性进行树冠管理外，应充分考虑茶树生长需求和茶园管理的便利。一般原则是提高间作树木的一级分枝高度，通常以 1.5m 以上为宜。应适当减少间作树木留养的骨干枝和侧枝数量。

五、采摘要求

（1）合理采摘。根据茶树生长特性和各茶类对加工原料的要求，遵循采留结合、量质兼顾和因园制宜的原则，按照标准，适时采摘。

（2）手工采茶。手工采茶要求提手采，保持芽叶完整、新鲜、匀净，不夹带鳞片、鱼叶、茶果与老枝叶，不宜捋采和抓采。

（3）机械采茶。发芽整齐，生长势强，采摘面平整的茶园提倡机采；机采作业规范可参考《机械化采茶技术规程》（NY/T 225—1994）。采茶机应使用无铅汽油和机油，防止污染茶叶、茶树和土壤。

（4）鲜叶储运。采用清洁、通风性良好的竹编、网眼茶篮或篓筐盛装鲜叶。采下的茶叶及时运抵茶厂进行加工，防止鲜叶质变和混入有毒、有害物质。

六、加工要求

茶叶加工厂环境卫生要求：厂区附近无传染病源，远离化工厂、垃圾场等污染源，远离有工业废气排放的区域，建厂位置要适当考虑季风对污染物扩散的影响。厂区内部主要道路铺设硬质路面，无扬尘，易于排水，厂区做到绿化、美化，无裸露地面。车间和仓库建筑除满足基本的安全和消防需要外，建筑内部天花板、墙面、地面应满足防漏、防腐、防渗、无毒、无味的要求，宜使用常温或遇热不产生挥发性物质的材料；地面用水磨石等铺设，并有适当倾斜度，易于冲刷、消毒。车间和仓库要有防虫、防鼠、防尘、防潮设施，每个车间都要配备吸尘器、除尘风扇等。加工车间内部应有消毒、清洗、更衣场所。园地内所有建筑厂房设计必须与茶叶生产工艺、设施设备相配套。按照食品生产许可（SC）载明的事项要求，包括日常监管机构、日常监管人员、投诉举报电话、签发人、二维码等信息，副本还要载明外设仓库。具体要求包括：

（1）设施设备。加工厂能满足标准化、清洁化生产的要求。初制加工应根据所加工的茶叶产品的不同，配备相应的厂房、工艺和设备；精制加工应力求达到标准化、清洁化、连续化、自动化生产的要求。加工应严格按操作规程操作。

（2）分类处理。不同批次鲜叶、在制品和干茶要分别摊放和贮存。

（3）分等分级。按照茶叶等级标准，统一进行分等分级，保证同等级茶叶的质量一致。

（4）包装与标识。产品需经统一包装、标识后销售。包装材料符合《食品包装用原纸卫生标准》（GB 11680—1989）的要求，并有明显标识。标识内容符合《食品安全国家标准　预包装食品标签通则》（GB 7718—2004）的要求，至少标明产品品名、产地、生产者、生产日期、保质期、产品质量等级、净含量等内容。

七、质量管理要求

对茶叶终端产品的质量应严格检测，对茶叶生产工艺的过程控制应重点关注。

（1）产品检测制度。对茶园生产的茶叶进行检测，凡不符合国家或行业茶叶质量安全和标准的产品一律不准销售，销售的产品应具有产地准出证明。

（2）质量追溯制度。对茶园内的地块、生产者、加工厂、操作者等进行编号，对产品统一编码，统一包装和标识，实现对产品生产和销售全过程的监管。茶叶企业应实现全程可追溯，有条件的还应用信息化手段实现产品质量查询。

第三节　人员要求

一、新茶园规划人员

（1）规划人员既要掌握园地规划理论和设计技能，又要熟悉茶树种植、茶园栽培管理等各环节。

（2）规划人员应熟悉茶园资源的评价、保护和茶园的设计，充分了解茶园的定位、中远期规划。

（3）规划人员应具备规划设计相关资质。

二、茶园维护管理人员

（1）维管人员上岗前经过管理操作培训，掌握加工茶树修剪、茶园耕作、施肥等操作技能。

（2）维管人员中应有专门的植保员。茶园植保员应熟悉基本的茶树病虫害症状和发生规律，能进行初步诊断，能完成常规的病虫害防治作业。

（3）维管人员应熟悉茶树因缺乏营养或营养过剩的症状并进行初步分析。

三、茶叶加工技术人员

（1）加工人员色觉、嗅觉、味觉等感官灵敏，手臂、手指动作协调、灵活。具有一定的学习、计算能力和表达能力。上岗前经过生产培训，掌握加工技术和操作技能。

（2）加工人员掌握安全用电常识，机械常识，安全操作生产知识，及应急措施与抢救常识。

（3）加工人员熟悉劳动法的相关知识，食品卫生法的相关知识，环境保护法的相关知识，产品质量法的相关知识，及计量法的相关知识。

（4）加工人员应保持个人卫生，进入工作场所应洗手、更衣、换鞋、戴帽。每年度均进行健康检查。

四、产品质量控制人员

（一）茶叶审评技术人员

茶叶审评人员应熟悉并掌握评茶准备、感官品质评定、品质记录及综合判定等程序。

1. 评茶准备

应能够根据天气变化做好审评室内光照、温湿度的调节，使其符合评茶要求。能够做好评茶设施的维护、保养工作。能根据不同的茶类准备相应规格的评茶杯碗。

2. 感官品质评定

（1）分样。能按不同茶类分样的操作规程要求，使所缩分茶样准备、均匀。

（2）干看外形。能评定一大茶类外形的形状、整碎、色泽、净度或规格、松紧度等各因子。能掌握该茶类不同级别的外形各因子品质特征。能分析该茶类外形各因子品质不足之处。

（3）湿评内质。能评定各茶类的香气、汤色、滋味、叶底四因子。能掌握该茶类不同级别的香气类型，能辨别香气的高低、浓淡和纯异。能掌握该茶类不同级别的滋味特征，能辨别茶汤的浓淡、强弱、鲜陈。能掌握该茶类不同级别的叶底特征。

3. 品质记录及综合判定

（1）品质记录。能使用相关茶类的评茶术语，描述该茶类不同级别的外形、内质各因子的品质特征。能按相关茶类品质评分要求，对照实物标准样或成交样，对该茶类外形内质各因子的品质评分。

（2）综合判定。能对照茶叶实物标准样，对茶叶外形、内质进行定等定级。能判定相关茶类各品质因子与标准的差距。

（二）产品检验人员

对原料应进行检验，并验证原料的生产加工信息及追溯资料，保证原料来自受控基地。产品加工过程中，应对重要环节的半成品进行检验，防止茶叶加工过程中被污染。产品出厂前对产品进行抽样，做好可追溯标识后进行成品检验，出具检验报告。做好产品检验档案。

第三章

不同管理方法的茶园绿色生产模式

目前，我国茶叶基地的管理方法主要有以下几类：一是常规管理，主要按照茶农的生产经验进行管理，生产的茶叶符合食品安全国家标准。二是按有机茶管理，即参照有机茶生产技术规程进行管理，产品符合有机茶标准。三是按绿色食品茶管理，参照绿色食品茶生产技术规程进行管理，产品符合绿色食品茶标准。四是按无公害标准管理，参照无公害茶叶生产技术规程进行管理，产品符合无公害茶叶标准。五是按生态茶园管理，参照当地的生态茶园建设和生产标准进行管理，产品标准一般参照绿色食品茶或有机茶。六是按出口基地管理，参照国外客户提供的生产标准进行管理，产品符合出口目的国的食品安全标准。另外，有的茶园在采用上述管理方法的基础上，还在生产过程中实施良好农业规范（GAP）。虽然不同管理方法的茶园对生产技术和茶叶质量的要求存在很大不同，但茶叶基地只要遵照可持续发展与生态循环农业理念，科学选择生产管理技术，都可以组装成一套特色化的茶叶绿色生产模式。

第一节　有机茶园

一、有机茶产地环境要求

有机茶要求远离城市和工业区以及村庄与交通要道，以防止城乡垃圾、灰尘、废水、废气及过多人为活动给茶园带来污染。茶地周围林木繁茂，具有生物多样性；空气清晰，水质纯净；土壤未受污染，土质肥沃的园地。

（1）有机茶产地应远离城市工业区、城镇、居民生活区和交通干线，有机茶产地应水土保持良好，有机茶园周围林木繁茂，生物多样性指数高，远离污染源和具有较强的可持续生产能力。基地附近及上风口、河道上游无明显的和潜在的污染源。以保证有机茶园不受污染。

根据《有机产品　第1部分：生产》（GB/T 19630.1—2011）的规定，有机产品产地的环境质量应符合以下要求：a）土壤环境质量符合《土壤环境质量标准》（GB 15618）中的二级标准（表3-1）；b）农田灌溉用水水质符合《农田灌溉水质标准》（GB 5084）的规定（表3-2）；c）环境空气质量符合《环境空气质量标准》（GB 3095）中二级标准（表3-3）和《保护农作物的大气污染物最高允许浓度》（GB 9137）的规定（表3-4），有机茶作为有机产品的一种具体产品，也必须符合这个要求，现将产地环境标准要求的项目列后。

表3-1　土壤环境质量要求　（单位：mg/kg）

项目		<6.5	6.5~7.5	>7.5
镉	≤	0.30	0.30	0.60
汞	≤	0.30	0.50	1.0
砷	水田≤	30	25	20
	旱地≤	40	30	25
铜	农田等≤	50	100	100
	果园≤	150	200	200
铅	≤	250	300	350
铬	水田≤	250	300	350
	旱地≤	150	200	250
锌	≤	200	250	300
镍	≤	40	50	60
六六六	≤		0.50	
滴滴涕	≤		0.50	

注：1. 金属（铬主要是三价）和砷均按元素量计，适用于阳离子交换量>5cmol（+）/kg的土壤，若≤5cmol（+）/kg，其标准值为表内数值的半数；

2. 六六六为四种异构体总量，滴滴涕为四种衍生物总量；

3. 水旱轮作地的土壤环境质量标准，砷采用水田值，铬采用旱地值

表3-2　农田灌溉用水水质基本要求

序号	项目类别		作物种类		
			水作	旱作	蔬菜
1	五日生化需氧量/（mg/L）	≤	60	100	40[a]，15[b]
2	化学需氧量/（mg/L）	≤	150	200	100[a]，60[b]
3	悬浮物/（mg/L）	≤	80	100	60[a]，15[b]
4	阴离子表面活性剂/（mg/L）	≤	5	8	5
5	水温/℃	≤		35	
6	pH值			5.5~8.5	
7	全盐量/（mg/L）	≤	1 000[c]（非盐碱土地区），2 000[c]（盐碱土地区）		
8	氯化物/（mg/L）	≤		350	

（续表）

序号	项目类别		作物种类		
			水作	旱作	蔬菜
9	硫化物/（mg/L）	≤	1		
10	总汞/（mg/L）	≤		0.001	
11	镉/（mg/L）	≤		0.01	
12	总砷/（mg/L）	≤	0.05	0.1	0.05
13	铬（六价）/（mg/L）	≤		0.1	
14	铅/（mg/L）	≤		0.2	
15	粪大肠菌群数/（个/100mL）	≤	4 000	4 000	2 000[a]，1 000[b]
16	蛔虫卵数（个/L）	≤	2		2[a]，1[b]

注：a. 加工、烹调及去皮蔬菜；

b. 生食类蔬菜、瓜类和草本水果；

c. 具有一定的水利灌排设施，能保证一定的排水和地下水径流条件的地区，或有一定淡水资源能满足冲洗土体中盐分的地区，农田灌溉水质盐全量指标可以适当放宽

表 3-3 《环境空气质量标准》（GB 3095—2012）中二级标准

污染物名称	取值时间	二级标准	浓度单位
二氧化硫（SO_2）	年平均	0.06	mg/m^3（标准状态）
	日平均	0.15	
	1h 平均	0.50	
总悬浮颗粒物（TSP）	年平均	0.20	
	日平均	0.30	
可吸入颗粒物（PM_{10}）	年平均	0.10	
	日平均	0.15	
（2000 年修订后的）二氧化氮（NO_2）	年平均	0.08	
	日平均	0.12	
	1h 平均	0.24	
一氧化碳（CO）	日平均	4.00	
	1h 平均	10.00	
（2000 年修订后的）臭氧（O_3）	1h 平均	0.20	
铅 Pb	季平均	1.50	μg/m^3（标准状态）
	年平均	1.00	
苯并［a］芘（BaP）	日平均	0.01	
氟化物 F	月平均	3.0	μg/（dm^2·d）
	植物生长季平均	2.0	

注：根据环保局 2000 年第 1 号修改单修改

表 3－4　保护农作物的大气污染物最高允许浓度（GB 9137—1988）

污染物	作物敏感程度	生长季平均浓度[a]	日平均浓度[b]	任何一次[c]	农作物种类
二氧化碳[d]	敏感作物	0.05	0.15	0.50	冬小麦、春小麦、大麦、荞麦、大豆、甜菜、芝麻、菠菜、青菜、白菜、莴苣、黄瓜、南瓜、西葫芦、马铃薯、苹果、梨、葡萄、苜蓿、三叶草、鸭茅、黑麦草
	中等敏感作物	0.08	0.25	0.70	水稻、玉米、燕麦、高粱、棉花、烟草、番茄、茄子、胡萝卜、桃、杏、李、柑橘、樱桃
	抗性作物	0.12	0.30	0.80	蚕豆、油菜、向日葵、甘蓝、芋头、草莓
氟化物[e]	敏感作物	1.0	5.0		冬小麦、花生、甘蓝、菜豆、苹果、梨、桃、杏、李、葡萄、草莓、樱桃、桑、紫芥菜蓿、黑麦草、鸭茅
	中等敏感作物	2.0	10.0		大麦、水稻、玉米、高粱、大豆、白菜、芥菜、花椰菜、柑橘、三叶菜
	抗性作物	4.5	15.0		向日葵、棉花、茶、茴香、番茄、茄子、辣椒、马铃薯

注：a. “生长季平均浓度”为任何一个生长季的日平均浓度值不超过的限值；

b. “日平均浓度”为任何一日的平均浓度不许超过的限值；

c. “任何一次”为任何一次采样测定不许超过的浓度限值；

d. 二氧化硫浓度单位为 mg/m^3；

e. 氟化物浓度单位为 μg/（dm^3·d）

根据《农田灌溉水质标准》（GB 5084—2005）要求，地方环保主管部门根据当地农业水源的来源和可能的污染物种类可选择相应的控制项目（表 3－5）。

表 3－5　农田灌溉用水水质可增加的要求

序号	项目类别		作物种类		
			水作	旱作	蔬菜
1	铜/（mg/L）	≤	0.5	1	
2	锌/（mg/L）	≤		2	
3	硒/（mg/L）	≤		0.02	
4	氟化物/（mg/L）	≤		2（一般地区），3（高氟区）	
5	氰化物/（mg/L）	≤		0.5	
6	石油类/（mg/L）	≤	5	10	1
7	挥发酚/（mg/L）	≤		1	
8	苯/（mg/L）	≤		2.5	
9	三氯乙醛（mg/L）	≤	1	0.5	0.5
10	丙烯醛/（mg/L）	≤		0.5	
11	硼/（mg/L）	≤	1[a]（对硼敏感作物），2[b]（对硼耐受性较强的作物），3[c]（对硼耐受性强的作物）		

注：a. 对硼敏感作物，如茶树、黄瓜、马铃薯、笋瓜、韭菜、洋葱、柑橘等；

b. 对硼耐受性较强的作物，如小麦、玉米、青椒、小白菜、葱等；

c. 具对硼耐受性强的作物，如水稻、萝卜、油菜、甘蓝等

（2）有机茶园与常规农业生产区域之间应有明显的隔离带，以保证有机茶园不受污染。隔离带以山和自然植被等天然屏障为宜，也可以是人工营造的树林和农作物。农作物应按有机农业生产方式栽培。

有机茶基地隔离带的建设应视污染源的强弱、远近、风向等因素而定，只要能有效防止从常规地块或其途径来的污染，无论是缓冲带还是物理障碍都可以接受的。缓冲带可以是一片耕地、一条沟或路、一片丛林或树林、也可以是一片荒地或草地等；物理障碍可以是一堵墙、一个陡坎、一个大棚或一座建筑等。也可以采用将有机茶园外围茶树自然生长的办法来形成隔离带，这在云南、广东和海南等热带地区使用较多，也可以在有机茶园的周围四周种植一些作物，但这些作物一定要按照有机方式种植和管理，收获的作物也只能作为常规产品销售，并且都需要有可供跟踪的完整记录。

对有机茶基地周围原有的林木，要严格实行保护，使它成为基地的一道防护林带。若基地周围原有的林木稀少，要营造防护林带。对茶园中原有的树木，只要对茶树生长无不良影响，应当保留并加以护育，使之成为茶园的行道树或遮阴树。茶园中原有树木稀少的，要适当补种行道树或遮阴树。在山坡上种植茶树，山顶、山谷、溪边须留自然植被，不得开垦或消除。在坡地种植茶树要沿等高线或修梯田进行栽种，对梯地茶园梯壁上的杂草要以割代锄，或在梯壁上种植绿肥、护梯植物。

（3）茶园土壤背景环境质量应符合规定要求，理化性状较好，潜在肥力水平要高，最好是香灰土、黑沙土、油沙土等的茶园。且茶园最近 3 年没有用过化肥、农药和除草剂等人工合成的化学物质，或没有超标的化学肥料、农药、重金属污染。生产基地的空气清新，生物植被丰富，周围有较丰富的有机肥源。

二、常规茶园、荒芜和失管茶园转换为有机茶园的管理

常规茶园成为有机茶园需要经过转换，生产者在转换期间必须完全按农业行业标准《有机茶生产技术规程》（NY/T 5197—2002）和《有机产品　第 1 部分：生产》（GB/T 19630. 1—2011）要求进行管理和操作。茶园的转换期一般为 3 年，但某些已经在按有机茶生产技术规程管理或种植的茶园，如能提供真实的书面证明材料和生产技术档案，则可以缩短转换期。已认证的有机茶园一旦改为常规生产方式，则需要经过转换才有可能重新获得有机认证。在转换计划执行期间，有机认证机构将对其进行检查，若不能达到认证标准要求，将延长转换期。

转换期不得使用任何有机农业禁止使用的物质；茶园生产管理者必须有一个明确的、完善的、可操作的转化方案，该方案包括：茶园及其栽培管理前 3 年的历史情况；保护和改善茶园生态环境的技术措施；能持续供应茶园肥料、增加土壤肥力的计划和措施；制定和实施有针对性的防治，减少茶园病、虫、草害的计

划及生态改善计划和具体措施等。同时建立完善的农事活动记录档案，包括生产过程中肥料、农药的使用和其他栽培管理措施，并保留所有的农事活动记录档案，供认证机构根据标准和程序进行核查。

荒芜和失管3年以上，按照农业行业标准《有机茶生产技术规程》（NY/T 5197—2002）和《有机产品　第1部分：生产》（GB/T 19630. 1—2011）要求重新改造的茶园，可视为符合有机茶园最低要求而减免转换期限，但是按照《有机产品　第1部分：生产》（GB/T 19630. 1—2011）的要求，新开荒的、长期撂荒的、长期按传统农业方式耕种的或有充分证据证明多年未使用禁用物质的茶园，也应经过至少12个月的转换期。因此，荒芜和失管茶园如有证据表明多年未使用禁用物质，也应经过至少12个月的转换期。转换期内的茶园必须完全按照有机农业的要求进行管理。荒芜和失管茶园达不到3年，则必须满足转换3年的要求，荒芜和失管的时间可视为转换种植。在转换期间，茶园管理按农业行业标准《有机茶生产技术规程》（NY/T 5197—2002）和《有机产品　第1部分：生产》（GB/T 19630. 1—2011）要求进行有机种植。茶园生产管理者必须有一个明确的、完善的、可操作的转转方案，该方案包括：制定和实施有针对性的土壤培肥计划，病、虫、草害防治计划和生态改善计划和措施等；建立完善的农事活动记录档案，包括生产过程中肥料、农药的使用和其他栽培管理措施，并保留所有的农事活动记录档案，供认证机构根据标准和程序进行判别。只有把荒芜茶园和失管茶园转变为有机管理茶园后，才能进行有机认证。

三、有机茶园土壤管理

有机茶园不仅要选择自然潜在肥力水平高的土壤，而在生产过程中要在规定生产许可的条件下，尽可能地依靠加强土壤科学管理不断提高和保持土壤肥力，保证茶园在不采用任何人工合成化学物质的情况下正常而健康生长，实现高产、优质和高效益。因此，土壤管理在有机茶园栽培中十分重要。

（1）水土保持。因为有机茶园大部分都地处山区和半山区的不同坡地上，在雨水较为集中的季节，伴随而来不同程度的冲刷，容易造成水土流失。如不及时加以制止，即使原来土层很深，由于表土被不断冲刷，有效土层变薄，心土暴露，土壤肥力下降，茶树根裸露，随之会出现茶叶产量下降及品质变差。跑水、跑肥、跑土的“三跑茶园”无法保证有机茶的持续生产。防治茶园水土流失的方法很多，其中主要有等高种植，因地制宜修筑梯田，幼龄茶园茶行间间作绿肥，行间铺草覆盖土壤，开设截水沟，隔离沟，挖建鱼鳞坑及蓄水池等等。其中茶园行间铺草最为有效。

茶园铺草是水土保持措施和有机茶园最重要的农艺技术措施之一。因为茶园铺草好处很多，这些好处对有机茶园都是十分重要的（表3－6）。第一，茶园铺草可以增加土壤有机质，因草料有机质含量高，养分含量丰富多样，彼此互相平衡，有利土壤生物繁殖，有利土壤熟化，同时也可增加土壤营养元素，提高土壤肥力水平。第二，茶园铺草可以抑制杂草生长。幼龄茶园和生长势差树冠幅度小的茶园，行间空间大可为杂草生长提供良好条件，茶园行间铺草，杂草受铺草抑制而见不到阳光，被抑制生长。据杭州茶叶试验场对丛栽茶园的调查，茶园铺草后在7—8月内每平方米的杂草总数只有63株，而没有铺草的对照茶园却高达1 089株，是铺草茶园的17倍，可见，茶园铺草是以草治草的好方法，也是有机茶园杂草防治的好办法。第三，茶园铺草可以防止水土流失。茶园铺草后可以减少地表水径流速度，提高水分在地表的滞留时间，增加土壤含水量，减少茶园水土流失。如据杭州茶叶试验场试验，坡度为5°不铺草的幼龄茶园，3年平均每年每亩土壤冲刷量高达3 277kg，如果行间每年每亩铺干草1 500kg，3年平均每年每亩土壤冲刷量减少到只有226. 2kg，减少93. 1%。坡度为20°的茶园，在不铺草的情况下，3年平均每年每亩土壤冲刷量高达11 355. 2kg，如果行间每亩铺干草1 500kg，3年平均土壤冲刷量只有1 603. 3kg，减少了85. 8%；可见，幼龄茶园铺草对防止水土流失效果良好。第四，茶园铺草可以稳定土壤的热变化，夏天可防止土壤水分蒸发，具有抗旱保墒作用，冬天可保暖防止冻害。据河南省桐柏茶场茶园铺草试验，每年11月份在茶园行间铺干草2 000kg，冬季1月土温比不盖草的提高1～1. 3℃；夏季铺草，茶园土温比不铺草的低4～8℃。又据山东日照试验，冬季茶园铺草是防止土壤结冻，减少茶树冻害的良好方法。此外，茶园铺草后，还可降低采茶期间采茶人员对土壤的镇压强度，起到保护土体良好构型的作用。因此，茶园行间铺草可一举多得，是有机茶园最重要的土壤管理措施。所以，有机茶园确实做好土壤铺草工作，便可取得良好的生产效益（表3－7）。

表3－6　茶园铺草对茶叶产量和品质的影响

处理	茶叶产量		鲜叶品质（g/kg）			
	kg/667m^2	%	氨基酸	茶多酚	咖啡碱	水浸出物
铺　草	71.9	120.8	19.4	245.9	21.2	376.0
对　照	59.5	100.0	18.1	188.5	18.6	325.0

表3－7　铺草对土壤肥力的影响

处理	有机质（g/kg）	有效养分（mg/kg）			微生物数（百万个/g）
		氮	磷	钾	
铺　草	24.5	200	10.6	200.4	7.3
对　照	19.7	125	4.0	146.2	0.28

可作有机茶园土壤覆盖的有机物料很多，如山草、稻草、麦秸、豆秸、绿肥、蔗渣、薯藤等都可用，但最好以山草为主。因它受化学肥料和农药等污染的风险较小，属自然生长的天然物。但也要注意山草常常带有许多病菌、害虫及种子等，如不作适当处理，往往会把病菌、害虫和草种带入茶园，加重茶园病、虫、草为害，因此，需作必要处理才可使用。作有机茶园土壤覆盖用的山草处理方法简单，一是暴晒，二是堆腐，三是消毒。

茶园铺草方法应因地制宜地进行。铺草的主要作用是防止水土流失和杂草生长，因此，必须在造成水土流失严重和杂草生长最旺盛之前铺较好。在长江中下游广大茶区一般在春茶后梅雨前铺较好，秋冬结合深耕翻入茶园作肥料。江北茶区及高山气温低土壤易结冻的茶园，可以在7—8 月铺草，待翌年春茶前结合施肥翻入茶园作肥料。新垦移栽幼龄茶园，无论是秋冬 10 月份移栽或是春天 2 月底 3 月初移栽，都必须在移栽结束后立即铺草。

铺草时要有一定厚度，一般要求 8cm 以上，要求铺草后不露土为宜。一般，成龄采摘茶园每 667m^2 铺干草不少于 2 000kg，幼龄茶园不少于 3 000 ~ 4 000kg。有条件的则多多益善。

平地茶园可将草料直接撒放在行间，坡地茶园应在铺后草料上压放一点泥块，以防止草料被水冲走，对刚刚移栽的幼茶园，铺草时应把草料紧靠根际，防止根际失水造成死苗，起到保水保苗的作用。总之，有机茶园铺草方法应因地制宜进行。

（2）浅耕松土。茶园浅耕好处很多，它可以疏松土壤，除灭杂草，消灭土壤病虫，促进土壤熟化，提高土壤有效养分等。一般有机茶园在春茶开采前要结合除春草及清理冬天落下的枯枝落叶进行 1 次浅耕，深度约 10cm 左右。春茶结束后因行间受采茶工人的踩踏，表土变得坚实，也要进行一次浅耕松土。6 月份以后长江中下游广大茶区正是梅雨季节，杂草生长快，梅雨结束后要结合除梅草进行 1 次削草浅耕。8—9 月正是秋草开花结实时期，这时及时进行除草对防治第二年杂草生长有重要意义，立秋后也要进行一次浅耕，这时浅耕还可以切断土壤毛管水，对防止根层土壤水分的蒸发，有较好的保墒作用。浅耕可用锄头、二丁耙、四齿耙等茶区茶农通用的耕作工具，也可用不同型号的中耕机进行机耕，一般深度不超过 15cm 为宜。

除此之外，有机茶园还可以因地制宜地进行深耕、免耕、减耕、行间饲养蚯蚓等，对于酸度不适茶园还可以适当采用天然矿物白云石粉和硫黄粉等进行改良。对于有积水和湿害的茶园还要因地制宜开设排水沟，截水沟除涝防湿，保证茶树健康正常生长。

我国还有不少丛栽的旧式有机茶园，行间宽，管理粗放，以采春茶为主，留养夏秋茶。可以在伏天 8—9 月进行 30cm 深的深耕，一方面能把茶园中梅雨季节生长茂盛的杂草深埋作肥料，另一方面能把下层的心土翻到表面经伏天烈日暴晒和风化，使其熟化提高肥力。茶树经过秋季留养，伤根恢复，有利于保持翌年春茶生长和产量，这种耕作被称为“挖伏山”。深耕后再及时铺草，防止暴雨引起水土流失。密植茶园，到成龄投采时树冠郁蔽，行间封行，落叶层厚、土壤松软，杂草稀少，适当铺草后，一般不深耕，可以几年后结合树冠改造进行耕作。无论是幼龄茶园、成龄茶园或是老茶园，凡是进行深耕的都要与施基肥和埋草相结合，才能充分发挥深耕改土、增产提质的效果。

（3）有机茶园间作绿肥。茶园间作绿肥是自力更生解决肥源的一项重要措施，也是利用太阳能转为生物能来提高和保持茶园土壤肥力的一项基本有机农业技术。它优点很多，它可以增加茶园行间的绿色覆盖度，减少土壤裸露程度，降低地表径流，增加雨水向土壤深处渗透，减少水土流失。

据杭州茶叶试验场研究，坡度为3°的幼龄茶园行间间种花生之后，土壤冲刷量可比原来减少一半。又据安徽祁门茶叶研究所试验，坡度为5°～10°的1年生幼龄茶园间作豆科绿肥后，土壤冲刷量比不间作的约减少80%，所以幼龄茶园间作绿肥是防止水土流失的重要措施。另外，绿肥根系发达，尤其是豆科绿肥作物有共生的固氮菌，可以固氮，它在行间生长不仅可以促使深处土壤疏松，而且还可增加土壤有机质，提高氮素含量，加速土壤熟化。其次茶园间作绿肥可以改善茶园生态条件，冬绿肥可提高地温，减少茶苗受冻程度，夏绿肥还可起到遮阴、降温的效果。据广东农科院茶叶研究所研究幼龄茶园行间间作夏绿肥试验，幼龄茶园间作夏绿肥大绿豆后，在7—9月期间地温比不间作的下降10～15℃，大大减少茶苗的受害率。据江北茶区试验冬季间作冬绿肥可使地温增加0.6～6℃，茶苗受冻率减少9.8%～16.8%。还有一些茶园梯坎、梯边、沟边、路边等种植的多年生绿肥对固土、防塌、护梯（沟、路）等效果也十分明显。茶园种植绿肥是一项一举多得的高效益措施，绿肥作为纯天然物，对于绿色食品茶园和有机茶园尤为重要，应大力推行。因此，幼龄茶园无论间作春播夏绿肥还是间作秋播冬绿肥，对提高土壤肥力，增加茶叶产量，改善茶叶品质都具有十分明显效果。如据中国农业科学院茶叶研究所试验，幼龄茶园间作冬季绿肥大荚箭舌豌豆，与不间作茶园相比，土壤有机质增加7.2%，全氮量增加60%，有效氮、磷、钾分别增加2倍。第4～5年后的茶叶产量增加31.6%，春茶和秋茶的茶叶氨基酸含量增加10%和60%，而间作春播夏绿肥乌豇豆也获得类似的良好效果。并且得出结果，有机茶园绿肥深埋效果最好，绿肥分解快，根层土壤含水量高，利于茶树生长。但是，不是所有有机茶园都能间作绿肥，茶园间作绿肥只限于1～3年生的幼龄茶园，新台刈改造茶园，及密度较稀疏的丛栽旧式茶园等等，对于条栽成龄采摘茶园因行间空间小，已不能间作绿肥了，这是一个缺陷。为了弥补这一缺陷，成龄采摘茶园要充分利用地边、沟边、路边、塘边、梯边、坎边及其他的另星地角广泛种植绿肥，或者开辟专门的绿肥基地为专业茶园服务，以充分发挥绿肥作物在有机茶生产中的作用。

适合有机茶园种植的绿肥品种很多，在种植时，要根据当地气候条件，土壤特点、茶树品种和种植方式、茶树树龄和绿肥作物本身生物学特性等因地制宜地选择恰当的品种。有机茶园缺氮是一问题，选择绿肥首先应考虑选固氮能力强的、含氮高的豆科作物，虫害多的可考虑选择一些对虫害有驱赶性的非豆科作物。一般在长江中下游广大茶区，作为种植前先锋作物的绿肥，尽量选择耐瘠、抗旱、根深、植株高大、生长快的豆科绿肥如圣麻、大叶猪屎豆、决明豆、羽扇豆、毛曼豆、田菁、印度豇豆、肥田萝卜等。1 ~2 年生中小叶种幼龄茶园，尽量选择矮生或匍匐型豆科绿肥，如小绿豆、伏花生、矮生大豆等，既不碍茶树生长，又起到水土保持的效果。2 ~3 年生幼龄茶园可选用早熟、速生的绿肥，如乌豇豆、黑毛豆、泥豆等，可防止茶树与绿肥之间生长竞争的矛盾。对于华南茶区，夏季可选用秆高、叶疏、枝杆呈伞状的山毛豆、木豆等，它既可作肥料又可作茶苗遮阴物。在长江以北茶区冬季可选用兰花苕子等，它既可作肥料又起到土壤保温效果。坎边绿肥以选用多年生绿肥为主，长江以北茶区可选种紫穗槐、草木樨；华南茶区可选种爬地木兰、无刺含羞草等；长江中下游广大茶区可选种紫穗槐、知风草、霜落、大叶胡枝子、除虫菊、艾草、雷公藤、鱼藤等。

四、有机茶园施肥

（一）有机茶园施肥准则

肥料是茶树的粮食，也是优质、高产、高效益的物质基础。由于有机茶园生产是按有机产品标准进行栽培和管理的，为了防止施肥可能给茶叶、土壤及周边环境造成污染，确定了有机茶园施用下列准则。

（1）禁止施用各种化学合成的肥料。禁止施用城市垃圾、工矿废水、污泥、医院粪便及受农药、化学品、重金属、毒气、病原体污染的各种有机无机废物。

（2）严禁使用未经腐熟的新鲜人粪尿、家禽粪便，如要施用必须按照相关要求进行充分腐熟和无害化处理，以杀灭各种寄生虫卵、病原菌、杂草种子，并不得以茶叶叶面接触，使之符合有机茶生产规定的卫生标准，但出口有机茶基地慎用。

（3）有机肥原则上就地取材，就地处理，就地施用，有机肥应主要源于本茶场或其他有机农场（或畜场）；遇特殊情况或处于有机转换期或证实有特殊的养分需求时，经认证机构许可可以购入一部分茶场外的肥料。外来农家有机肥经过检测确认符合要求才可使用。外购的商品化有机肥、有机复混肥、活性生物有机肥、有机叶面肥、微生物制剂肥料等，应通过有机认证机构许可才可使用。

(4) 有机肥堆制过程中，允许添加来自自然界的微生物，促进分解、增进养分，但禁止使用转基因生物及其产品。

(5) 天然矿物肥和生物肥料不得作为茶园中营养循环的替代品，矿物肥料只能作为长效肥料并保持天然主分，禁止采用化学处理提高其溶解性。施用天然矿物肥料，必须查明主、辅成分及含量，原产地贮运，包装等有关情况，确认属无污染、纯天然的物质后方可施用。

(6) 大力提倡各种间作豆科绿肥，施用草肥及修剪枝叶回园技术。

(7) 对有理由怀疑存在污染的肥料时，应对其污染因子进行检测。检测合格的肥料应限制使用量，以防土壤有限物质累积。严格控制矿物肥料的使用，以防止土壤重金属累积。

(8) 定期对土壤进行监测，建立茶园施肥档案制，如发现是因施肥而使土壤某些指标超标或污染的，必须立即停止施用，并向有关有机食品认证机构报告，查明原因。

（二）有机茶园禁止施用的肥料

有机茶园禁止施用的肥料主要是一些人工合成的化肥，受污染的有机肥，新鲜和未腐熟的人、畜、禽粪便，工厂废弃物和城市污水污泥等，具体种类如下。

◎ 化学氮肥：指化学合成的硫酸铵、尿素、碳酸氢铵、氯化铵、硝酸铵、氨水、硝酸钙、石灰氮等，因是化学合成非天然物，故不能施用。

◎ 化学磷肥：指化学加工的过磷酸钙。因是化学合成非天然物，故不能施用。

◎ 化学钾肥：指化学加工的硫酸钾、氯化钾、硝酸钾等或天然钾矿通过化学方法提炼的各种钾肥，也为非纯天然产品，故也不能施用。

◎ 化学复合肥：指化学合成的磷酸一铵、磷酸二铵、磷酸二氢钾，各种复合肥、各种复混肥等，也为非天然产品，故也不能施用。

◎ 其他化学肥料：指一切化学合成的其他营养元素肥料，如硫酸镁（土施）、硫酸亚铁等，也为化学合成的非天然物，故也不能使用。

◎ 工矿企业的化学副产品：如钢渣磷肥、磷石灰、烟道灰、窑灰钾等，因为是化学加工过程的副产品，并含有较高的重金属和有害物质，故不宜施用。

◎ 城乡垃圾、淤泥、工厂及城市废水：含有较复杂的重金属、病毒、细菌及塑料等，易造成茶园污染，故不能施用。

◎ 合成叶面肥：指含有化学表面附着剂、渗透剂及合成化学物质的多功能叶面营养液，稀土元素肥料等，因含有化学物质，故不能施用。

（三）农家肥料的无害化处理

有机茶园提倡使用有机肥料。在有机肥料中，尤其是农家有机肥料如人、畜、禽粪便及厩肥等常常带有各种病毒、病菌、寄生虫卵；其中较多的有大肠杆菌、沙门氏杆菌、痢疾杆菌、霍乱杆菌、钩端螺旋体、伤寒杆菌、链球菌等，以及钩虫、蛲虫、蛔虫、鞭虫、绦虫和肝肠病毒等。如一般农家肥的大肠杆菌值高达 $10^{-5} \sim 10^{-7}$，各种虫卵高达 100 ~ 10 000个/g。这些菌、虫、病毒不仅对人体有较强的传染性，而在土壤中成活时间也很长，如杆菌可在土壤中成活20天至几年时间，蛔虫卵等可存活300 ~ 400 天，炭疽杆菌芽孢可存活 30 年以上；还有些有机肥如山草、杂草等，常带有各种病虫害的病原体、虫卵和种子等，海肥等常常带对茶树生长有害的物质（如氯离子）等。

据有关资料报导，南京市某地施用未经处理的城市垃圾和农家肥，土壤中的大肠杆菌高达23.8 万个/g、蛔虫卵高达198 个/g，而未施肥的土壤大肠杆菌和蛔虫卵只有十几个。另外，这些农家肥还带有较高的农药残留和恶臭，如果这些肥料不加无害化处理，必然会污染茶园土壤、茶叶及周边环境。因此，在有机茶园施肥准则中明确规定，新鲜的人、畜、禽及厩肥、圈肥、海肥、草肥、农家肥都要经过无害化处理，使肥料中的草籽、虫卵、病原体等在处理中使之死亡，达到有机茶园肥料施用标准后才可施用，否则是不得施用的。

饼肥也称油饼。我国油饼种类很多，如大豆饼、花生饼、芝麻饼、菜籽饼、向日葵饼、胡麻饼、茶籽病、桐籽饼、棉籽饼等，如大豆饼含氮（N）高达70 g/kg,其他几种饼肥也达到30 ~ 60g/kg，是茶园的好肥料。目前广大茶区各种饼肥施用十分广泛，效果也十分好，尤其是菜籽饼肥价格便宜，来源广泛，养分含量高，一般含氮（N）量达46 ~ 55g/kg，磷（P_2O_5）20 ~ 28g/kg，含钾（K_2O）达12 ~ 15g/kg，并且在土壤中腐解时还产生天然类激素物质，刺激茶树根系生长，是茶园较好的有机肥。试验和生产实践都表明，茶园施菜籽饼肥，不仅春茶早发快长，而且产量高，品质好。

由于各种饼肥都是生物体，大多数饼肥不需要经过无害化处理，可直接在有机茶园中施用。有些饼肥可能会含有少量的农药残留物，但施到土壤后由于饼肥发酵分解，可促使农药残留物迅速降解，不会对有机茶造成农药间接危害。但是对于有些饼肥，如桐籽饼含有较高的桐油酸和桐氰，茶籽饼含有较高的茶皂素等，这些有机酸和生物碱对茶根生长有一定负面影响，要经过堆腐发酵处理后才可施用，否则会造成烧根或减低肥效的作用。此外还有一种“再生饼”或者叫“浸出饼”，就是油饼经过化学溶剂处理之后把未榨出的剩余油溶解在溶剂中之后进行第二次压榨剩下的渣子，其有效养分含量低，施用效果差，而且是经过化学物处理的，在有机茶园中不能施用。

（四）施肥方法

有机茶园基肥不仅数量要多，还必须做到“早、深、好”三个字。所谓“早”，就是基肥施用时期适当要早。早施基肥，可提高茶树对肥料的利用率，能增加对养分的吸收与积累，有利茶树抗寒越冬和春茶新梢萌发，有利于名优茶增产提质。在长江中、下游茶区，要在10月上旬施完。所谓“深”，就是要适当深施，要根据茶树根系向肥性特点，把茶根引向深层，提高茶树在逆境条件下的生存能力，确保安全越冬。茶园施基肥深度要超过20cm以上。所谓“好”是指基肥质量要好，要既能改良土壤，又能缓慢地提供茶树营养物质。所以作有机茶基肥的有机肥应多掺些含氮高的肥料，如鱼粉、蚕蛹、豆籽饼等。

堆腐后的有机肥在有机茶园内可作基肥，也可作追肥，但主要作基肥用。茶树具有连续吸收及对养分贮存和再利用的特性。在长江中下游茶区，茶树地上部分在10月至第二年3月停止生长，但此期间内地下部分根系活动非常活跃，吸收并积累大量的养分。这些贮存养分是春茶萌发和生长的物质基础，对春茶早发、优质有决定性意义。因此有机茶园施肥必须重视基肥的施用，要施足基肥。对于不施基肥而用春肥补足的办法，对春茶名优茶生产是一大损失。一般基肥用量不少于全年用量的60%，例如每亩施150～250kg菜籽饼，不让茶树“饿肚子”过冬。

春茶品质好，产量比重高，是名优茶生产的黄金季节。使春茶早发、快长、多产的物质基础是基肥。但仅靠基肥难以维持春茶迅猛生长时对养分的集中需要，需要及早施追肥补充。在长江中下游茶区，施肥时间在2月中下旬，施用经过充分腐熟的有效性较高的堆沤肥，或沼气池中的废液等，施肥量为每亩5～10kg纯氮，施肥深度10～15cm。

很多茶园山高路远，施肥非常不便，没有条件施追肥。在这种情况下，更要施足基肥，通过各种措施，满足茶树生产和生长对营养的需要，一定要克服茶园常年不施肥、疏于管理的现象。

五、有机茶园病虫草害的防治原理和主要措施

（一）有机茶园病虫草害控制原理

茶树是一种多年生常绿灌木型作物，一经种植可连续生产几十年甚至上百年。在现有的栽培管理条件下，一般茶园均能形成树冠茂密郁闭、小气候比较稳定的特殊生态环境，使得茶园中的生物群落结构较其他生态系统复杂，生物种类和数量要丰富得多。这些条件有利于保持茶园生态系统的平衡和生物种群的多样性。

长期以来，在茶园栽培管理过程中的多种农业的、物理的和生物的技术措施被自觉或不自觉地成功应用于防治茶园病虫害，并且根据茶叶生产和茶树病虫发生的特点，这些措施又被不断地丰富和发展，维系着茶叶的可持续生产。

以化学农药和化学肥料应用为标志的现代茶叶生产方式，在不断提高茶叶产量的同时，也在干扰和破坏茶园的生态系统。一直以来在化学农药使用过程中，只注重在病虫防治的本身，而忽视对茶园环境的负面作用。化学农药的普遍应

用，并未能有效控制茶园病虫的为害，在一定程度上还引起茶园病虫区系发生急剧变化，茶叶中农药残留、害虫抗药性和再猖獗问题越来越突出，对茶园土壤、微生物、有益昆虫直至高等动物等产生了不良的影响，干扰了茶园的次生态系统，破坏了茶园的生态平衡。因此，要恢复和维护茶园良好的生态环境，控制茶园病虫害应减少化学农药的使用量乃至不使用化学农药是一个重要的方面。

此外，尽管茶园中有数百种病虫害存在，但通常只有几十种能造成具有经济意义的为害，而其中仅3～5种是关键性病虫，它们具有以下特点：①病虫的为害期与茶树芽叶生长期同步；②病虫对茶树的为害超过了茶树的补偿能力和忍受限度；③种群数量经常活动在经济阈值范围上下或完全超过。在整个茶园病虫防治中，只要把握关键性病虫的防治，就可以有效地降低由于病虫为害造成的损失。

因此，有机茶园的病虫害控制原理就是在了解茶园这种特殊生态环境的基础上，基于常规农业存在的弊端，尤其是使用化学农药存在的种种问题，本着尊重自然的原则，应用生态学的基本方法，充分发挥以茶树为主体、茶园环境为基础的自然生态调控作用，采用农业防治措施为主，辅之适当的生物、物理防治技术，并利用有机农业生产标准中允许使用的非化学农药控制茶园病虫害，从而保证茶树的健康生长。

（二）保护茶园生物群落结构，维持茶园生态平衡

有机茶园一般选择在自然条件较好、植被丰富、气候适宜的山区和半山区，保护生物多样性，维持生态系统稳定，是有机茶生产至关重要的一环。对周围植被遭到破坏的茶园，要采取植树造林、种植防风林、行道树、遮阴树，增加茶园周围的植被。部分茶园还应该退茶还林，调整茶园布局，使之成为较复杂的生态系统，从而创造不利于病虫草孳生和有利于各类天敌繁衍的环境条件，增强茶园自然生态调控能力。

（三）有机茶园病虫害防治

有机茶园的病虫害防治应优先采用农业技术措施，加强茶园栽培管理；保护和利用天敌资源，提高自然生物防治能力；采用适当的生物、物理防治措施，有条件地使用植物源和矿物源农药。具体技术内容参见本书第八章。

（四）有机茶园杂草防治

有机茶园地处山区和半山区，生态条件优越，茶园杂草容易生长，而且杂草种类繁多，不同的生态条件、不同的耕作制度和不同的季节，其杂草的种类、群落分布、消长特点及危害程度等均不一样。茶园杂草一方面与茶树争夺空间、阳光、养分和水分，影响茶树的正常生长，同时还可能成为茶园病虫的替代寄主和越冬场所。但另一方面茶园杂草在维持土壤肥力，减少土壤侵蚀，提高土壤生物活性，提高土壤有机质，增加生物多样性等方面也起了积极作用。因此在防治中

要充分考虑到杂草的两重性，重点清除对茶树危害较大的白茅草、蕨类、肛板归、小竹等宿根性或多年生小灌木，适当保留低密度的一般性杂草。

有机茶园杂草主要防治手段有：①物理和机械防治。包括人工除草、割草机切割、行间耕作等，防治时间应掌握在杂草尚未结籽状态，以有利于减少杂草种子的传播和蔓延。②行间覆盖。条栽茶园中，可在行间使用山草、茶树修剪物等进行土壤覆盖，抑制行间杂草的萌芽和生长，同时对于保持水土、改善土壤团粒结构、提高土壤肥力均有良好的效果。③生物防治。一是在茶园中放养鸡、鹅、兔子和羊等食草性动物，可以明显减少茶园中杂草；二是在茶行间间作一些除虫菊、艾草等生长快且对虫害有驱赶作用的杂草，在适当的时间进行台刈或翻埋，从而抑制其他杂草的生长。

第二节　绿色食品茶园

有机茶园生产中的肥料、农药等管理措施或用品，均可在绿色食品（A级）茶叶的生产茶园中使用。由于绿色食品（A级）茶叶可以有限度使用部分人工合成农药、化学肥料等物质，其生产技术作以下补充：

一、绿色食品茶叶产地环境要求

绿色食品茶园基地是绿色食品茶叶生产的基础。绿色食品茶园必须符合农业部颁布的《绿色食品　产地环境质量》（NY/T 391—2013），应选择生态环境良好、无污染的地区，远离工矿区和公路、铁路干线，避开污染源，一般情况产地周围5km、主导风向20km以内没有工矿企业污染源，如化工厂、造纸厂、砖瓦厂等，能满足茶树对温度、光照、土壤、水分、地形地势的要求，保护和增进茶园及周边环境的生物多样性，维护茶园生态平衡。茶叶基地开发与改造按生态茶园模式和技术标准修建等高梯台、内设竹节沟，排蓄水系统以及机耕道、作业道，完善茶园基础配套设施。茶园间作果树、防护林、遮阴树、套种绿肥等，为茶树创造良好的生态环境。绿色食品茶园生态环境中对空气质量、土壤质量、灌溉水质等方面规定了具体限值指标（表3-8，表3-9，表3-10）。

表3-8　绿色食品茶园空气质量要求（标准状态）

项目	指标		检测方法
	日平均[a]	1h[b]	
总悬浮颗粒物（mg/m^3）	≤0.30	—	GB/T 15432

（续表）

项目	指标		检测方法
	日平均[a]	1h[b]	
二氧化硫（mg/m^3）	≤0.15	≤0.50	HJ 482
二氧化氮（mg/m^3）	≤0.08	≤0.12	HJ 479
氟化物（μg/m^3）	≤7	≤20	HJ 480

注：a. 为日平均浓度指任何一日的平均指标；

b. 为1h 指任何1h 的指标。

表3－9　绿色食品茶园土壤质量要求

项目	旱地			检测方法
	<6.5	6.5～7.5	>7.5	NY/T 1377
总镉（mg/kg）	≤0.30	≤0.30	≤0.40	GB/T 17141
总汞（mg/kg）	≤0.25	≤0.30	≤0.35	GB/T 22105.1
总砷（mg/kg）	≤25	≤20	≤20	GB/T 22105.2
总铅（mg/kg）	≤50	≤50	≤50	GB/T 17141
总铬（mg/kg）	≤120	≤120	≤120	HJ 491
总铜（mg/kg）	≤50	≤60	≤50	GB/T 17138

表3－10　绿色食品农田灌溉水质要求

项　目	指标	检测方法
pH 值	5.5～8.5	GB/T 6920
总汞（mg/L）	≤0.001	HJ 597
总镉（mg/L）	≤0.005	GB/T 7475
总砷（mg/L）	≤0.05	GB/T 7485
总铅（mg/L）	≤0.2	GB/T 7475
六价铬（mg/L）	≤0.1	GB/T 7467
氟化物（mg/L）	≤2.0	GB/T 7484
化学需氧量（CODcr）（mg/L）	≤60	GB 1194
石油类（mg/L）	≤1.0	HJ 637

二、选择良种

选择适宜本地发展的茶树良种，重视茶树品种优质、高产、抗性、低成本。引种时要注意：①选国家或省级审定的茶树良种并经科研等部门引入试验、示范证明该品种适宜当地种植的良种；②选适宜当地气候、环境条件的高香型、品质好、适制多茶类的茶树品种；③选种无性系良种苗木，以保证品种的质量和纯度；④大面积种植应根据生产需要按早、中、晚芽种与茶树抗性科学搭配比例引种；⑤坚持先试验成功后再大量引种，避免盲目引种；⑥引进的种苗应严格按国家标准检疫，避免引发新的病虫危害。

三、绿色食品茶园管理

绿色食品茶园既可以是现有常规茶园，也可以是老茶园经改造复壮后的茶园。茶园管理方法与普通茶园相似，其区别主要体现在土壤管理、病虫害防治方面。

（一）绿色食品茶园土壤管理和肥料施用

幼龄茶园和重修剪、台刈改造茶园，土壤裸露面大，要求种植豆科绿肥，在盛花期深翻入园，培肥土壤，实行茶园长年铺草覆盖。覆盖材料可因地制宜，就地取材，一般采用无污染的绿肥、茅草、修剪枝叶、作物秸秆等平铺茶行两侧，厚度 5 ~ 10cm，用覆盖物 1 000 ~ 1 500kg/667m^2，于腐烂后翻埋入土。

加强茶园耕作施肥，浅耕在各季茶芽萌发前进行，一般每年 3 次（春、夏、秋）前，配施追肥，清除杂草，深度 10 ~ 15cm，茶树根部周围耕浅些，并稍加培土。每一年深耕 1 ~ 2 次，深度 30cm 左右，宜在秋茶结束后结合施基肥进行，将表土与杂草、枯枝等翻入下层。茶园施肥以有机肥为主，实行茶园平衡配方施肥采用一基二追的施肥方法，基肥在秋茶结束后 11—12 月结合深耕进行，每亩施腐熟饼肥或商品有机肥 200 ~ 400kg 或腐熟农家肥 1 000 ~ 2 000kg 左右，并配施磷、钾肥和其他所需营养肥料；其余追肥分春、夏、秋施用，在茶叶开采前 30 ~ 40 天开沟或穴施，深度 10cm 左右，化学氮肥每次亩用量（纯氮计）不超过 15kg。叶面肥根据茶树生长状况合理使用，施用的叶面肥应经农业部登记注册，并与土壤施肥相结合，在茶叶开采前 30 天停用。

（二）绿色食品茶园病虫草害管理

以保持和优化农业生态系统为基础，建立有利于各类天敌繁衍和不利于病虫草害孳生的环境条件，提高生物多样性，维持农业生态系统的平衡。优先采用农业措施，如抗病虫品种、种子种苗检疫、培育壮苗、加强栽培管理、中耕除草、耕翻晒垡、清洁田园、间作套种等。尽量利用物理和生物措施，如用灯光、色彩诱杀害虫，机械捕捉害虫，释放害虫天敌，机械或人工除草等。具体技术内容参见本书第八章。必要时，在确保人员、产品和环境安全的前提下按照 NY 393—2013《绿色食品　农药使用准则》的规定，配合使用低风险的农药。可选用的农药见表 3 - 11。

表 3-11　A 级绿色食品生产允许使用的其他农药清单

农药类型	农药清单
杀虫剂	1）吡蚜酮　pymetrozine 2）除虫脲　diflubenzuron 3）氟虫脲　flufenoxuron 4）氟啶虫酰胺　flonicamid 5）氟铃脲　hexaflumuron 6）高效氯氰菊酯　beta - cypermethrin 7）甲氨基阿维菌素苯甲酸盐　emamectin benzoate 8）甲氰菊酯　fenpropathrin 9）联苯菊酯　bifenthrin 10）氯虫苯甲酰胺　chlorantraniliprole 11）氯氟氰菊酯　cyhalothrin 12）氯菊酯　permethrin 13）氯氰菊酯　cypermethrin 14）灭幼脲　chlorbenzuron 15）噻虫啉　thiacloprid 16）噻虫嗪　thiamethoxam 17）噻嗪酮　buprofezin 18）辛硫磷　phoxim 19）茚虫威　indoxacard
杀菌剂	吡唑醚菌酯　pyraclostrobin　代森锰锌　mancozeb

注：A 级绿色食品生产还可按照农药产品标签或 GB/T 8321 的规定使用上述农药；摘自《绿色食品农药使用准则》NY 393—2013

第三节　生态茶园

近几年，部分茶区大力开展生态茶园建设，如福建省针对茶叶生产中存在茶园过度开垦、物种结构和食物链简单、生态失衡、水土流失、地力衰退、系统协调能力低等茶产业发展中存在的主要瓶颈问题，大力实施生态茶园建设，加大对现有茶园的改造力度，取得良好成效。生态茶园建设营造适宜茶树生长的理想地域小气候，有利于促进生态平衡，提高茶园水土保持能力，改善茶园土壤物理性状，恢复地力；有利于茶园有益生物的繁衍，有效控制和减少病虫害发生；有利于提高茶叶产量和品质，确保茶业的可持续发展。

一、生态茶园建设内容

茶园生态建设重点是对现有茶园的改造。一是调整优化茶园种植结构，建立并完善环境与茶树相协调的生态茶园。二是全面推行生态栽培技术，维护茶园生态环境，促进茶叶绿色生产。三是合理植树种草，提高植被覆盖率和生物多样性，增强持续发展能力。

二、生态茶园建设主要模式

就茶园种植结构而言，以茶为主，人工复合种植模式是主要的模式。目前常见的复合种植方式有以下 3 种。

(一)“林（果）—茶—草（药)”复合种植模式

在茶园行间或外侧适当套种高层（乔木型）林果树种和绿肥草（药）品种，形成多物种、多层次的复合立体结构。其优点是能够基本满足茶树生态习性需求，提高土壤、太阳能和生物能的利用率，丰富生物多样性，增强系统稳定性和产出功能，保护生态环境。缺点是操作难度大，涉及树种的选用、种植密度的确定及各季遮阴度的控制等诸多问题。

可先在改植换种茶园，以及行距较大、树冠覆盖度较小的茶园上尝试应用。

(二)“茶—防护林”复合种植模式

选择适宜树种，在茶园周边及园内山顶、风口和山腰坡地上依据地形地势营造带状或网状的防护林带，以调节茶园小气候，提高空气相对湿度和慢射光比例，改善茶叶品质，增强系统稳定性和茶树抵御自然灾害能力。该模式操作简单，对茶树影响小；适用于规模较大、集中连片的平面式纯茶园。

(三)“茶—草”套种模式

在树冠覆盖度较小的幼龄茶园，以及重修剪和台刈茶园中，适当套种一些豆科或具经济价值的草本作物，形成茶—草两层结构，可增加表土层覆盖度，有效保持水土和改良熟化土壤提高茶园土地利用率和产出效益。对已封行的成龄茶园，在园中套间种草种已不太现实，可采用行间铺草覆盖方式。

三、生态茶园建设的关键技术

(一）植树种草，改善茶园周边生态环境

生态茶园建设离不开茶园周边生态环境的改善。首先，应禁止毁林和超坡度发展山地茶园；其次，应采取措施分批淘汰坡度大、水土流失严重的低产劣质茶园，退茶返林还草；最后，在茶园四周、道路、沟渠两边和茶园内空隙地上植树种草，营造防护林、隔离带，种植苦楝、天竺桂、樟树、杉木等适应性较强、与茶树无共同病虫害、常绿的经济林木、水果或珍贵树种等。

(二）因地制宜，合理配置园中生态位

(1）树种选用及配置。园中高层树种的选用，一是要不影响茶树正常生长或能与茶树形成互惠关系，如与茶树有不同的生态位，主杆分枝部位和根系集中层距离

表土50cm以上，冠层较稀疏；树根分泌物呈微酸性或中性反应；与茶树没有共同病虫害。二是适宜当地种植，在高纬度、高海拔茶园，应配置冬季落叶、春季萌发较迟、抗寒性较强的速生树种。三是自身具有一定经济利用价值，如降檀黄香等。

种植密度依树种冠幅和茶园立地条件而定。若树冠幅大，又处于高纬度、高海拔的阴坡茶园，即要稀植，反之，则可适当密植。遮阴度一般控制在30%以内，具体依茶园立地条件、季节、遮阴树种和加工茶类的不同而异，以创造茶树适生生境条件为宜。

(2) 草种（绿肥）选用。主要在茶园（幼龄、重修剪和台刈茶园）中和山地茶园梯壁坎边上应用。草种（绿肥）的选用，一要适宜当地种植。应尽量选用本地草种，引种外来种，须经严格检疫和生物入侵风险评估；二要以多年生、匍匐型或矮生绿肥（草）品种为主，以有效覆盖表土层，避免攀缠茶树，增加肥源，如爬地兰、平托花生等；三要因地因种因时制宜，及时割青利用。

(3) 生态栽培，保障生产过程和产品质量的无害化。一是水土保持，山地茶园等高梯层，外埂内沟，沟状种植。二是品种搭配，改植换种或发展新茶园时，除了考虑品种适应性和适制性外，还要注重品种区域布局和合理搭配。可以采用不同品种隔行（层）或隔数行（层）交替种植方式，增加茶园生物多样性。三是铺草覆盖，茶园推行全园铺草覆盖技术，切实保持茶园水土。铺草厚度应不低于5cm。施基肥时应将腐烂的草料埋入土中。四是科学施肥，根据茶树营养特点和加工茶类需肥特性，因树因土因时平衡安全施肥。提倡重施有机肥，有机、无机肥结合；重基肥，基肥、追肥结合；重春肥，春夏秋肥结合；重氮肥，氮磷钾肥结合；以产定肥，测土配方施肥；提高肥料利用率，降低过量用肥问题。五是控制源头，可以有效控制茶园投入品不合理使用带来污染。各生产企业应根据自身产品定位，严格遵照相关标准执行，严把农药、化肥和激素等投入品质量关，截断外来污染源，切实保障产品无害化、达标。六是绿色防控，优先采用农业防治（适度嫩采、适时修剪、耕锄培土、清园疏枝、及时封园等）、物理防治（挂设杀虫灯、防虫板等）和生物防治（释放天敌、喷施生物农药等），尽量不用化学防治，将有害生物控制在经济损失阈值内。七是梯壁留草，采用削草管理，控制杂草生长；禁用锄草或拔草方式。

第四节 出口茶叶基地

我国是世界上重要的茶叶出口国，近年来年出口量保持在30万t以上。出口茶产业对于维持茶叶的正常生产，扩大我国茶叶在国际影响力起到了积极的作用。作为出口茶园的管理，与其他茶园的绿色生产模式是一致的，其主要的特点体现在有更明确的、更严格的卫生质量要求。要求茶叶在生产过程中，既要符合我国茶叶的卫生质量要求，还要符合不同出口目的国的相关要求，有针对性地做好茶叶质量安全重点检测指标的管理工作。

一、出口茶叶的重点检验项目

我国出口茶叶的检验项目以进口国对茶叶质量安全标准为基础，根据进口国或地区对茶叶产品监控要求进行重点监测。重点监测的项目基于我国农药的使用及出口茶叶中最常被检测到并通报的项目，近年来欧盟、日本、美国和韩国等国家和地区对我国茶叶出口重点监测主要项目如表 3－12 至表 3－17（注：每年进行更新）。

表 3－12　出口欧盟（输出国）茶叶（产品名称）重点检测监控项目一览表

产品种类	重点检测监控内容				备　注（更新情况）
	检测类别（重点检测或监控）	具体项目	限量标准（mg/kg）	依　据	
茶叶	重点	氰戊菊酯	0.1	EC149/2008	
		高氰戊菊酯	0.05	EC149/2008	
		氯氰菊酯	0.5	EC149/2008	
		噻嗪酮（优乐得）	0.05	EC149/2008	
		三唑磷	0.02	EC149/2008	
		水胺硫磷	0.01	EC149/2008	
		吡虫啉	0.05	EC149/2008	
		啶虫脒	0.05	EC149/2008	
		多菌灵	0.1	EC149/2008	
		茚虫威	0.05	EC149/2008	
		哒螨酮	0.05	EC149/2008	
		毒死蜱	0.1	EC149/2008	
		氟虫腈	0.005	EC839/2008	
		八氯二丙醚 S－421	0.01	EC149/2008	
	监控	甲胺磷	0.05	EC899/2012	
		草甘膦	2	EC149/2008	
		乙酰甲胺磷	0.05	EC149/2008	
		氟氯氰菊酯	0.1	EC149/2008	
		联苯菊酯	5	EC149/2008	
		甲氰菊酯	2	EC839/2008	
		铅	5	GB 2762—2012	

表 3-13　出口日本（输出国）茶叶（产品名称）重点检测监控项目一览表

产品种类	重点检测监控内容				备　注（更新情况）
	检测类别（重点检测或监控）	具体项目	限量标准（mg/kg）	依　据	
茶叶	重点	三唑磷	0.01	日本肯定列表	
		水胺硫磷	0.01	日本肯定列表	
		氰戊菊酯（总量）	1	日本肯定列表	
		氟虫腈	0.002	日本肯定列表	
		茚虫威	0.01	日本肯定列表	
	监控	八氯二苯醚 S-421	0.01	日本肯定列表	
		草甘膦	1	日本肯定列表	

表 3-14　出口美国（输出国）茶叶（产品名称）重点检测监控项目一览表

产品种类	重点检测监控内容				备　注（更新情况）
	检测类别（重点检测或监控）	具体项目	限量标准（mg/kg）	依　据	
茶叶	监控	联苯菊酯	0.05	EPA 法规标准	
		三氟氯氰菊酯	0.01	EPA 法规标准	

表 3-15　出口韩国（输出国）茶叶（产品名称）重点检测监控项目一览表

产品种类	重点检测监控内容				备　注（更新情况）
	检测类别（重点检测或监控）	具体项目	限量标准（mg/kg）	依　据	
茶叶	重点	三唑磷	0.1	韩国标准	
		联苯菊酯	3	韩国标准	
	监控	铅	5	GB 2762—2012	

表 3-16　出口香港（输出地区）茶叶（产品名称）重点检测监控项目一览表

产品种类	重点检测监控内容					备　注（更新情况）
	检测类别（重点检测或监控）	具体项目	限量标准（mg/kg）	推荐检测方法	依　据	
茶叶	监控	铅	6	GB 5009.12—2010	香港要求	

表 3－17　出口其他（输出国或地区）茶叶（产品名称）重点检测监控项目一览表

产品种类	重点检测监控内容				备　注（更新情况）
	检测类别（重点检测或监控）	具体项目	限量标准（mg/kg）	依　据	
茶叶	重点	氯氰菊酯	20	GB 2763—2014	对需要出证的产品检测项目
		噻嗪酮	10	GB 2763—2014	
		硫丹	10	GB 2763—2014	
		乙酰甲胺磷	0.1	GB 2763—2014	
		三氟氯氰菊酯	15	GB 2763—2014	
		吡虫啉	0.5	GB 2763—2014	
		联苯菊酯	5	GB 2763—2014	
		铅	5	GB 2762—2012	

二、我国有关茶叶中卫生质量管理要求

我国一直以来十分重视茶叶的质量安全，茶叶被列入首批禁止使用高毒农药的作物名单（表 3－18），目前已发布了 5 个与茶叶有关的法规，分别是"禁止使用的农药和不得在蔬菜、果树、茶叶、中草药材上使用的高毒农药品种清单"（农业部第 199 号）、"高毒农药采取进一步禁限用管理措施"（农业部第 1586 号）、"撤销灭多威、硫丹在茶树上的登记和不得在茶树上使用"（农业部第 1586 号公告）、"不得销售含有农药增效剂八氯二丙醚的农药产品"（农业部第 747 号公告）、"除卫生用、部分旱田种子包衣剂外，在我国境内停止销售和使用用于其他方面的含氟虫腈成分的农药制"（农业部第 1157 号公告）等。

表 3－18　涉及茶叶的有关法规清单

法规名称	公告号
禁止使用的农药和不得在蔬菜、果树、茶叶、中草药材上使用的高毒农药品种清单	农业部第 199 号
高毒农药采取进一步禁限用管理措施	农业部第 1586 号
撤销灭多威、硫丹在茶树上的登记和不得在茶树上使用	农业部第 1586 号
不得销售含有农药增效剂八氯二丙醚的农药产品	农业部第 747 号
除卫生用、部分旱田种子包衣剂外，在我国境内停止销售和使用用于其他方面的含氟虫腈成分的农药制	农业部第 1157 号

三、出口茶叶基地的病虫害防治

出口茶叶基地的病虫害防治，应尽量选用生态调控、理化诱控及生物防治技术等，具体技术措施可以参照本书“茶树病虫害绿色防控技术”部分。在有必要进行农药防治时，一定要依照我国对茶园农药使用的规范，更要针对不同出口目的国的要求，参考出口茶叶的重点检验项目，科学合理地选用农药。

第四章

不同茶区的茶叶绿色生产模式

近年来，随着社会对茶叶质量安全的持续关注及环保意识的不断增强，各地在茶叶生产实践中对绿色生产越来越重视，形成了一些特色鲜明且适合当地实际的绿色生产技术模式。下面主要介绍各地在茶叶绿色生产模式上的一些具体做法和经验。

第一节　浙江绿茶绿色生产模式

浙江是我国著名的名优绿茶产区，在生态茶园建设、有机茶生产、出口茶叶生产方面有着丰富的经验。近年来，浙江省高度重视发展生态循环农业，在茶叶生产中探索出一批环境友好、效益突出的茶叶绿色生产技术模式。

一、松阳茶叶优质高效绿色生产技术模式

（一）基本情况

松阳县新兴镇大木山一带有连片基地近万亩，常年该基地产量 100 ~ 160 kg/亩，以生产松阳香茶为主，早春生产名茶，平均亩产值在 1 万元左右，茶叶生产基础较好。在该基地茶园安装太阳能杀虫灯、防霜冻风扇、喷灌、滴灌等设施，强化茶园基础设施建设，开展茶园病虫绿色防控技术实施病虫统防统治技术、测土配方施肥技术、肥水同灌技术，实行名茶生产和优质香茶生产相结合，实行茶叶优质高效。

（二）主要做法

1. 实行病虫害绿色防控技术，减少农药使用次数和使用量

坚持“预防为主，综合防治”的植保方针，严格实施“五统一”防治技术，实现专业化统防统治。在茶树病虫害的防治中以农业防治为基础，大力推广物理防治、生物防治、化学生态防治等绿色防控技术，重点示范推广应用灯光诱杀、

信息素诱捕和生物农药防治技术，减少化学农药施用次数，降低农药残留，降低成本，保护和利用有益的天敌昆虫，增加茶园物种数，实现茶园病虫综合治理。示范点实施农药化学防治次数减少 2.26 次，化学农药使用量减少 28%，减少人工成本 38.9%。亩节省农药成本 69 元。

2. 实行测土配方施肥技术，有针对性的施用肥料

对大木山茶园土壤进行监测，经过多年的实践采取了“减氮、控磷、增钾、补镁”的施肥策略，以保持茶树的营养平衡。在具体施肥过程中掌握“重施基肥，适施追肥，少量多次，氮、钾搭配，控制磷肥，不忘镁肥”的原则。冬季基肥：亩施精制有机肥或饼肥 200kg，硫酸镁 15kg，尿素 20kg，硫酸钾 10～15kg，硫酸锌 2kg；春季催芽肥：高氮高钾无磷复合肥 25kg，尿素 30kg，追肥：高氮高钾无磷复合肥与氮肥配合使用。以利茶芽早生快发，提高茶叶产量和茶树抗逆能力。

3. 实行肥水同灌技术，节省化肥使用量

追肥适当采用肥水同灌的方式，施肥折合成纯氮控制在 60kg/亩。通过测土配方施肥技术和肥水同灌技术的配合使用，既节省了人工成本，也降低了化肥的使用量，同时提高了化肥的利用率。示范点比常规化肥用量减少 15%，亩节省化肥成本 48 元。

4. 实行多茶类组合生产技术，提高茶叶经济效益

根据鲜叶不同时期、不同阶段，结合市场需求，实行多茶类组合生产技术。示范点的茶叶采用“名茶—红茶—香茶”多茶类组合生产，充分利用鲜叶资源，提高茶叶经济效益。示范点茶叶平均价格比常规增加 8.0 元/kg，亩产达 185kg，产值达 16 650元，比常规茶园亩产增加 3 530元。

二、白叶茶与吊瓜立体栽培模式

（一）基本情况

吊瓜的根、茎、叶、瓜皮、种子均可供药用，白叶茶是由于其氨基酸含量高，价格是一般绿茶的 2～3 倍，市场畅销。吊瓜与白叶茶进行立体栽培，春季白叶茶生长较早，一般在春茶结束后吊瓜开始生长，不但生长季节错开，而且夏秋在吊瓜的棚架下营造了一个较为阴凉的小气候，避开了高温对白叶茶的危害，两者相得益彰。该模式主要分布于浙江省丽水市一带（图 4－1）。

（二）产量效益

作物	产量（kg/亩）	产值（元/亩）	净利润（元/亩）
茶树	20kg（茶青，第 3 年）	4 000	2 500
吊瓜	100kg（瓜籽，第 3 年）	3 000	1 500
合计	120	7 000	4 000

图4－1　白叶茶与吊瓜立体栽培模式

（三）茬口安排

作　物	种植时期	采收期
白叶一号茶树	2月中下旬至3月上旬或11月，亩栽2 500株	种植后第三年投产
吊瓜	4月移栽，要求按15∶1种植为宜（雌株：雄株）	

（四）关键技术

产籽吊瓜应选择结瓜多、瓜大、籽多、粒重，抗病强、产量高的吊瓜品种。白叶茶选用无性系白叶一号品种。

1. 定植

把全丘田块作畦，每畦1.5m，吊瓜亩栽种60～70株，行距6m，株距1.5m。隔三畦开一畦种植穴，直径70～80cm，穴深60cm，每穴四周最好撒上0.1kg石灰，作消毒和防治病虫害，每穴用有机肥50～100kg，过磷酸钙或复合肥2kg，菜饼1kg，覆肥土与地面平，并使其充分发酵。育苗移栽定植时间宜在4月底前完成。每亩按雌雄株15∶1的比例种植。白叶茶亩栽2500株，在间隔的三畦中开植沟种植白叶茶，每畦二行，株距20cm。在吊瓜的畦上适当栽上白叶茶，白叶茶可以在11月至翌年2—3月移栽。

2. 竖柱搭棚

棚架材料应选用牢固性的水泥制品（水泥柱、架），也可用竹、木、铁丝及其他材料，棚柱间距一般在3m左右，棚架高一般在1.8m左右。棚架要牢固、面平、通风透光。对当年下种的吊瓜苗，可先搭简易棚架供攀援。

3. 茶树的管理

栽培管理措施与一般茶园类似，要特别重视通过肥培管理来增强茶树的抗性，保持茶园无杂草，适时防治病虫害发生。

4. 吊瓜的管理

（1）整枝引蔓。春季吊瓜出苗时，每株选留最健壮的2～3个主枝，主茎长到2～3m时及时打顶。封棚后，根据长势适当进行打顶、疏枝、理蔓工作。尤其是7—8月高温季节，必须将多余的腋芽、侧枝疏掉，发现有徒长枝应及时去除。

（2）施肥。栽培二年以上的吊瓜，基肥宜在寒冬前或次年块根发芽前施入，每亩用腐熟栏肥800～1 000kg，磷肥40kg，钾肥20kg或草木灰1 000kg，饼肥40kg。

（3）提高坐瓜率。可采取雌雄混种的方法提高坐瓜率，既可利用园边种植雄株，一般每亩3～5株。还可采用人工辅助授粉或蜜蜂授粉的方法提高坐瓜率。

（4）吊瓜的虫害有蚜虫、青虫等。当幼藤长到40～60cm时做好第一次防虫工作，7月下旬至8月初重点防治青虫。安全间隔期7天后方可采茶。

（5）采收。当吊瓜果皮表面开始有白粉，并转为淡黄色时，即可分批采收。采收可从果柄剪下，先摊在地上晒2～3天，使后熟变软，然后剖瓜，并将吊瓜籽装进塑料袋或滤水的容器内，通过踩踏、摩擦去外皮，洗净晒干即可。

（6）其他。吊瓜采收后期，要以保蔓为主，促进块根生长，为下一年的高产丰收打下坚实的基础，因此要做好防虫保蔓工作。进入寒冬前，吊瓜蔓完全干枯后，冬季培土壅根，根周围要铺草防冻。

三、茶柿立体复合栽培模式

（一）基本情况

茶柿立体复合栽培增效技术充分利用温、光、水、土等自然资源，通过在茶园套种柿树，实现茶树、柿树共生，改善茶园小气候，既增加夏秋茶经济效益，弥补了夏秋茶利用率低的缺陷，又增加柿子收入，提升柿子品质，显著提高了茶园经济效益。该模式主要分布在浙江省天台、新昌、嵊州、上虞等茶叶主产县（图4-2）。

图 4－2　茶柿立体复合栽培模式

（二）产量效益

作物	产量（kg/亩）	产值（元/亩）	净利润（元/亩）
茶树	70	10 900	6 200
柿树	470	1 100	660
合计	540	11 900	6 860

（三）茬口安排

作　物	种植时期	采收期
茶树	2 月中下旬至 3 月上旬或 10—11 月	种植后第三年投产
柿树	12 月至翌年 2 月上旬，每亩 8～10 株	9 月下旬至 10 月中旬

（四）关键技术

1. 茶树栽培要点

（1）选用抗性强、适制性好、产量高的（无性系）优质良种，如浙农 113、龙井 43、乌牛早等。

（2）适当密植，条带种植，行距1.5m，株距0.25m，每丛并列种2株，亩用苗量3 557株，浇足定根水，注意遮阴保湿。

（3）施足基肥，在栽前一个月，以腐熟的栏肥作基肥，每株2.5kg加焦泥灰1kg，施好基肥后加土覆盖。

（4）按常规进行定型修剪，茶园成年后可每年或隔年进行一次修剪。

2. 柿树栽培要点

（1）柿苗选用地径≥0.8cm、高≥0.7m的Ⅱ级以上红朱柿合格苗。

（2）梯地种植，柿树靠外侧、茶树靠内侧，种植时除去柿苗嫁接处薄膜条。

（3）施足基肥，在栽前一个月，以0.8m×0.8m×0.6m的植穴规格计算，每穴施25kg腐熟的栏肥加1kg磷肥的基肥，施好基肥后加土覆盖。

（4）追肥：花前期以氮肥为主，适当配以磷钾肥。结果树的保花保果肥，以氮肥为主，磷肥为辅。壮果肥，以钾肥为主，配施氮肥。氮磷钾三要素比例为：幼龄期10：6：6，成龄期10：6：10。

（5）在植后第二年进行定干。为了不影响茶叶生产管理，适当提高定干高度。

（6）柿的采收期一般在9月下旬至10月中旬，果实发育成熟后自果梗部用柿叉采摘，轻采轻放，防止损伤果实和母树，采摘量按市场需求进行。

（7）做好杂草及螟虫、纹枯病、细菌性病害等病虫害的防治，根据病虫情报及时对症下药。

四、沼液在茶园中应用技术模式

建德是浙江省的畜禽养殖大县（市），也是重点产茶县。畜禽产业的快速发展，也带来了畜禽粪便对环境的污染。应用沼气技术消除畜禽粪便，产生大量沼液、沼渣等沼肥，如果这些沼肥不能及时处理，势必会产生二次污染，给生态环境同样构成威胁。另一方面，建德有6万多亩山地茶园缺肥，尤其缺有机肥料，遇上夏秋干旱季节，茶园产出甚少。近年来劳动力成本和肥料价格大幅上扬，茶产业的利润空间大大压缩，因此，如何解决高山有机茶园缺肥缺水与节本增效问题已非常迫切。鉴此，近年来，建德市落实生态循环农业理念，以建德市天羽茶业有限公司的岭后138亩基地茶园为试验示范点，对畜禽养殖沼液培育茶园的使用效果及其施用技术开展了试验探索，并在全市4个乡镇推广应用，有效解决了高山茶园缺肥缺水，取得了良好的经济、生态、社会效益。

（一）使用效果

1. 节本增效，增加经济效益

（1）增收。建德茶叶于每年的3月开始采摘，采摘期一直延伸至10月。对近几年来沼液试验示范茶园的使用测算结果显示，如按现行管理技术，茶园亩产龙井茶等名茶约 10kg、清心三绿等优质绿茶约 50kg 左右，亩产值约 3 000元。通过应用沼肥技术，亩产量有较大提高，每亩可生产龙井茶等名茶约 12kg、清心三绿等优质茶约 70kg 左右，亩产值可提高到 4 200余元。特别是对于采摘夏秋茶的茶园，应用该项技术后，产量增幅很大，甚至可以达到翻番，经济效益更为可观。

（2）节本。由于沼肥是不需要花费购置，只是付点运输费用，较原来使用商品有机质肥每亩可节约肥料成本约 75%。同时，在施肥用工成本上，由于使用沼肥只需要 2～3 人即可浇灌，较传统的开沟施肥每亩可节约用工成本在 70% 以上，节本十分显著。据建德市天羽茶业有限公司岭后示范园调查，人工成本约 52 元/亩成本（包含人工工资），同比年可节省肥款、人工工资约 180 元/亩。

2. 提升品质

由于沼肥含有较全面的养份和一定的有机物质，具有速缓兼备的肥效特点，它所含的氨基酸、B 族维生素和某些植物激素，是很好的有机肥料。据调查了解，凡沼肥使用过的茶园，土壤肥力提高，所采制成的产品在香气和滋味口感上较原来都有明显改善和提高，香气浓长，茶味增厚。建德市天羽茶业有限公司对沼液使用效果表示肯定，认为使用沼液茶园的茶鲜叶持嫩性特强，茶内含物丰富，所制干茶香高、味醇。

3. 改良土质

使用沼液、沼渣对改良茶园土壤有明显作用。据建德市农村能源办公室委托农业部农产品质量检验测试中心（杭州）检测报告，茶园使用沼液后，茶园土壤全氮从 1. 59% 提高到 2. 37%，有效磷从 88. 9mg/kg 提高到 538. 3mg/kg，速效钾从 61mg/kg 提高到 335mg/kg。此外，土壤“三项”比与团粒结构也得到改善。

4. 生态效益

建德位于钱塘江上游，环境保护好与坏直接影响钱塘江下游的生态状况。在茶园中推广应用沼液，既可以有效解决本市农村当前因畜禽业发展带来的面源污染，同时可以帮助解决现代化农业生产中，大量使用化肥给环境造成的污染等问题，解决茶叶生产中有机肥短缺和生产成本高的难题，提高茶园肥力，加快常规茶园向有机茶园的转型，增加茶农收入，改善生态环境。

（二）施用技术

1. 建造储蓄沼液设施

在茶园中选择恰当的最高地理位置，建造约 $30m^3$ 储肥池若干个。如果有机耕路可以直通，就用拖拉机把槽罐车装的沼肥直接运输到园地，倒入池中；如果茶园基地坡度较陡，不方便挖路运输，那就在茶园顶、底部各建储肥池一个，利用高扬程的泥浆泵把下面储肥池的沼液打入上部储肥池，再行浇灌。

2. 铺设浇沼管道

在茶园铺设推广强抗老化 PER 喷滴管道，按照主管道每隔 10～15m 安装一个三通，然后用一根 30～50m 的水管套上三通位置，1～2 人即可浇灌使用，原则是主管道就以 60～100m 的间距在茶园平行铺设，以覆盖整个区域能浇灌到为原则。

3. 适时浇沼

使用时间上一般选在夏秋与初冬等少雨季节使用效果显著。一般选在晴天的下午施用，使用量掌握在每亩每次 500～1 000kg，施用频率一般间隔 10～15 天。实行行间开沟浇施有利于提高肥效。

五、茶园养鸡节本增效技术模式

（一）基本情况

安吉柏茗茶场是一家从事安吉白茶产加销一体化的安吉白茶生产企业，现有安吉白茶园 520 亩，该茶场所属的茶叶专业合作社是省级茶叶精品示范园，2013 年生产安吉白茶 6 200kg，产值 630 万元，产品主要销往江浙沪，还有济南、石家庄、太原、北京等大中城市。安吉白茶一年只生产一季。近年来，茶场就尝试创新茶园生产模式，在茶园中放养家禽（养鸡），并在饲料中添加茶叶碎末，这样养成的白茶鸡味道鲜美，增加经济收入；通过茶园鸡的放养，减少茶园虫害的发生，减少化学农药的使用，降低成本保证产品的安全。2013 年全年共饲养白茶园鸡 2 批，共 1.8 万羽，增加经济收入 85 万元，节本 12.9 万元。

（二）技术要点

（1）建成一个种养结合的万羽家禽养殖点：建成 $500m^2$ 的放养鸡舍，今年共养白茶鸡 1.8 万只，为保证白茶鸡的肉质鲜美，尝试在饲料中添加白茶茶末及饮水中添加白茶茶汤。

（2）技术培训：对茶场生产人员进行上岗技术培训，使每个生产者了解并掌握生态循环的理念和养鸡的基本操作技术；强化种养生态循环技术和有机茶标准化生产的宣传，从生态环境保护和人居环境必要性入手，强化生产者对自然、生态、环境有机良好循环的理解和认识；建立生产过程档案制度，实现产品的可追溯性。

（3）全面推广有机茶标准化生产技术：以有机茶标准为实施纲领，全面推进示范点有机茶和有机白茶鸡的生产，将鸡粪经过无害化处理后返还茶园，增加茶园有机质含量同时茶园种植绿肥培肥土壤，改良土壤结构；建立以鸡治虫、以虫治虫，以病治病的农业、机械、生物防治病虫害的有效手段，达到一个良好的动植物生物良性循环链。

（4）加强产品质量监督：对安吉白茶整个生产过程进行全程监控，严格按有机茶生产标准对生产过程的农资投入品、饲料和加工场所及人员卫生状况进行安全监督检查，确保每批产品安全合格。

（三）效益

（1）增产增值。通过新技术模式应用，安吉白茶品质和产量均有提升；年放养白茶鸡1.8万羽，出售白茶鸡销售额160万元，除去苗鸡、防疫、饲养成本和劳动工资75万元，获利85万元。

（2）节本增收。实施茶园养鸡技术，全年可减少病虫防治成本和劳动用工120元/亩，示范点可减少成本3.6万元。鸡粪处理后还园，减少有机肥施用量和施肥用工，可降低成本310元/亩，示范点可减少投入9.3万元。合计节本12.9万元。

（3）生态和社会效应。通过技术创新，充分发挥生物间物质的循环利用，提高安吉白茶品质和安吉白茶产品安全性，提高安吉白茶标准化和产业化进程，进而提高安吉白茶知名度和美誉度，让更多的人能品尝到安吉白茶和与之相关的有机家禽产品。同时，茶园与家禽种养的合理利用，既充分利用了紧缺的土地资源，又充实了人们的食物结构，使农业生产的持续、稳定健康发展，同时又保护和改善农村生态环境，维护农业生态平衡。

第二节　福建乌龙茶绿色生产模式

福建省近年来大力开展茶叶标准园和生态茶园建设，建成一批生态环境优美的茶叶基地、茶叶庄园，茶叶绿色生产技术水平和质量安全水平持续上升，推动了乌龙茶产业的发展。下面，通过安溪县举源茶叶专业合作社的实例来介绍乌龙茶绿色生产技术模式。举源茶叶专业合作社（以下简称“举源合作社”）位于安溪县龙涓乡举源村，成立于2008年7月，现有成员158户，茶园面积5 900亩。合作社结合全国茶叶标准园创建工作，集成乌龙茶绿色生产模式，实现产业标准化、规模化、品牌化协同发展。

一、按照农业部茶叶标准园的要求进行管理

园区按照全国茶叶标准园建设要求，大力推行“六个统一”管理，即统一茶叶品种、统一购药用药、统一技术标准、统一质量检测、统一品牌标识、统一包装销售；努力实现“六个百分之百”，即100%生产资料统购统供、100%种苗统育统供、100%病虫害统防统治、100%产品商品化处理、100%品牌化销售、100%符合食品安全国家标准。使园区实现产业化经营、标准化生产、商品化处理、品牌化销售、规模化种植的“五化”要求，带动周边249户茶农，减少30%

农药使用量，实现节本增效10%。

二、加强基地生态建设和基础设施建设

一是茶园生态栽培物化建设。3 124 亩茶园全部实行生态栽培技术，种植行道树、水土保持林、绿化林等1.8万株。根据地形地貌科学规划，分区域对基地进行全面绿化。

采取人工建造防护林体系，根据茶园所处的位置，在茶园山顶、上风口和道路两旁种植防护林和行道树，在茶园内种植桂花、圆柏、罗汉松、含笑、油茶等树木，并在茶园梯壁种植黑麦草、百喜草、羽叶决明、野牡丹等品种，增加茶园生态系统多样性，保持梯壁水土，形成“头戴帽、腰系带、脚穿鞋”水土保持良好的生态茶园模式，创造稳定平衡的茶园生态系统。

二是茶园道路建设。合作社根据地形地貌的实际情况设置茶园道路网络，完善田间工程。在原有的茶园主干道基础上，再修建了1.2公里的支干道，并与支道及步道互相连接，实施路面水泥硬化，形成一条纵横交错交通便利的道路系统。

三是采后商品化处理设施建设。新建2个茶叶合作加工点，改造清洁化厂房600m^2、购置清洁化初制加工设备40多台（套）。加工点严格按照标准化、现代化要求建设，包括晒青场、萎凋车间、做青车间、杀青间、整形车间、烘焙间、仓库、审评室，年可加工茶叶300多t。厂区距离居民区、垃圾场较远，周围环境绿化美化。厂房设计根据初制工序特点合理安排，上下各工序毗邻衔接，操作方便。茶叶加工环境清洁化，场地宽敞、明亮、干净，地面硬实、平整，工厂条件符合国家清洁卫生要求，整个生产管理按照有机茶生产标准进行，已获得QS认证和有机认证。

三、实施茶园水肥药一体化

举源合作社研究发明“无公害病虫害防治高压喷雾设备”，获得国家实用新型专利。该设备采用电力高压泵加压，全茶园铺设高压管，每一小区装设较高压管，并套上高压喷雾头，由人工采用半机械化进行集中式喷药，喷药雾化好、速度快、效率高，大大节省了劳动力，更重要的是用药可控、科学，安全；加上推行统防统治，开展茶园病虫害专业化防治，实行农药统购、统供、统配和统施的“五统一”服务，可以减少农药用量30%，防治效果好。举源合作社被全国农业技术推广服务中心、福建省种植业技术推广总站确定为茶叶生态技术及社会化服务集成项目示范区，为全国仅有的二十家之一。

通过建立茶园喷灌系统，修建灌溉水池、配药配料（生物农药或有机肥）、灌溉管道及喷灌设施，在茶叶标准园区内建设排水、蓄水、供水，供肥，高压喷

雾系统，做到有水能蓄，涝时能排，旱时能灌。在茶园四周人形道两侧修筑排水沟，排水沟与茶园内路沟结合连接，形成防洪排水系统，涝时能将茶园内多余的水通过排水沟排到蓄水池中。在山顶修筑共两个大型蓄水池，安装覆盖面积320多亩喷灌系统。茶园铺设2 500m高压水管，大约100m安装一个高压阀门，修建药池3个，配备高压泵2台，高压喷枪30支，可以实施整片茶园高压喷雾，实现水肥药一体化管理。

四、部分实施有机化种植

选择周边空气清新、水质纯净、土壤未受污染、农业生态环境质量良好、海拔较高、远离城镇和公路主干道、附近无污染源、植被丰富的320亩茶园建立举源有机茶园。有机园地土壤肥沃、土层深厚、有机质含量较高、地下水位低、土壤酸碱度（pH值）为4.5～5.5、疏松透气、保水保肥能力强、能排能灌、交通方便，并在有机茶园与常规农业区之间建立隔离带。

有机茶园以腐熟有机肥料为主要肥源。冬施基肥，每亩用菜籽饼300kg或施牛粪2 000kg，混合拌匀堆积覆膜后发酵，腐熟后开深沟施下盖土。施肥时间为秋茶刚结束的11月份左右。追肥一般在春茶、夏茶、秋茶等三季茶芽萌发前半个月施下。为增加茶园植被覆盖度，减少水土流失，提高茶园保土、保肥、保水能力。对梯地茶园梯壁上的杂草改劈草为割草，保留原有的绿草，对裸露、光秃的茶园梯壁种植护坡绿草，减少梯壁的裸露程度，杂草旺盛时，将杂草割下进行茶园覆盖，提高茶园的保水、保肥能力；每年开沟施3～4次肥料，肥料主要为有机肥和牛粪等农家肥；每年对茶园进行耕作，疏松茶园土壤，改善土壤的通透性，提高茶树对水分养分的吸收力。

茶园实施有害生物综合治理，在茶园生态调控的基础上，以农业防治和生物防治为中心，辅以物理机械及其他防治措施。主要通过改善茶园生态条件，增加茶园生物多样性，种植行道树和遮阴树，种植绿肥或护坡植物，梯壁杂草以割代锄，茶园内保留一些非恶性杂草，茶园铺草覆盖等给天敌创造良好的栖息、繁殖场所。在进行茶园耕作、修剪等人为干扰较大的农活时给天敌一个缓冲地带，减少天敌损伤。剪去病虫害枝条、细弱枝和边脚枝，扫除地下落叶，集中掩埋。修剪后，割除茶园道路两旁及茶园四周的杂草等掩埋。清园后喷洒45%石硫合剂晶体200～300倍，有效降低越冬病虫害基数。生物防治主要通过保护天敌和使用生物性农药防治害虫。保护寄生性捕食性天敌动物主要通过改善环境、冬季铺草覆盖、修剪后枝叶归园、禁用化学农药等措施保护天敌。生物防治即应用苦参碱以及微生物农药Bt或混配防治小绿叶蝉和螨类、茶毛虫，基本上控制了茶园害虫的发生。人工捕杀或摘除：对于茶毛虫卵块、茶蚕幼虫、茶蓑蛾类护囊、茶卷叶蛾及茶细蛾的虫苞、茶吉丁虫成虫、茶象甲成虫等容易发现，形体较大，易于捕捉或具集性的害虫，均采用人工捕杀办法；对于茶象甲等具假死性害虫，在振落同时，用器具承接；人工摘除茶饼病、网饼病、茶白星、黑刺粉虱等病虫严重的叶片。

在项目园区放置5台太阳能杀虫灯以及黄色粘虫板8 000张，构建茶园绿色防控体系。在病虫害危害高峰期喷施清源宝和辣椒水等生物农药，实施标准化生产技术后，全年可减少施药3~5次，减少农药使用量30%。

五、实施质量全程可追溯

合作社与中国台湾有机农业研究基金会、福建省农业科学院合作建立了“闽台茶叶安全生产管理与质量溯源平台软件系统。”

围绕“生产有记录、信息可查询、流向可跟踪、责任可追究、产品可召回”的可追溯体系，实施全程质量安全管理，每一泡茶都有一个条码，通过条码查询，可以从源头跟踪该茶叶的产区，管理操作细节，采摘时间，制作加工以及最终抽检的农残检测报告等，确保茶叶质量安全，保障消费者知情权。投入品实行专人负责，建立进出库台账；生产档案统一编制，详细记载农事操作或栽培管理日志；定期检测产品安全质量，确保安全期采收，不合格的产品不销售；统一包装和标识，产品可追溯，保障产品质量安全。

第三节　山东绿茶绿色生产模式

山东省地处我国东部沿海，黄河下游，东部为半岛，突出于黄海、渤海之间。1952年起，山东开始零星种植茶叶，1966年开始有组织、有计划地开展茶树引种试种，目前，山东茶叶种植区域已由日照、临沂、青岛3市的部分县（市、区）扩大到威海、烟台、泰安、济南等地。近年来，山东积极推动绿色生态茶园建设（图4-3），各地政府纷纷出台相关政策，积极推广茶林间作、茶粮间作、畜沼茶等技术，为从根本上提高茶叶品质和质量安全水平奠定了坚实基础。山东省的生态茶园重点推广茶叶多层次立体复合栽培模式，即采用多物种高度集约化的经营模式，以茶树为主，因地制宜配置其他作物，形成多层次立体复合栽培，各作物能共生互利，构成合理的生态系统，达到经济效益，生态效益和社会效益的统一。

图4-3　生态茶园

绿色生态茶园一般采用三层结构模式，如茶—林—粮、茶—果—草等栽培模式就是在茶林间作和茶果间作的基础上，在茶树和林木、果树的幼龄期，茶园内覆盖度不高时再种植一些粮食作物或牧草，以充分提高土地利用率，培肥土壤。

一、基本原则

（一）生态复合原则

以植树造林为重点，加强茶园生态建设。植树造林，既能改善茶园小气候、减轻或防止灾害性天气对茶树造成的破坏；又可增加茶园的生物多样性，降低病虫危害。因此，茶园周围、园内主要道路两旁须种植行道树，主渠两旁、陡坡、沟谷和土壤贫瘠等不适合种茶的地方应植树造林或保留原有植被。

（二）可持续发展原则

以茶为主，农、林、牧、渔协调发展。运用综合优化调控技术，大力推广绿色防控技术，积极推广杀虫灯、色诱板等非化学防控技术，推行科学施药，减少化学农药的使用，防止环境污染和地力退化，力争建成可持续发展的茶叶商品基地。

（三）现代化栽培原则

体现在茶区建设要园林化、水利化，茶树品种要良种化，茶园生产要机械化、栽培科学化。

二、栽培技术生态模式

（一）茶林间作

1. 茶园种树的意义

茶林间作是热带低纬度茶区的惯用栽培方式。茶树原产于热带亚热带雨林树冠下，林下种茶能为茶树提供良好的生态环境。茶园种树可以有效改善茶园生态环境。一方面种植的林木可以作为接触外界大气候变化的作用面，减小茶园内温度和湿度的变化幅度，有利茶树生长，提高茶叶产量；另一方面林木形成的树冠可以起到遮蔽强光照射，增加漫射、散射光，满足茶树忌光直射，喜漫射光和散射光的需求，增加茶树新梢持嫩性和滋味鲜爽度，从而提高茶叶品质。在冬季或台风季节，由高大树木构建的防风林还可以有效减小冻害和风害程度，有利于茶树安全越冬，避免台风导致的机械损伤。

茶园种树可以增强对茶园害虫的生态防控能力。茶园种树可以为害虫天敌（鸟类等）提供良好的栖息场所和丰富的食物来源，有利于天敌的繁衍；一些树种所发出的气味具有驱避害虫的作用。通过上述生态方法控制茶园，可以有效提高茶叶的安全质量。

茶园种树可以有效绿化、美化茶园环境。利用茶园空闲地块或特有区域（水沟、塘坝、陡坡等）栽种美化专用树种，可以进一步提高园区内的观赏性，为开展茶园生态游、休闲游、体验游提供有利的环境条件(图4-4)。

图4-4 日照浏园生态农业-茶林间作模式

茶园种树在充分发挥其生态效益的同时，通过提高茶叶产量和质量、降低茶园虫害防治成本、增加林木或果树的收益、开展生态观光游业务等途径，有效提高茶园的整体经济效益，同时为社会提供了优质的产品、休闲体验的场所，从而具有良好的生态效益、经济效益和社会效益。

图4-5 茶松间作模式

茶林间作还能提高经济效益，位于山东日照岚山区的日照浏园生态农业有限公司在原有山地松林内种植茶树，形成茶松间作模式（图4-5），一方面茶园防风抗冻能力显著增强，冬季冻害轻微，不需要覆膜防护，另一方面，与松林一起构建平衡的生态环境，病虫害发生轻微，不使用药剂防治。公司实行茶林兼作、绿色控害等生态栽培技术后，全年不使用化学肥料和农药，产品全部通过有机认证，取得了良好的经济效益。

图4-6 茶林间作的树木

在茶林间作上，选择的树木必须是深根系的落叶或小叶乔木，与茶树无相同的主要病虫害，最好是豆科树种。种植时应合理密植，夏天对茶树的遮光度应控制在30%以内。茶园内常见的林木有相思、合欢、香须树、黄豆树、乌桕、杉、油桐、杜仲、松、桑、椿、木樨和紫花黄檀等（图4－6）。

茶园周边建设的防护林（图4－7），防护林可按400～500m距离安排一条主要林带，栽乔木型树种2～3行，行距2～3m，株距1.0～1.5m，前后交错，栽成三角形，两旁栽灌木型树种；风寒冻害严重地带，以设紧密结构林带为主，林带宽度为15～20m。常用的树种有杉树、马尾松、黑松、乌桕、合欢、柏树及竹类等。

图4－7　防护林

在阳坡建设等高梯级茶园，每个梯级外侧种植两行经济林木，包括樟树、桂花、松树、柏树、玉兰、银杏等树种（图4－8），起到冬季防风抗霜冻的作用，冬季能保证茶叶安全越冬，替代了以往山东茶区传统的扣棚越冬措施，减少农膜投入，避免白色污染；同时，茶园生态多样性更加丰富，有利于天敌繁衍，减轻害虫发生。

2. 茶林间作树种的选择

（1）树种选择的原则。茶园树种的选择应遵守以下生态系统构建原则：a. 适应性：适宜当地的气候和茶园土壤条件的要求。b. 共生互惠性。对于在茶行中间作或近距离种植的茶树，应与茶树具有良好的共生性，对茶树无明显的化感抑制作用，但应与茶树无共同的病虫害。c. 生态位分布合理性。如：茶园行间种植树木要求树形为直立或半开张树形、主干分枝位高、枝叶伸展广、叶层薄；地下部的根系为深根型，与茶树争水、争肥少。d. 生态效益与经济效益协同性。在茶园中宜选择适应性强、生长快和经济价值高的树种，一方面可尽快发挥其生态效益，同时由于所栽树

a.

b.

图4－8　日照浏园生态农业有限公司梯级茶园＋多种经济林木防风林

为多年生植物，还应考虑其增值的效益。

此外，茶园树种的选择应综合考虑其在茶园中的空间分布、生态作用和经济效益。对于与茶树近距离栽种的树种要重点考虑其生态作用，对于与茶树远距离栽种的树种，则可兼顾经济效益和生态效益。茶园中种树的区域一般为道路两侧、茶园四周、茶行间以及一些空闲区域，起防护、遮阳和美化作用。其中：道路两侧和茶园四周主要栽种防护、美化两类树种；茶行间主要间种遮阳树；在空闲地则可选择美化和经济价值高的树种种植。

（2）防护林树种的选择。茶园防风林的生态作用在于减弱风势、降低风速，从而减轻冬季茶树受干冷西北风导致的青枯以及台风引起的机械损伤。

茶园防风林宜选择具有以下特点的树种：一是根系深，材质坚硬，抗风力强；二是适应性强，易成活；三是生长速度快，生长期长；这样既能及早发挥防风效用，防风时间又长。四是树型直立、高大，其有效防风距离大，因为防风距离与防风林带的高度呈正相关；五是树冠塔形、叶面积小。可减少受风面积，避免强风的伤害，但从防风效果而言，则是阔叶树强于针叶树，常绿阔叶树又比落叶阔叶树大。

目前山东茶园的防护林树种主要有：杉（南洋杉、水杉、云杉）、松（湿地松、马尾松、黑松）、柏（圆柏）、桧（蜀桧）、樟（香樟），此外还有杨树（红叶杨、白杨）、柳树、榆树、桑树、白蜡、槐树等也可作为茶园防风林的树种。

（3）遮阳树种的选择。遮阳树的作用在于改善茶园光质，降低光照强度。一般与茶树间隔距离短，对茶园的光、温、湿、气等起重要的调节作用，对茶树产量和品质影响显著。

茶园遮阳树宜选择具有以下特点的树种：一是树形半开张状，主干分枝位高、枝叶伸展较广；二是叶片稀疏、叶层薄、叶状条形，落叶（热带茶区除外）；三是深根型，与茶树争水、争肥少。

表 4－1　茶园中遮阳树的适宜栽种密度

树种名称	栽种方式	栽种数量（株/亩）	栽种密度（m）	
			株距（m）	行距（m）
杉木	条植	20～28	2	12～16
湿地松	零星种植	12～15	7.5	7.5
香椿	条植	30～50		
银杏	条植	18	6	6
橡胶	零星种植		4	16
杜仲	条植	<67	3	5～6
板栗	零星种植	20～25	5	5～6
梨树	零星种植	8～15	6	7～10

（续表）

树种名称	栽种方式	栽种数量（株/亩）	栽种密度（m）	
			株距（m）	行距（m）
柿树	零星种植	10	8	8
乌桕	零星种植	14 ~ 15	5	10
泡桐	零星种植	7 ~ 8	10	10
油桐	零星种植	20 ~ 27	5	6

目前在茶园中种植的遮阳树以豆科植物为多，如：相思、合欢、黄豆树、楹树、香须树、南洋杉楹、刺桐等。此外，还有橡胶、杜仲、香椿、银杏、楝树、桂花树以及一些果树（枣、板栗、山楂）。

（4）经济林木的选择。茶园中也可选择栽种一些提高附加经济效益的树种，按经济效益获取方式可分为3类。

A. 果树类：目前茶园中间种的果树有板栗、梨、李、柿、桃、枣、苹果、石榴、核桃、山楂、樱桃、龙眼、芒果、柑橘、香蕉等。其中，有一部分果树从生态效应角度分析并不是茶园中最适宜种植的树种，如：桃、梨病虫害较多；山楂、樱桃树冠幅度大，郁闭度过高；石榴适宜的土壤与茶树迥异（图4－9，图4－10，图4－11）。

图4－9　茶树与板栗间作

B. 名贵树木类：如紫花黄檀、降香黄檀、铁力木、桃花心木、格木等。

C. 苗木类：在幼龄茶园的行间栽种一些苗木，如：红叶石楠、火棘等园林应用广、价值高、生长速度快的苗木。

图4－10　茶树与山楂间作

（5）美化树种的选择。随着现代园林产业的发展，用于美化的专有树种越来越多，可分为观花、观果、观叶、观形等类型。

图 4－11　茶树与樱桃间作

茶园美化专用美化树种的选择，通常需要根据茶园整体和局部景观的有机结合，合理搭配树种，使茶园达到“四季常青、三季有花、两季有果”的景观效果，同时构建以绿色为主色调，以红、黄、紫、白为点缀的多彩世界。但目前少有对茶园美化专用树种以及组合模式的研究。目前用于茶园美化的专用树种有：南洋樱、紫叶李、日本红枫等。

（二）茶粮间作

在茶园内种植粮食作物，形成复合生态茶园，是我国茶园的传统栽培方式之一。丛栽茶园或单条栽茶园在幼龄期，行间空隙大，间种粮食作物，既能获取一定的经济收入，又可减少水土流失，间作物根叶腐烂后还能提高土壤肥力水平。

图 4－12　玉米—茶树—花生套种模式

图 4－13　幼龄茶园行间种植花生

山东可间作的粮食作物主要有黄豆、花生、绿豆、豇豆、紫云英和玉米等，其中以豆类和花生为主，对土壤的要求低，又能起固氮作用（图 4－12，图 4－13，图 4－14）。茶粮间作一定要分清主次，以茶为主，间作粮食作物的主要目的是作为绿肥，起提高土地利用率和培肥土壤的作用，而不是为了收获粮油产品。因此，间作的作物不能太高，不能蔓延，也不能与茶树造成严重的争水争肥现象，以免对茶树生长造成较大的影响。

（三）畜沼茶模式

畜沼茶模式是茶农根据茶园面积饲养一定数量的猪、牛等牲畜，牲畜的排泄物进入沼气池经发酵后，沼气作为生活燃料，沼液和沼渣作为茶园肥料，或者牲畜粪便及填圈物经堆沤后直接作为茶园肥料（图4－15）。

这种模式对有机茶园建设具有十分重要的作用。养殖牲畜的排泄物为茶园提供了充足的有机肥料，也解决了排泄物的出路问题，减少了环境污染；茶园空地或田间地头间作的牧草或豆科绿肥作物，也为牲畜养殖提供了一定的青饲料。两者相互补充，充分提高了资源利用率（图4－16）。

图4－14　幼龄茶园行间种植大豆

图4－15　临沂莒南畜—沼—茶模式

图4－16　畜沼茶模式案例

(四) 茶园行间生草、铺草模式

茶园行间生草是通过在茶行间种植草本植物对其地表面进行生物覆盖；茶园铺草是利用秸秆等植物材料对茶园行间地面进行人工覆盖。两者虽然形式不同，但都能起到防止土壤冲刷，保蓄土壤水分，调节土壤温度，提高土壤肥力，改善土壤理化性状；抑制杂草生长，节省成本；减少害虫发生，增加天敌种群和数量，提高茶叶安全质量；促进茶树生长，提高茶叶品质的作用。

1. 茶园生草

茶园草种植物的选择应遵守与茶园树种相同的生态系统构建原则，即环境适应性、共生互惠性、生态位分布合理性、生态效益与经济效益协同性。但由于草种植物和树种植物在空间的生态位上所处位置不同，所以草种植物的选择还需从草种植物的生态位特点和作用出发着重考虑以下几个方面。

第一，对用于抑制杂草生长、减少水分蒸发和水土流失作用的覆盖类或遮阳类草种植物，在成龄茶园宜选择植株矮小、耐阴性强、根系浅、横向蔓生速度快、无缠绕性的植物，主要用于地表覆盖；在幼龄茶园宜选择生长高度（1.0～1.5m）和枝叶疏密度适宜的植物，主要用于遮阳。

第二，对用于养禽、养畜牧草类草种宜选择产量高、营养丰富、适口性好的植物，并注意选择两种或以上不同时期生长的草种植物。

第三，对用于增强土壤肥力，改良土壤结构的草种宜选择固氮能力强、生物量大的植物。

第四，对用于防控虫害的草种宜选择具有驱避、引诱害虫或有利于天敌繁衍的植物。

第五，对用于美化的草种宜选择观赏期长、成本低、易管理的植物。

此外，在生产实际中要尽量选择具多种功能的草种，以期获得最大的生态效益和经济效益。

图 4－17　茶园行间种植决明子

据不完全统计：目前在北方茶园中人工种植的草种植物中以豆科植物最多，禾本科其次，其他科植物较少。

A. 豆科类草本植物（图 4－17，18，19）。豆科植物因其具有根瘤固氮作用，在茶园中间作可减少与茶树的争肥矛盾，可作为绿肥或牧草使用，并兼具覆盖、遮阳、美化或提高经济效益的功能，所以成为茶园种草的首选植物。用于茶园生草栽种的常用豆科植物有：①粮食作物类：大豆、蚕豆、豌豆、绿豆、花生等。②绿肥和牧草类：平托花生、猪屎豆、白三叶、紫花苜蓿、紫云英、苕子、羽叶决明、圆叶决明、爬地兰。③蔬菜类：豇豆。一些豆科植物如苕子、豇豆具有缠绕性，不宜在茶行间种。

图 4-18　茶园行间种植紫花苜蓿

B. 禾本科类。禾本科是种子植物中最有经济价值的大科，是人类粮食和牲畜饲料的主要来源。在幼龄茶园中间作还可为茶苗遮阳，同时也可将其刈割后作为饲料和茶园铺草的材料。目前用于茶园生草栽种的常用禾本科植物有：玉米（图 4-0）、黑麦草、狼尾草（如：美洲狼尾草）、百喜草、皇竹草、苏丹草、高粱（如：美国饲用甜高粱）。

图 4-19　秋冬季茶园大棚内间种豇豆

C. 其他科植物。主要为蔬菜和中草药类作物，其分布较为广泛，其中蔬菜类以十字花科、百合科、伞形科和姜科植物较多，如白菜、萝卜、大葱、大蒜、芹菜、生姜等；中草药类有葫芦科、石竹科、菊科、罂粟科、百合科和天南星科等，如：吊瓜、太子参、白术、元胡、浙贝、百合、半夏等（图 4-21，22，23）。

2. 茶园铺草

茶园行间铺草既能防止杂草生长及水土流失，还可以防寒、防旱，增加土壤含水量和有机质，可以为有益昆虫提供栖息场所（图 4-24）。茶园铺草取材应因地制宜，可选择无病虫的茶树修剪枝叶、茶树落叶、当地农作物秸秆（玉米、稻草、小麦、大豆、油菜等）、山菁落叶或野草，但采用较杂的野草时，应注意在未结实之前刈割，以免将杂草种子带入茶园中，新鲜草料应先晒瘪后铺入。如果茶园铺草材料来源不充分时，可在幼龄茶园中间种绿肥或牧草植物，将其割刈后铺于茶行间，可以减少运输成本。茶园铺草以铺后不见土面为原则，最好满园铺。若草源有限时也可只铺茶丛附近，或优先满足土壤保水性差和茶树覆盖度小

图4-20 幼龄茶园间种玉米遮阴

图4-21 一年生有性茶园间种生姜

图4-22 成龄茶园秋冬季间种白菜

的茶园。一般每公顷铺鲜草15~45t，厚度约为8~12cm（压实后厚度为2~3cm）。

（五）设施栽培模式

设施栽培是指在露地不适于园艺作物生长的季节（寒冷或炎热）或地区，利用特定的设施（连栋温室、日光温室、塑料大棚、中小拱棚和养殖棚等），人为创造适于作物生长的环境，生产优质、高产、稳产的蔬菜、花卉、水果等园艺产品的一种环境可控制农业。

山东属于我国最北沿茶区。由于山东茶区的生态环境与南方相比差别较大，尤其是冬季持续低温导致茶树冻害时有发生，轻则减产，重则绝产，形成了稳产难的局面。设施栽培技术应用于茶叶生产，能有效减少茶园冻害带来的损失，并能提早开采期，切实解决山东茶园安全越冬防护的问题。

目前，山东常见的茶树设施栽培模式主要如下（图4-26，27，28，29，30）。

（1）小拱棚。适宜1~2龄茶树，茶篷高度在30cm左右。一般在封冻前用竹条、棉槐条等做成弓形插入茶行两侧，用细绳固定所有弓条后再覆上薄膜。薄膜离茶篷距离不要少于5cm，以免灼烧枝叶，同时用土压紧薄膜两边，以防风刮。

（2）中拱棚和大拱棚。适宜3~4龄茶园，一般2~4行茶搭建一个拱棚，高度1.2~1.5m左右，人能在棚内弯腰作业。

（3）春暖式大棚。适宜投产茶园，主要用竹竿、立柱、薄膜等材料。建棚方向根据地形而定，跨度在8～10m，长度30m左右为好。将竹竿折成弓形，间距1.5m左右，均匀地固定在两侧的立柱上。根据竹竿承受能力，适当竖立几根立柱，用以支撑整个大棚。总之要以坚固，不被风吹坏为原则。薄膜上要用绳或竹竿等压紧。

图4－23　茶园秋冬季间种大葱

（4）冬暖式大棚。一般采取东西走向，长度不低于30m，跨度9m左右。东、西、北三面建墙，厚度80cm以上，墙内填充碎草或炉渣。北墙高1.8～2.0m，东西墙南低北高。离北墙1.5m左右设立柱，高度达到2.8m左右。棚内立柱南北4排，柱间距1.5～2.0m，顶部用竹竿或檩条连成纵横交错的支架，上盖无滴膜，薄膜上再用铁丝或竹竿等物压住，并加盖草苫。

图4－24　茶园铺草

设施栽培能有效地提高冬春季茶园温度，促使茶树早发芽，据日照当地茶园调查，保护地栽培普遍比露天茶园提前上市1个月左右，效益是露天茶园的2倍以上。

图4－25　茶园冻害（山东日照）

图4－26 设施小拱棚越冬

图4－27 中拱棚越冬

图4－28 春暖式大棚

图4－29 现代化无立柱钢结构春暖式大棚

图4－30 冬暖式大棚

第四节　河南茶叶绿色生产模式

河南省的茶叶种植主要分布在信阳、南阳和驻马店等市，但95%左右的茶叶生产集中在信阳市，河南茶叶绿色生产模式也主要体现在信阳市。近年来，在快速推进茶产业发展的进程中，信阳市始终把提高茶叶质量品质放在第一位，不断增强质量安全意识，积极开展茶叶绿色生产模式的试验示范推广。2013 年开始启动茶树病虫害绿色防控技术示范，2014 年建立浉河区信阳毛尖集团、德茗茶叶公司、文新茶叶公司郝家冲茶园，平桥区佛灵山茶叶公司佛山茶基地，罗山县申林茶业有限公司，潢川县仁和镇版岗村王茂安茶园，光山县净居寺茶场，商城县其鹏有机茗茶场、金刚台西河景区茶园，新县八里大地茶叶公司基地和市农科院茶叶基地 10 个茶树病虫害绿色防控技术示范点。至 2015 年，初步总结出河南茶区绿色生产模式：规范建园标准——量化茶园管理——科学防治病虫——依标机械化加工——科技普及支撑——质量追溯监管的综合配套生产模式，确保了茶叶产品质量安全。

一、规范建园标准

按照生态平衡的发展理念，以农业部标准茶园创建为契机，科学规划，合理布局，不断加强生态茶园建设。一是在新茶园建设时，尊重自然环境保护，充分利用和保护自然资源，实事求是，因地制宜，充分利用现代信息和科学技术，兼顾生态效益和社会效益。严格坚守“宜林则林、宜茶则茶”原则，保持原生态不被破坏，高标准规划、高标准建设。同时，新发展茶园注重无性系良种的引进和繁育；注重新建茶园茶树与豆类、花生等作物的间作，并在茶园周边种植桂花、松树等花木。二是老茶园改造时，利用农业栽培管理措施，充分发挥天敌的自然调控能力。茶园周围种植行道树、梯壁留草，夏、冬季在茶树行间铺草，每年春茶前、夏茶前各浅锄除草一次，秋季深挖除草一次，茶园周边保留一定数量的杂草，努力改善茶园的生态环境，给天敌创造良好的栖息、繁殖场所。三是鼓励茶企业积极开展无公害、绿色、有机茶园认证工作，全面提升生态茶园建设质量。

二、量化茶园管理

在茶园管理环节，不断深化与中国农业科学院茶叶研究所等科研院所的战略合作，大力实施茶树病虫害绿色防控技术。重点突出“五个一”：一是“一张纸”。是指印发的相关政策文件、技术资料以及技术实施过程的跟踪记录等。制定并落实好相关政策措施，确保绿色防控工作扎实开展；编印相关技术资料，发放到一线茶农手中；及时印发“茶园用药指导目录”，指导广大茶农科学规范选择、使用农药；积极开展茶树病虫害预测预报工作，及时发布虫情预报，指导茶农开展防治。二是“一堂课”。是指召开相关会议或举办技术培训班等。邀请中国农业科学院茶叶研究所及信阳市农科院等单位的专家直接深入县区、企业开展点对点的技术培训，面对面地指导茶农如何开展绿色防控工作，重点解决实际工作中存在的问题。针对部分县区、茶企业及茶农对茶树病虫害绿色防控技术的认识不够，参与的积极性、主动性不强，传统防治观念根深蒂固等问题给予科学地分析和开导，通过多种形式进一步加强宣传，让广大茶农能够更充分的认识茶园绿色防控工作的重要性。三是“一个柜”。是指建立茶园用药专柜。设置“茶园用药专柜”可以规范农药销售店出售的农药品种、引导茶农科学使用农药，有利于技术指导、促进病虫防治新技术和新产品的推广，同时也有利于执法部门的监督管理。四是“一个人”。是指茶园绿色卫士（植保员）。推进“茶园绿色卫士”队伍建设，是保障茶园绿色防控技术落地的重要的前提条件，也是在原有植保员队伍建设的延伸与提高。结合现有的农业植保员体系，逐步建立“茶园绿色卫士”，并定期开展专业技术培训，切实提高“茶园绿色卫士”的专业水平、责任意识和示范带动能力，逐步完善各级茶叶科技服务体系，提高茶树病虫害绿色防控能力。五是“一块地”。是指茶树病虫害绿色防控技术示范区或示范点。在各主要产茶县区全面推广茶树病虫害绿色防控技术，不断完善各绿色防控示范点的配套设施，扩大其辐射范围，真正发挥好示范点的示范带动作用。在一些茶园用药很少的县区和茶企业，探索建立不使用或基本不使用化学农药和肥料的实验区，积极推广生物农药和矿物源农药，推广施用有机肥、复合肥、农家肥，在试验示范的基础上，实现茶园基本不使用化学农药和肥料。

三、科学防治病虫

一是以螨治螨，采用胡瓜钝绥螨防治茶叶螨类，用杀虫剂清园 5 天后当每叶害螨平均低于 2 只即可释放。释放时间一般以阴天或傍晚为最佳，并且释放后 2 天内最好不下雨。释放方法：每 667m^2 20～25 袋（每袋 1 500头左右），释放时用手撕开袋口，均匀地撒施在茶丛中，释放后严禁使用任何化学合成杀虫杀螨剂、除草剂和广谱性生物杀虫杀螨剂。核型多角体病毒、苏云金杆菌、苦参碱、鱼藤酮等生物农药效果都很好。二是农业防控。及时分批多次采摘，有虫芽叶注意重采、强采，减轻蚜虫、小绿叶蝉、茶叶螨类、丽纹象甲、斜纹夜蛾等害虫为害。坚持晚秋或早春修剪。深耕施肥和初冬农闲时，将茶园内枯枝落叶和茶树上的病虫枝叶清理出茶园集中销毁，并喷施石硫合剂或那氏 778 生物农药封园，减少越冬病虫基数。三是物理防控。用太阳能杀虫灯诱杀斜纹夜蛾、茶尺蠖等害虫，每 30～40 亩安装一盏杀虫灯，灯离地面 2m 左右。4 月下旬至 10 月底每天傍晚开灯至次日清晨。使用色板和信息素诱杀黑刺粉虱、茶假眼小绿叶蝉、茶黄蓟马等害虫。8 月底，每亩安装 1～3 个性诱捕器和 20～30 块粘虫板，配之以性诱剂。

四、标准化、机械化加工

在加工制作环节，严格执行标准和操作规程，大力推广机械化、自动化、智能化作业，促使茶叶加工生产从分散的家庭作坊式向工业化、标准化生产过渡，全面提升茶叶加工企业的加工能力、生产规模和机械化、自动化加工水平。同时，加大企业标准研究和执行力度，进一步完善和规范茶叶炒制加工工艺和流程，制定相应的生产技术操作规程，建立健全质量管理体系和监控体系，提高茶叶加工领域的信息化管理水平，从根本上提升茶叶的整体质量和安全水平，提高茶叶的质量品质。

五、强化科技支撑

利用“阳光工程”、“雨露计划”等培训项目以及农业部国家标准茶园建设、国家茶叶产业技术体系等平台，每年组织 2～3 场专业技术培训会，不定期开展各种形式的培训活动，对茶叶生产各个环节的质量安全问题进行重点讲解。尤其是与中茶所合作开展茶树病虫害绿色防控技术推广工作以来，每年结合新情况组织 3～5 场培训，重点对茶树植保员、茶园用药专柜技术员、茶树病虫害预测预报员等进行培训，着力提高广大茶企茶农的质量安全意识。

六、质量追溯监管

不断建立健全质量管理体系和监控体系，探索建立茶叶质量安全可追溯体系，把茶叶质量安全监管贯穿到茶叶生产和流通的每个环节，加强产品的抽样检测，确保茶叶安全卫生。农业部每年都对“信阳毛尖”和“信阳红”进行质量抽检，实施茶叶质量安全风险监控，抽检样品全部合格。农业、质检部门和茶叶生产企业也定期、不定期、分批次对茶叶进行抽检，产品质量均达到合格标准。

第五节　湖北茶叶绿色生产模式

湖北是全国重要茶叶生产大省，近年来，茶产业发展持续向好，产业素质优化提升，茶园面积、产量和产值位居全国前列。2014 年以来，在全国农技中心引领下，湖北省在全省大规模实施茶叶绿色生产模式及配套技术集成示范项目，将茶叶绿色生产技术作为湖北省主推技术在全省推广应用，目前已组装形成一些适合当地的茶叶绿色生产技术模式。

一、生态系统自然调控模式

保康县城关镇官山茶场建于20世纪70年代，茶园面积1 000亩，品种为福鼎大白茶群体种。1999年获得欧盟有机茶认证，是中国最早获得有机认证的茶园之一。经多年探索，官山茶场走出了一条“以生态系统控制为主，农业综合措施、种养结合为辅，全程有机化管理”的有机茶生产之路。

（一）重视生态平衡，保护生物多样性

根据世间万物相生相克的原理，在茶叶生长过程中既有危害茶园的害虫，也必然有消灭害虫的益虫。通过维持生态平衡、兼顾维系基本食物链，保护有益生物种群，控制有害生物种群数量，增强茶树抗病性，确保茶叶安全和品质。保康县官山茶场就是这种模式的典型代表，茶园周边森林覆盖率高，物种丰富，生态优良。有香樟树、银杏、鹅掌楸、杜仲、檀香、枸杞、紫荆、紫薇、核桃、松、柏、竹、杂木等以及果子狸、野猪、金雕、红腹锦鸡、白冠玉尾鸡、金丝鸟、灰喜鹊、布谷鸟等40余种动植物；“按照大集中小分散”的原则，茶园因山就势，形成大小不等的片区，片区之间大型生态林带形成立体生态环境，整个茶园有机融于大森林的自然生态系统之中，有效保护了天敌，阻隔了病虫害传播，充分发挥了生态系统的修复、调控和平衡作用。

（二）坚持农业防治为主，做到“四个坚持”

坚持每年结合松土施用有机肥2次，为茶树提供充足营养；坚持每年4次人工除草，优化茶树生长小环境；坚持定期合理修剪，减轻病虫害滋生蔓延；坚持适当控制人为活动，减少人为因素对生态系统的影响。建园40多年，没有发生过严重的病虫灾害。农业防治和生态修复调控对增强茶树抗病性、提升茶叶内在品质，突破出口“绿色壁垒”奠定了坚实基础。

（三）实行种养结合，实现生态良性循环

以种植业与养殖业相结合为基础，在茶园周边养羊、养鸡、养牛，常年坚持赶羊放鸡入园，利用牛羊控制杂草，利用土鸡控制害虫，以适度规模、循环利用为核心，走“种养结合、以养促管，羊、鸡、牛、茶共生共赢”的生态种养高效发展道路，实现了茶园投入品减量化、无害化，及茶园可持续发展与生态良性循环的目标。

（四）全程有机化管理，开展有机茶国际认证

制定年度管理方案，落实管理责任人，明确管理措施、程序和要求；构建有机生产质量控制体系和操作规程，严格实行内部质量控制；严格质量检测，连续16年达到欧盟、美国等有机产品质量标准。

二、精准绿色防控技术模式

保康县城关镇罗仕沟茶场建于20世纪90年代，茶园面积1 260亩，是鄂西北高香绿茶代表产地，已获得美国（NOP）、杭州中农等3个有机茶认证。近年来，茶场以绿色防控、增施有机肥，保持生态平衡和生物多样性为核心，构建环境友好型茶叶绿色生产技术社会化服务模式，确保茶叶质量安全，促进茶农增收和生态环境安全。重点做到“两个建立”“三个精准”。

（一）建立茶园绿色农资专柜

在基地附近乡镇及合作社建立茶园绿色农资专柜，制定了《茶园绿色农资专柜管理规范》。具体要求是：

（1）严格遵守国家法律法规和《农药安全使用规定》。

（2）进入专柜的产品必须按相关规定严格审查。

（3）专柜产品买卖出入库必须登记造册，建立台账。

（4）在中国农业科学院茶叶研究所茶园绿色防控挂图指导下，严格按照产品说明书要求准确使用。

（5）保持专柜干燥、清洁、防潮、避光。

（二）建立《茶园绿色卫士工作职责》

“绿色卫士”必须掌握茶树病虫害绿色防控技术的基本知识与操作技能；组织开展肥药安全、合理、科学应用，将茶园绿色生产技术落实到位；降低对施药者健康危害的风险；保护茶园生态环境。茶园绿色卫士工作职责如下。

（1）负责管理茶园绿色农资专柜。

（2）正确区分病虫害的种类，及时掌握病虫害发生动态。

（3）协助茶叶主管部门组织开展技术培训，组建茶园社会化服务组织，开展专业化统防统治和科学施肥。

（4）确保茶园杀虫灯和虫情测报灯等物理防控设备安全和正常使用。

（5）做好茶园绿色生产田间数据档案记录。

（三）精准管理生产过程

为减少病虫发生概率，茶园以全程有机化过程管理为核心，实行测土配肥，坚持每年结合人工松土施用有机肥2次，每年4次人工除草，定期合理修剪，恶化病虫害发生条件，减轻病虫害滋生蔓延。

（四）精准制定绿色防控预案

坚持生物防治与物理防治相结合，及时备足防控物资，每年春秋两季加强对生产管理人员技术培训，做到预案、物资、人员“三到位”，确保达到预期效果。

（五）精准监测和防治

及时监测病虫害发生动态和趋势，设置测报灯、黄板、性诱剂进行预测预报，科学确定技术措施和防控时间，坚持茶季每日常规检查，7 天、15 天、30 天定期系统检查，确定相应防控措施，扎实开展“一个方案、一张纸、一堂课、一个观测站、一个专柜、一个服务队、一个试验，一块牌子、一个示范基地”的“九个一”茶叶绿色生产行动，实现茶园病虫害精准控制。

三、茶林茶旅融合增效模式

目前，湖北省咸宁市咸安区、赤壁市、襄阳市谷城县、保康县、黄冈市、恩施州宣恩县、宜昌市夷陵区、五峰县、十堰市武当山、竹溪县等主要茶区均已建立茶林茶旅融合模式，建设生态观光休闲示范园，取得良好经济效益。茶林茶旅融合增效建设模式包括以下措施。

（一）做好茶林间作

1. 优选树种

实践说明，湖北茶林间作的适宜树木品种主要为：桂花、银杏、核桃、山胡椒（或称木姜子）、油用牡丹等。树木主要作为行道树和遮阴树种植，作为遮阴树套种，每亩以 10 ~ 15 株为宜。茶林间作可有效为茶树遮阴，增加茶园漫射光，使茶树新稍持嫩性增强，提高鲜叶原料品质。银杏树、核桃树、山胡椒树等冬季自然落叶腐烂，还能为茶园增加有机肥。茶园中种植间作树木要搞好设计布局，促进美观整齐，在树种选择是既要有经济价值，又要有观赏价值，利于提高茶园整体面貌。

2. 避免共生病虫害

茶园不能种植与茶树病虫害互为寄主的树种，确保茶树与林木之间不会发生病虫害交叉感染流行，水果等可能需要喷洒化学农药的树种不宜种植。

（二）优化茶园梯壁与幼龄茶园种管

茶园梯壁或空地、路边可种植爬地兰及黄花、三叶草等匍匐性作物或格桑花、野菊花等观赏性作物；有条件的幼龄茶园行间每亩可用秸秆、杂草等铺草覆盖 2 000kg 以上，或者行间套种大豆、花生、三叶草等豆科作物、绿肥作物，抑制杂草生长，发挥保墒、降温、增肥作用，降低人工除草成本。

（三）配套完善旅游接待功能

茶园要配套建设好主干道路、茶园旅游步道、餐饮、住宿、休闲和标志性景点等旅游接待硬件设施，科学做好“山、水、园、林、路”规划，方便游客欣赏山区自然景色，到茶园、茶叶加工厂、茶文化宣传等场所旅游观光和购买茶叶、旅游特色产品。加强茶旅结合旅游线路的建设和品牌策划宣传，在茶旅景区核心区域，精心组织举办春茶开园节、采茶比武、茶文化、茶科技、茶论坛、茶山摄影、书法展览、诗词比赛、歌舞表演、山歌对唱、体育竞技等旅游文体活动，最大限度扩大对外吸引力和影响力，不断提高茶旅景区的社会效益和经济效益。

第六节　广东红茶绿色生产模式

广东红茶绿色生产模式是以茶园环境优化技术为重点，从茶园整个生态系统出发，丰富茶园生物群落，保持生态平衡。并综合运用茶园绿色高效施肥技术、茶园病虫害绿色防控技术以及茶叶高效、低碳、清洁化加工技术等措施，提高资源利用效率，为茶叶绿色生产模式的推广应用提供依据。

一、茶园环境优化技术

主要包括广东红茶标准园建园技术、茶园间作技术及茶园地表覆盖技术等。

（一）标准茶园建园技术

茶园选择与规划。立地条件及环境选择要求，应符合 NY 5020—2001 标准，基地周围生态条件优良，无工业污染源。土壤疏松，透气性好，土层深厚，有机质丰富，pH 值在 4.5～6.5；园地坡度一般应小于 25°。茶园规划建设，应重点规划道路系统和排灌系统。道路系统，包括干道、支道、步道和地头道；各道路间相互连接形成路网；干道路面宽 6～8m，与附近公路相接，支道路面宽 3～4m，与干道相连，步道路面宽 1.5～2.0m，与支道相连；地头道设置在茶行两端，宽度 8～10m，供大型作业机调头用；在具备条件的高山茶园，可以建立单轨运输线。排灌系统，根据地形、气候条件建立茶园排灌系统，做到能蓄能排，节水高效。

茶园种植开垦。茶园种植开垦一般在秋冬季进行，生荒地宜在夏季进行初垦，秋冬季复垦。茶园开垦要注意水土保持，根据不同坡度和地形，选择适宜的开垦时期、方法和施工技术。平地或缓坡地（坡度 5°～15°）茶园可采用机械进行等高（去掉等高）开垦，坡度 15°以上（低于 25°）的陡坡地茶园宜采用人工修筑内倾等高梯田。开垦深度 50cm 以上，在此深度内有明显障碍层（如硬隔层、网纹层或犁底层）的土壤应破除障碍层。茶园与四周荒山陡坡、林地和农田交界处应设置隔离沟，沟深 50～80cm，宽 40～60cm。在品种选择与搭配方面，选择适合当地生态条件、符合产业及市场发展需求、抗逆性好，品质优良、产量高的优良品种；引进品种先开展小范围试种或品种对比试验，降低引种风险；品种搭配应多样化，避免单一，一般早、中、晚生品种搭配比例为 6：3：1 或 5：3：2。

茶园生态建设。茶园生态建设以茶园环境优化为中心，包括防护林、缓冲带和生态循环系统等建设。防护林一般在茶园周围、路旁、沟边、陡坡、山顶以及山口迎风的地方种植；防护林树种选择：以高干树和矮干树相搭配，选择适应当地气候、生长较快和具有一定经济价值的树木；主要道路、沟渠边可种植景观绿化树，如台湾相思树、四季桂花、尖叶杜英、五角枫树、白桂木、火力楠、刨花润楠、香樟、女贞、乌桕、棕榈等。缓冲带，主要目的是降低农事活动（喷药、施肥等）对茶园的污染风险；若茶园周围有农田需设置，缓冲带宽度一般在20m左右，可以是自然植被或人工种植林带。此外，生态循环系统是实现茶场养殖、种植、能源循环利用的高效、绿色生产模式，宜在茶园附近建立“养殖场＋沼气池”或“养殖场＋有机肥料加工厂”等营养循环系统。

（二）茶园间作覆盖技术

茶园间作遮阴树。茶园种植遮阴树是南方茶园一大特色。茶园种植遮阴树，茶树与遮阴树空间高低位差距达十几米，甚至几十米，可以大大扩充茶园立体生态位置，使茶园形成多层次的生态系统，可明显改变茶园小气候，对茶树生长和茶叶品质有利。尤其是对幼苗和幼年期的茶树，其效果更为显著。遮阴树栽植方式，应考虑不妨碍茶园机械运行为原则，故不宜栽在茶行中间，可以结合茶园水沟、道路设置而种植。要注意选择树种，一般认为选择根系分布较深，树冠宽大，叶片稀疏，病虫害少，台湾相思、托叶楹是比较理想的遮阴树种。遮阴树的种植，最好在植茶当年选用大苗移植。如树冠过大，遮阴度过密，要适当疏枝，以调节遮阴度，并注意病虫的防治。

图4－31　茶园间作大豆

以广东英德茶园遮阴树为例，自20世纪50年代至现在，选用豆科的托叶楹和台湾相思树（小叶相思）为主。种植规格：行距16.5m、株距8～10m。茶园呈现立体生态结构。茶园种遮阴树，可以调节光照温度，增加大气温度，改善小气候，并有防风、保持水土，增加土壤有机质，达到改善茶园生态环境和小气候。研究表明，茶园种植遮阴树几年后，茶园夏季土温可降低 7 ~ 8℃，相对湿度提高 14% ~ 19%；土壤有机质增加 1% ~ 2%，全氮增加 0.1%；除保持水土、提高土壤肥力外，还减弱暴风雨、寒流侵袭及强光直射慢射光多，有利于茶叶高产优质。同时为工人提供较为舒适的环境中劳动，提高了劳动效率。

茶园间种绿肥。茶园间作绿肥可在幼龄、重修剪、台刈等茶园进行，成龄茶园利用空坪隙地或专用绿肥基地种植。可选用的绿肥品种有：华春 1 号大豆、华夏 3 号大豆、茶肥 1 号、饭豆、田菁等。夏季绿肥选择于春茶采摘后种植，冬季绿肥宜在基肥施用后种植；绿肥种植后应结合茶园耕作措施进行割青，其割青标准以绿肥生长不影响茶树生长为前提，其割青物在茶行覆盖或翻埋。研究表明，在广东茶区茶园间种华春 1 号、华夏 3 号大豆等绿肥后能有效改善茶园生态环境；间种大豆之后，茶园的气温和地温有所降低，湿度有所升高，减少水分蒸发，优化了茶园的小气候环境。另一方面，在茶园中间种大豆并将其秸秆回田，能改良土壤养分状况，从而能有效促进茶树生长，增加茶叶产量、增强幼龄茶园的树势、培养树冠，为成龄茶园的丰产打下基础；茶、豆间作还能有效改善茶园小气候、减少虫害和杂草的发生。

茶园铺草。茶园铺草时间宜在冬休期耕作施肥后。新茶园可在茶苗移栽后即覆盖保湿，但要避免紧挨茶苗主茎或（去掉）压住枝叶。覆盖厚度 15 ~ 20（5 ~ 15）cm，每亩用量 800 ~ 1 000kg（干重），材料可选山草、稻草、麦草、豆秸、蔗渣、修剪枝叶、绿肥等，要求未受病虫危害、无污染。

广东茶区有铺草习惯，成本也低，经济效益良多；除了那些排水不良、土壤过湿的茶园以外，各类茶园都可适用。很多试验结果表明，茶树行间铺后，有利于土壤团粒结构的形成，改善土壤物理状况，提高土壤有机质含量和营养成分，增加土壤肥力；改善茶园土壤条件，夏季降温，冬季保温；此外，还能帮助储蓄水分，减少径流，防止水土流失，抑制杂草和病虫害，增加土壤微生物含量，从而促进茶树生长，提高茶叶品质和产量。草料来源，可选用芽草、蔗叶、杂草、稻草等，全年或冬秋进行。茶行间铺草必须有一定厚度，如果太薄，其有利作用就不明显；若是新鲜草料，厚度还应增加；一般铺草越厚，保水保土的效果就越好，甚至有可能做到大雨时“土不下山”。如发现铺的草料有白蚁等蛀食，立即用药剂防治，或者停止铺草。

二、茶园绿色高效施肥技术

主要包括茶园土壤监测、茶园施肥管理、茶园水肥一体化技术以及以有机肥为主的生物有机培肥技术等。

图 4－32　茶园铺草

（一）茶园土壤监测

茶园土壤需定期检测土壤肥力水平、pH 值和重金属元素含量，一般每 2 年检测一次。根据检测结果，采取相应措施改良土壤。当土壤 pH 值低于 4.0 的茶园，可施用白云石粉、石灰、土壤调节剂等；土壤 pH 值高于 6.0 的茶园宜增施生理酸性肥料。成龄茶园以深耕施基肥为主，每年或隔年耕作一次，深度 40 ~ 50cm。幼龄茶园以除草、浅耕施肥为主，每年 1 ~ 2 次，耕作深度 15 ~ 20cm。耕作时要避开暴雨，或耕后土壤铺草覆盖，以避免水土流失。土壤深厚、松软、肥沃，树冠覆盖度大，病虫草害少的茶园可减耕或免耕。在发生连续性干旱、土壤相对含水量低于 70% 时，及时对茶园进行灌溉，尤其是幼龄茶园。灌溉条件较差的丘陵山区茶园宜采用节水灌溉系统。灌溉用水应符合 NY/T 5020 的要求。若遇连续降雨，要及时排水，避免茶园积水造成涝害。

（二）茶园土壤施肥管理

茶园土壤施肥以适量、平衡施肥为主，包括定底肥、基肥、追肥等。红茶产区茶园施肥氮磷钾比例一般为（3 ~ 4）：0.5：1，年施纯氮量 600 ~ 900kg/hm^2。多施有机肥料，化学肥料与有机肥配合使用，避免单纯使用化学肥料和矿物源肥料；建议施用茶树专用肥。

底肥可选秸秆、堆肥、绿肥、饼肥、粪肥、磷矿粉及其他矿质肥料等。标准茶园可按每公顷 25 ~ 30t 施用堆肥，并配合施 600 ~ 750kg 磷矿粉。底肥施入深度一般为 50cm 左右。施肥时间依茶苗移栽期而定，秋冬定植春季施，春季定植则上年秋冬季施。

基肥主要由饼肥、厩肥和家禽粪肥、绿肥、堆肥、土杂肥、海肥搭配磷矿粉、白云石粉、过磷酸钙、钙镁磷肥、硫酸钾、复合肥、生物肥等组成。10 月下旬至 12 月中上旬期间施入，在行间离茶树基部 20 ~ 40cm 开宽、深 30 ~ 40cm 的施肥沟，每亩施用 1 000 ~ 2 500kg 堆肥或 100 ~ 200kg 饼肥，15 ~ 25kg 过磷酸钙、10 ~ 20kg 硫酸钾。

追肥应分 3 ~ 4 次施入，催芽肥 30%，夏、秋肥各 20%。如以春茶为主，春肥分 2 次施，催芽肥施 20%，春茶期间施 15%，夏、秋追肥分别施 15%、20%。夏追肥在春茶后（5 月）立即进行，秋追肥在夏茶后（7 月）进行。如遇“伏旱”则可不施秋追肥或延后。追肥一般在行间树冠外缘垂直位置地面开 10 ~ 15cm 左右浅沟施后覆土，一般与锄草浅耕结合。追肥使用量一般按鲜叶收获量来确定，每亩每年采收 400kg 鲜叶，应向茶园补充 12. 5kg 纯氮。无公害或有机茶园可选肥料种类需遵循相应标准。

（三）茶园肥水一体化应用

茶园滴灌施肥应用。广东丘陵山区茶园可以利用微灌系统进行施肥，从而实现水肥管理一体化。采用滴灌施肥处理的小区茶树生长性状百芽重、一芽二叶长、发芽密度等指标均高于常规施肥处理。采用滴灌可显著提高土壤含水量，经过 4h 滴灌后，土壤含水量比滴灌前增加 11. 6% ~ 16. 2%；滴灌对茶树成熟叶的水分含量也有显著影响，在灌溉后第 2、4 天，成熟叶含水量比灌溉前分别增加 8. 7% 和 2. 9%，且在灌溉后第 6 天仍略高于灌溉前。研究表明，滴灌施肥处理比对照增产 3. 4% ~ 9. 3%，施氮量与产量间呈明显正相关，以年施氮量 300 ~ 450kg/hm^2 产量较高，滴灌施肥对茶叶品质影响不显著。滴灌施肥处理成熟叶含氮量显著高于对照，且季节性差异明显，秋茶 > 夏茶 > 春茶，滴灌施肥可促进茶树对氮素的吸收利用。施肥方式对土壤 pH 值影响显著，滴灌施肥处理土壤 pH 值明显高于对照，可能因其氮素利用率较高而有助于减弱无机氮对土壤的酸化作用。

此外，针对有机茶园营养施肥问题及广东省茶叶生产实际，进行了滴灌施肥在有机茶园中的应用。结果表明，结合滴灌进行根际施用“德威乐”植物营养剂对茶树生长有明显促进作用，百芽重、发芽密度和 1 芽 2 叶长等指标均明显增加，茶鲜叶产量显著增加，增产 15. 2% ~23. 5%。营养剂以 1 ~2 次/轮，施用浓度为 20 倍最佳，不会引起土壤的酸化，对于茶园可持续生产具有积极的意义。

（四）茶园土壤生物有机培肥

在茶园进入冬休期间实施，操作流程为：茶行间开沟（宽 25 ~ 35cm、深 30 ~40cm）→施入有机肥(1 500 ~2 000kg/亩）或有机物料（稻草或其他作物秸秆，2 000kg/亩)，接种蚯蚓（500 条/亩）或土壤活性微生物，分多个点施放→覆土，茶树轻修剪，剪下的健康枝条覆盖在茶行间。该培肥措施是促使常规茶园向有机茶园转换的高效途径。茶园土壤生物有机培肥体系能使土壤明显的向有利于土壤结构优化、功能多样、土壤生态系统改善的方向发展；使退化土壤系统功能得到恢复甚至于更加的优良和完善。茶叶产量和品质方面，蚯蚓 ~ 有机物复合培育体系比常规处理第一年产量提高 8%，第二年提高 15%；显著提高茶叶感官审评香气、滋味等代表茶叶品质内质因子的得分以及外形评分，尤其是显著提高综合体现茶叶品质的感官审评总分，提高幅度达 9% ~10%。

技术要点：①在当年 11 月至明年 1 月，在茶树行道间分别开挖施肥沟，沟道道宽 25 ~35cm、深 20 ~30cm。②对茶树进行轻修剪；③将所述的有机物料分四层放进沟道内：第一层为最底层，其上放置修剪后的茶枝后覆盖上土壤；第二层铺上一部分稻草后覆盖土壤；第三层均匀放入牛粪后覆盖土壤；第四层为最上层，铺上剩余稻草后覆盖土壤；④在茶树行道间开挖宽 20cm、深 30cm 的土坑，加入新鲜的牛粪，蚯蚓，回土，每个茶树行道内至少设置 20 个土坑。

三、茶园病虫害绿色防控技术

遵循“预防为主，综合治理”的方针，以及“科学植保、公共植保和绿色植保”的理念，从茶园整个生态系统出发，综合运用生态调控、理化诱控、生物防治和科学用药等技术措施，创造不利于病虫草等有害生物孳生和有利于各类天敌繁衍的环境条件，恢复和保持茶园生态平衡和生物多样性，将有害生物控制在允许的经济阈值以下，将农药残留降低到规定标准以下。

（一）生态调控

根据害虫取食特性，通过分批及时采茶或修剪，控制害虫发生数量。如防治假眼小绿叶蝉、茶蚜、茶尺蠖、茶枝小蠹虫等。目前用于控制茶小绿叶蝉的农业措施有：①换种改植或发展新茶园时，宜选用对当地主要病虫抗性较强的茶树品种。②分批、多次、及时采摘，抑制假眼小绿叶蝉、茶橙瘿螨、茶白星病等病虫的发生，对郁闭的茶园应进行疏枝，使蓬脚通风，减轻蚧类、黑刺粉虱等害虫的危害。③秋末结合施基肥，可进行茶园深耕，并将茶园根际附近的落叶及表土清理至行间深埋，抑制叶病类病源菌和在表土中越冬的害虫。

（二）理化诱控

目前，物理防治主要作为一种辅助手段用于茶园害虫防治，尤其在有机茶园的害虫防治上发挥着较大的作用。茶园害虫物理防治采取的主要方法有：①利用害虫的趋光性或对某种颜色的趋向性来诱集害虫，同时使用物理的或化学的方法将害虫集中杀灭。春季成虫发生期扦插黄色粘板或带诱芯的黄色粘板诱杀黑刺粉虱和茶蚜等害虫。在茶园中安装诱虫灯，选择成虫发生始峰期开灯诱杀茶尺蠖、茶毛虫等鳞翅目害虫。②采用人工捕杀，减轻茶毛虫、茶蚕、蓑蛾类、茶丽纹象甲等害虫为害。可使用吸虫器（机）收集假眼小绿叶蝉等小型害虫，然后集中处理。③可使用性信息素诱捕器诱集茶毛虫。

（三）生物防治

生物防治通过生物间的相互作用来控制病虫害，其效果不可能像化学农药那么快速、有效，但它们的防效是稳定、节约和环境安全，是茶树病虫害持续控制不可缺少的组成部分。目前较成熟的技术方法有：①注意保护茶园中的草蛉、瓢虫、蜘蛛、捕食螨、猎蝽和寄生蜂、寄生蝇等有益生物，减少人为因素对天敌的伤害。②推广使用植物性和微生物农药等生物农药。用昆虫病毒制剂防治相应的鳞翅目害虫；用苦参碱或 Bt 制剂防治茶尺蠖等鳞翅目害虫；在相对湿度较大的春秋季节可选用白僵菌制剂防治假眼小绿叶蝉；宜选用矿物油防治茶橙瘿螨、茶跗线螨。

（四）科学用药

在茶小绿叶蝉为害严重时，结合生产实际可采取化学防治，但要选用国家标准规定的可在无公害茶园使用的药剂，并合理用药、严格遵守采茶安全间隔。宜低容量喷雾，一般蓬面害虫实行蓬面扫喷；茶丛中下部害虫提倡侧位低容量喷雾。就国内茶区对叶蝉的化学防治而言，应用较多、防效较好的药剂主要有茚虫威（安打）、除尽（虫螨腈）、吡蚜酮等。此外，秋冬季宜选用石硫合剂封园。

四、茶叶高效、低碳、清洁化加工技术

高效、低碳、清洁化加工技术，有利于产品品质的控制，大大提高红条茶生产效率。广东省农业科学院茶叶研究所进行了红条茶智能自动化加工技术研究，符合茶叶高效、低碳要求，并促进红条茶标准化清洁化生产，更新红条茶产品市场。根据传统红条茶加工工艺要求，合理配套和组合红条茶加工过程中主要的加工设备，研制并推广全程不落地的红条茶智能自动化加工流水线，主要包括萎凋、揉捻、发酵、干燥等环节。通过对智能自动化红茶生产线各工艺参数的研究，提高红条茶品质，为红条茶的标准化生产提供技术支撑。对广东红条茶的发展起到示范带动作用，丰富红条茶产品市场，具有较大的社会效益。

五、茶叶绿色生产模式信息化推广技术

茶园害虫监测预警技术。本技术是以调查获取的虫害发生动态数据为基础，将地理信息系统（GIS）技术与农业有害生物监测预警数据库结合起来；利用 GIS 强大的空间分析功能，搭建害虫预警地理信息系统平台，并将专家系统和模型预测等功能集成在 GIS 平台上，实现茶树害虫预警和防控信息的地理查询、数据检索等网络化信息发布。建立一套通用的病虫害预警平台，提出一个新的病虫害预测预报通用解决方案。整合几个核心的通用模块：专家系统预测、模型预测、预警和信息发布模块的同时，也包含病虫害信息查询、用户管理、体系管理、文献库、地理信息模块这些必须模块。系统中所有模块都可以随意组合、互相调用，很大程度上节约了不同作物产业体系中病虫害测报系统的开发成本。

大量研究表明，害虫发生具有不均匀性、差异性、多样性、突发性、随机性、可预测性和规律性等复杂性的特点。必须应用现代科学理论，采用综合分析

的方法，将各学科有机地结合起来，以研究害虫发生行为的时空分布规律、成灾机制，从而建立快速准确的预测预报体系，达到防灾减灾的目的。害虫监测预警是害虫综合治理的重要组成部分，是一项监测害虫未来发生与为害趋势的重要工作，也是有效地防治和控制害虫发生发展的依据，对茶叶生产的管理和决策起着重要的作用。下面以广东省农业科学院茶叶研究所建立的虫害监测系统为例，加以说明。

项目组在完成了广东茶树主要有害生物数据库资源的收集，制作病虫、天敌数码图谱库的基础上，构建了电子图谱数据库平台。收集整理鉴定茶树病害 10 种；制成病害症状标本 10 套。收集整理鉴定茶树害虫 20 套，制成害虫标本 20 套，小型害虫和螨类制成玻片标本。收集整理鉴定捕食性天敌昆虫、寄生性天敌昆虫、蜘蛛等各类天敌 20 种（亚种）。以广东红茶茶树主要害虫的发生情况来看，主要分为吸汁类害虫、食叶类害虫以及钻蛀类与地下害虫等 3 大类。其中，吸汁类害虫主要有 7 种：包括假眼小绿叶蝉、八点广翅蜡蝉、茶蚜、碧蛾蜡蝉、茶橙瘿螨、茶盾蝽和茶梨蚧等；食叶类害虫主要有 10 种：包括茶卷叶蛾、茶尺蠖、茶刺蛾、茶蚕、茶毛虫、茶叶斑蛾、茶蓑蛾、白囊蓑蛾、茶小蓑蛾和大灰象甲等；钻蛀类和地下害虫虫主要有 2 种：包括咖啡木蠹蛾和黑翅土白蚁。建立了茶园假眼小绿叶蝉监测预警信息系统，并在网上运行，及时提供广东红条茶树害虫的预测信息服务，为有关部门及相关茶农提供及时准确的虫害防治信息指导服务。[①]通过该监测系统的运行可减少茶树害虫防治工作中农药的使用量，达到节支增效的作用，害虫的有效防治使示范区茶叶产量提高 11.5%，改善茶叶品质，效益提高 24.8%。

第七节　重庆绿茶绿色生产模式

一、主要技术内容

茶园环境优化技术。集成推广标准茶园建园技术、茶林间作技术及茶园地表覆盖技术；探索茶园土壤有机质提升及土壤修复技术；集成茶园环境信息自动监测技术。

① 网址如下：http：//www.gdcszp.com/或者 http：//广东茶树栽培信息咨询服务系统.com/。

二、茶园建设原则

建设茶园要坚持高标准、高质量的原则，要以优质高效为核心，实现“四化”，即园林化、生态化、良种化、机械化。

（1）园林化：以水土保持为中心，实行山、水、园、林、路综合治理，充分利用现有的自然条件，建设园林化的茶园。

（2）生态化：运用生态学原理，以茶树为核心，因地制宜地利用光、热、水、土、气等生态条件，合理配置茶园生态系统，提高生产能力。

（3）良种化：根据实际生产的茶类，结合当地生态条件，确定主要栽种品种及搭配品种，充分发挥良种的综合效应。

（4）机械化：根据实际情况，尽可能的考虑茶园机耕、机剪、机采的要求，以提高管理功效，减低劳动强度，降低生产成本。

三、园地选择

茶园的园地应尽量避开都市、工业区和交通要道，选择空气清新、水质纯净、土壤未受污染、生态环境良好、坡度≤25°、没有严重污染源、附近有水源、交通相对便利，能满足茶树生长需要的园地或山地。园地空气、水质和土壤的各项污染物质的含量限值均应符合农业部行业标准 NY 5020—2001 的要求。

四、茶树生长的适宜条件

光照：喜光耐阴。温度：生长起点温度≥8℃；最适温度 20～30℃；极端低温：≥－6～－8℃。水分：降雨≥800mm；相对湿度：70%～80%；土壤含水量：75%～90%田间持水量。土壤：pH≤6.5，最适 4.5～5.5，无石灰反应。土层深厚深度≥80cm。

五、合理规划

（1）面积较大的连片园地，根据自然地形划分为小块，每小块面积 2 000～2 700m^2。

（2）坡度在 10°以下的园地，茶行可以根据需要布置。

（3）10°～20°的坡地，茶行按近等高布置。

（4）20°～25°的坡地，先根据地形开成 20°以下的斜面宽梯，每梯宽度不少于 5m，此时至少可以种 3 行茶。

（5）25°以上的坡地，建议退耕还林。

（6）水利规划，多雨能蓄，涝时能排，缺水能灌。

防止水土流失。水沟系统由截洪沟（隔离沟）、横水沟、纵水沟3个部分组成。有利于蓄水和灌溉抗旱。建立茶园灌溉系统，如喷灌、滴灌等。

生态茶园建设，应做好“山、水、园、林、路”的合理规划。茶园要建成等高梯田，园地土壤要深挖60cm园面呈外高内低，内侧开设蓄水沟，山顶、山凹及道路两侧修建排水沟，排水沟要与蓄水池相连接，并在连接处挖积沙坑，有条件的增设人工湿地功能区，多层拦截，以实现小雨、中雨雨水不出园，大雨、暴雨积沙走水不冲园。

推广适合重庆地区大面积生产的技术方案：药不入茶园、泥沙不下山、氮磷不入库、残枝腐熟还田。具体措施如下。

（1）新修、整修示范园水沟、沉沙池，使山体、坡体泥沙不下山；

（2）茶园使用杀虫灯、黄板、绿板，释放捕食螨、保护天敌等生物防治技术控制茶园病虫害，示范基地茶园坚决不使用有害农药（不含对照）；

（3）推广枯枝、杂草、修剪枝叶粉碎腐熟还田技术，增强土壤肥力；

（4）坡脚建设N、P消纳池，与茶园排水沟、沉沙池相连，消纳茶园施肥过程随水流失的N、P等元素；

通过修建沉沙函、池，栽植楠木、桂花等树木，优化茶园生态环境，有效的拦阻山上泥沙的流失，保护山下水塘不受山上茶园肥料、农药的富营养污染。

六、品种合理搭配

生态茶园的茶树品种要根据当地的地形、气候和土壤等条件选用抗逆、优质、高产、适制性好、商品性好和适合市场需求的品种，80%采用无性系苗木，良种覆盖率达到100%。，这是减少茶园病虫害、提高茶叶品质、增加经济效益的前提条件。同时，根据茶园建设规模，进行茶树品种的不同配置，在一个生产单位中将不同发芽期和不同特性的品种按一定比例搭配种植，这种栽培方式可提高茶叶品质，显著增加经济效益。

可按发芽期的早、中、晚搭配，以利于错开春茶开采期，避免或降低采摘洪峰，减少劳动力矛盾；特早生品种占40%，早生40%，中晚生品种占20%左右。采取合理的种植密度和种植方式，可采用单条栽或双条栽，单条栽，土地利用较高，投产期4~5年左右，每穴2~3株，需苗2 700~4 000株。双条栽，土地利用较高，前期产量增加快，每穴2株，需苗5 400~6 000株。适时采摘和适当修剪树冠等措施，防止病虫发生和蔓延，降低为害程度。

七、园区绿化

建立以茶树为主的人工复合生态茶园，在垂直结构上，形成由“乔木灌木”和“树木茶树豆科作物”组成的多种不同生态栽培模式。在茶园地形最高处、外围四周和有害性风口设置防护林，主林带种植 2 ~ 3 行高大常绿乔木，两侧配以 2 ~ 3 行灌木。在园内的道路、水沟两旁种植行道树；园中适当套种遮阴树，每亩 10 ~ 15 株；行道树和遮阴树以种植香樟、桂花等树木或落叶果树（梨、李）等水果作物，提高茶园经济效益，不宜种植与茶树抢水、抢肥或病虫害互为寄主的树种。此外，茶园梯壁可以种植匍匐性作物（如爬地兰），在园内空地或幼龄茶园中可以套种矮秆的豆科作物（如花生、大豆、三叶草等），既可起到保护梯壁，生产草饲料又对茶园抑草、保墒、降温、增肥作用，以园养园，降低生产成本，提高了茶叶的产量和品质。

茶园绿色高效施肥技术。实施测土配方施肥，探索茶园水肥一体化技术；建立以有机肥为主的施肥模式，大力推广生物有机肥和生物型、复合型叶面肥，推广茶园绿肥种植技术及有机肥（农家肥）堆肥技术；推广机械化开沟施肥技术。

八、施肥技术

茶树在个体发育的不同阶段，对各种营养元素的需要有所不同。

幼年茶树：以培养健壮的枝条骨架和分布深广的根系为目的，磷钾肥对促进茶树根系生长和茶树骨架枝形成有良好的作用。这时期以磷钾肥为主，适当施用氮肥。

处于生长旺盛高产时期的壮年茶树：生殖生长同时达到盛期，为了提高鲜叶产量，延长高产年限，抑制生殖生长，应加强氮素营养，并注意配合磷钾肥。

进入衰老期的茶树：树势衰退，产量、品质降低很快，增施氮肥的增产效果已不明显，此时为了复壮茶树，一般都用重修剪、台刈和深耕等措施来促进茶树枝条和根系的更新。为重新培养树冠与促进新根生长，必须配合施用氮、磷、钾肥。

茶园施肥分二种方式（类型）：基肥和追肥。

茶园施肥方法主要有三种：穴施、沟施和根外追肥。

无论是穴施还是沟施，必须做到施肥后及时盖土。

（一）基肥施用

1. 基肥要施早、施好

茶园基肥的作用在于提供足够的、能缓慢分解的营养物质供茶树在秋冬季吸收利用，同时也为翌年茶芽萌发提供养分，充分发挥基肥的肥效。

基肥的施用时期要根据各茶区茶树的具体情况而定，一般从 9 月底至 10 月底施，宜早不宜迟。在地上部分停止生长时就立即施下，以确保茶树安全越冬，有利于茶树越冬芽的正常发育，也有利于根系生长和抗寒越冬。基肥施用时期是否恰当，直接关系到茶树的越冬能力

2. 适当深施

深度应掌握在 20～30cm，可提高肥料利用率，减少流失和加强茶树的抗旱、抗寒能力。

3. 重视基肥品种的选用

基肥最好用厩肥、饼肥和氮磷钾复混肥；既要含有较高的有机质养分，又要含有全面丰富的速效养分。

4. 基肥用量

一般每亩施饼肥或商品有机肥 100～300kg 或农家有机肥 1 000～2 000kg。

（二）追肥施用

茶园土壤多为黄壤，有机质含量较低。因而生态茶园应以施经过无害化处理的有机肥（如各种饼肥、人畜肥便、厩肥、沤肥等）为主，在茶叶各生育期追施速效肥为辅。

（1）提高春、秋季追肥比例。根据茶树生长特性，一年中以春、秋茶质量为最好，所以应提高春、秋茶的追肥比例。在施足基肥的基础上，春、夏、秋季追肥的比例应为 4：3：3，春季和秋茶的施肥量可占全年施肥量的 70% 以上。

（2）示范诊断施肥。主要以土壤检测为基础，叶片营养检测为重点，对茶树必需的 13 种矿质营养元素进行定量检测，评价树体营养水平，指导控丰补缺、平衡施肥。要求茶树全年肥料施用总量与配比应达到：氮、磷、钾三要素用量比例为（2～5）：1：1，基肥占总施肥量的 30% ～40% 左右，追肥占 60% ～70% 左右。追肥开采前 1 个月施入，沟施，沟深 5～10cm。氮与磷钾、大量元素与中微量元素平衡，禁用氯化钾或含氯复合肥。

（三）土壤管理

在生态茶园的土壤管理上，应防止水土流失，增加有机质含量，改善土壤结构。最为有效的方法是在茶园行间铺草覆盖、套种绿肥、枝叶还田和土壤耕作。

（1）铺草覆盖。应从幼龄茶园开始，选择行间尚未密闭的茶园，在旱季和雨季来临前进行。可利用周围稻草、秸秆、杂草等物资覆盖行间，起到抑草、保墒、增肥作用，同时可调节土壤 pH 值。

（2）套种绿肥。在幼龄茶园中进行，重点示范推广三叶草等多年生豆科作物，生产草饲料，抑制杂草虐生的同时，起到增肥、保墒、降温作用。

（3）枝叶还田。将茶园内的有机废弃物如植物枝条、叶片、杂草等收集起来统一处理，使用粉碎机将废弃物粉碎后，将有机物与复合微生物菌剂按(2 000～3 000）：1 的比例加以混合，可消除植物病虫害残留，培肥土壤。

（4）土壤耕作。茶园耕作深度，一般浅耕 5～10cm、中耕 10～15cm、深耕 25～30cm，每年或隔年进行了 1 次。浅耕和中耕可结合各季的除草与追肥进行，深耕可结合清园埋压杂草和施有机肥进行。以疏松土壤，促进微生物活动，加速土壤熟化，以利于茶树根系的生长和更新。

茶园病虫害绿色防控技术。强化病虫测报及修剪、采摘等农业防治措施；大力推广植物源农药、微生物农药、信息素、天敌昆虫等生物防治技术及吸虫机、诱虫色板、杀虫灯等物理防治技术；推广矿物源农药；推广低容量喷雾、静电喷雾、无人施药机等先进施药器械。

九、修剪技术

生态茶园的修剪，除了要做好茶树修剪外，还要对防护林、行道树和遮阴树等进行修剪整理，以免影响茶树生长。

1. 茶树的系统修剪

茶树系统修剪是培育丰产树冠与提高茶叶产量和质量的关键，也是减少病虫害的重要措施。

（1）定型修剪：幼龄茶树一般要进行 3 次，第一次于定值当年的 8—9 月，在离地面 20cm 处剪去主茎；第二年春茶后和秋茶前分别在上次剪口处提高 15 ~ 20cm 修剪。3 次定剪后的幼龄茶树可采取留大叶的打顶采摘，以采代剪，但不能采摘过度，以进一步扩大树冠和增加生产枝密度。

（2）蓄梢留养：冬季清园不整型，蓄留枝梢存留养分；实施夏季整型，把整形修剪提早至初夏春茶采收期结束，修剪高度一般剪去树冠 15 ~ 20cm，提高茶篷整齐度，结合剪除的茶树枝叶覆盖抗旱，提高茶园抗耐旱能力和保肥能力，满足秋茶机械化采摘条件，提高采茶效率。要求在修剪之前施用有机肥，及时追施氮肥，补充磷、钾肥，适度少采夏秋茶，蓄梢促控，适当去除超强生长枝条，减少下级腋芽萌发，提高枝头和芽头密度，为壮芽、早发创造条件。

（3）重修剪：三级骨干枝和生产枝已衰弱，只有二级骨干枝尚健壮的茶树，通常在春茶后，剪去离地面 35 ~ 40cm 以上的全部枝叶，促进二级骨干枝萌发，重新培养树冠。重修剪应结合重施肥。

（4）台刈：骨干枝已全部衰退，新梢短小，对夹叶多的茶树，可在春茶后在离地面 5 ~ 10cm 处剪去全部枝梢。剪口要求平滑、略倾斜，不破损。待主干萌发新梢后，通过 3 次定型修剪，形成再生树冠后方可正常采摘。台刈后的茶园应结合清园深耕翻并重施有机肥和速效肥，才能取得较好效果。

2. 防护林、行道树、遮阴树的修剪

防护林、行道树、遮阴树若不及时进行适当的控制，当树冠和根系过于庞大时，就会与茶树争光、争水、争肥，势必影响茶树的正常生长。因此，对这些套种的树木要采取适当的修剪整枝，使其保持适宜的遮阴面积，为茶树创造良好的通风透光条件，如此才能取得茶、果、林多种经营，经济效益和生态效益的双丰收。

十、病虫害综合防治

生态茶园的病虫防治，应以预防为主，实行以农业防治为基础，以生物防治为中心，配备专业植保人员，负责制定防治计划、确定防治技术；负责农药采购、使用、贮藏、处理和防治指导工作，并记录防治档案。实行统防统治，及时控制茶树病虫害的发生和蔓延。按照病虫害防治指标和防治适期，采取农业、物理、生物等技术防治病虫害，全面应用杀虫灯、性诱剂和粘虫色板，尽量减少化学。建立病虫防治档案，记录防治时间、地块、防治目的、防治措施、投入品名称、剂量、防治效果、操作人等。

（1）做好病虫预测预报。茶园要建立病虫测报点，通过定期、定点的田间调查，及时发现病虫，并应用生物防治指标，使用选择性农药进行防治。

（2）农业防治措施。根据茶树生育特点和病虫发生规律而采取的农艺措施：如茶树轻修剪，使树冠通风透光，可以减少病虫来源和病虫发生数量；茶叶适当嫩采和及时分批多次采摘，可有效抑制茶小绿叶蝉、茶橙瘿螨等趋嫩性害虫的为害。

（3）生物防治措施。根据病虫害发生规律，以维护生物多样性、保护茶园有益生物为重点，利用天敌昆虫、病原微生物、生物制剂等控制茶树病虫发生与危害，减少化学农药的使用，保持茶园生态平衡。

（4）物理机械防治措施。实行频振式太阳能杀虫灯全覆盖。利用害虫的趋光性，按照每50亩/盏的密度，安装频振式杀虫灯，对茶尺蠖、茶毛虫等趋光性害虫的成虫数量动态进行监控。诱虫色板全覆盖。按照每25张/亩的密度，安装诱虫色板，利用黄色粘板诱集蚜虫、黑刺粉虱、小绿叶蝉成虫等害虫。示范推广捕食螨。释放捕食螨，防治茶橙瘿螨。挂袋释放适用于害螨初发期3—4月，亩茶丛释放40袋(1 500只/袋)。

茶叶高效、低碳、清洁化加工技术。推广低碳节能茶叶加工机械，重点推广采用电、天然气等清洁能源的机械，逐步淘汰以木柴、木炭作为制茶能源；推广不产生焦边焦叶的节能茶机；推广连续化、自动化、清洁化加工流水线；茶叶加工厂人流、物流分离，示范车间建专用参观通道；集成推广全程不落地的茶叶清洁化加工技术。

茶叶绿色生产模式信息化推广技术。依托物联网、互联网及移动互联网技术，研发集政策法规、生产管理、技术推广、产品推介为一体的，快捷、高效、精准的茶叶绿色生产技术移动互联平台，推动茶叶生产信息化。

第八节　云南茶叶绿色生产技术模式

云南是茶叶生产大省，凭借优良的生态环境条件，在茶叶绿色生产技术方面积累了丰富的实践经验。另外，云南省还在如何实现茶叶生产与生态环境保护的协调共进，及进一步持续提高茶叶生产的经济效益等方面进行探索，形成了一套茶叶和食用菌复合生产技术模式。

一、澜沧县生态茶园绿色生产模式

（1）种植绿肥。在茶园梯壁及行间种植豆科植物或绿肥作物，利用豆科作物的根、茎、叶培肥土壤。澜沧县茶树良种生态示范场100亩茶园，种植大叶千斤拔2万株，在茶园空地播60kg猪屎豆，100kg冬黄豆和150kg光叶紫花苕。

（2）种植遮阴树。在茶园行间和小区之间，根据水肥条件，规范种植与茶树没有共同病虫害，分枝层次高的茶园有益树种，平均每亩定植10株，一般选择厚朴、甜樱桃、香樟、野苹果等树种。

（3）实时进行浅耕除草，绿肥压青。在采摘空闲时进行一次浅耕，三次除草，结合除草，将绿肥剪割后，混合杂草铺在茶行中。

（4）在茶园内建设积粪池，利用畜禽粪便等生产沼液肥，提升茶园土壤有机质含量。

（5）实施茶园病虫害绿色防控。采取“以防为主、综合防控”的原则防控病虫害。一是安装应用太阳能诱虫灯杀灭害虫。二是每亩安插30片诱虫色板诱杀害虫。三是及时采摘以减少虫口密度。四是根据害虫的生活习性，发生规律，分别在4、6、8月用印楝素防控害虫。五是冬季用石硫合剂封园，降低次年虫口基数。

二、茶叶—食用菌生态生产模式

茶—菌生态生产模式，是针对传统茶园弊端，以发展“茶园乃至茶区生态生产力”为目标，在总结归纳现有复合生态茶园模式与配套技术的基础上，结合茶园生产的特点并将茶园环境作为重要的生产资料，遵循自然规律和生态学原理，严格按照“环境友好”要求建立的一套茶叶绿色生产技术模式。具体而言，其是将传统的“茶叶生产”与“食用菌生产”有机结合、延伸产业链，形成的“茶—菌复合生态生产”新模式。该技术运用食用菌在农业生态系统和农业循环经济中的特殊作用，成功实现了利用茶园环境进行返生态食用菌栽培，而食用菌在茶园中生长不仅不与茶树争夺养分，相反培肥了茶园土壤、且能短时间内产出“返生态食用菌产品”，有效提升茶园经济效益。2010年以来，茶－菌生态生产模式已先后在云南省15个产茶县（区）及重庆等其他省市的茶园开展试验示范（图4－34）。实践证明，该技术利用茶园人工生态系统进行返生态食用菌栽培，在实现对环境资源有效利用的同时，不仅为发展独具特色的返生态食用菌生产提供了平台，提高了茶园的产出效率和经济效益，还充分了发挥食用菌覆土栽培的效应，将传统茶园人工生态系统内“植物（茶树）与土壤”二元能流、物流、信息流模式，改变“植物、食用菌（微生物）和土壤”三元能流、物流、信息流模式（如图4－33所示），对茶园土壤环境起到一定的积极改良作用的同时，还能充分满足茶树对来自土壤水分、养分的需要，促进其生长。使茶园在一定程度上降低对化学肥料等外源物质的投入，保持系统内生态平衡，提高茶园人工生态系统的生态生产力，促进生态循环农业和低碳农业发展。下面介绍该模式的主要技术内容。

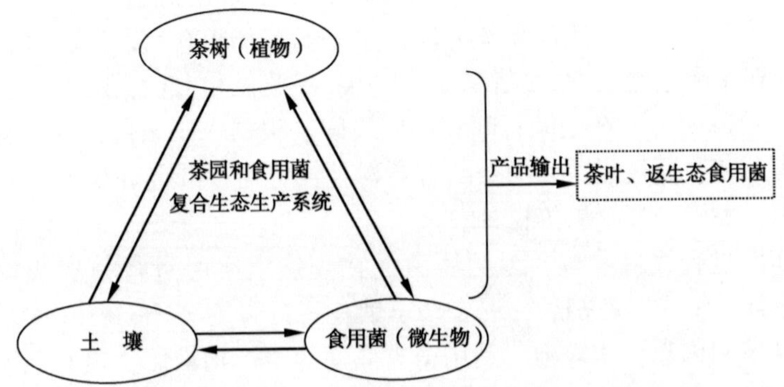

4－33　“茶树（植物）—土壤—食用菌（微生物）”生态茶园模式

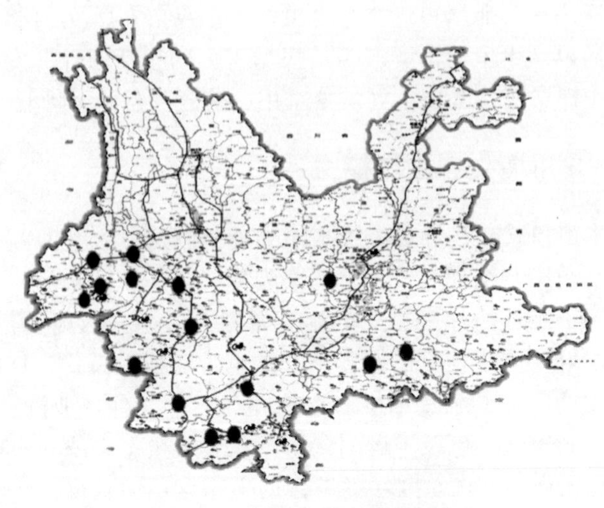

图4－34　项目研究试验示范点

（图中用小圆点标注的15个县市区为项目研究试验示范地点）

（一）园地选择

首先，为保证茶园返生态食用菌产品的质量安全，茶园环境质量必须符合《无公害农产品　种植业产地环境条件》（NY/T 5010—2016）的规定。其次，茶园周边有清洁的水源并具备一定的灌溉条件，且茶园无淹积水现象发生。该技术最适宜在具有一定隐蔽度、土壤湿润的“林—茶复合生态型茶园”中应用。

（二）茶园返生态食用菌生产技术

技术流程：备料→菌种生产→菌包制作与培养→采收→采后处理

现以榆黄蘑（*Pleurotus citrinopileatus*）为例，就相关内容介绍如下。

1. 备料

小麦、麸皮、米糠、石膏（或碳酸氢钙）、磷酸二氢钾、硫酸镁、茶树修剪枝屑、杂木屑、玉米芯、玉米面、稻草、石灰、白糖等。

2. 菌种生产

用于栽培出菇的各级榆黄蘑菌种生产，包括一级菌种（母种）生产、二级菌种（原种）生产、三级菌种（栽培种）生产。菌种生产应符合《食用菌菌种生产技术规程》（NY/T 528—2010）的规定。

培养基配方

（1）母种培养基：母种培养基配方应符合 NY/T 528—2010 中 4.7.3.1 的规定。

（2）原种培养基：提供以下 3 种“原种培养基配方”，生产中可根据当地实际情况选择。

①麦粒培养基。配方：小麦粒 84%、木屑或棉籽壳 10%、石膏或碳酸钙 3%、磷酸二氢钾 2%，硫酸镁 1%。

制作方法：捡净小麦粒并用水清洗后，蒸煮 20min 至麦粒膨大变软、无白心，捞出沥干水分，稍凉后拌入木屑等其他辅料即可。

②木屑麸皮培养基。配方：木屑 82%、麸皮 16%、石灰 1%、石膏 1%、料水比 1∶(1.2～1.3)。

制作方法：木屑、麸皮、石灰、石膏按比例混合拌匀后，再加水翻拌均匀即可。

③玉米芯木屑培养基。配方：玉米芯（粉碎成颗粒）65%、木屑 20%、米糠 10%、玉米粉 3%、石灰 2%、料水比 1∶（1.3～1.5）。

制作方法：先用石灰水浸透玉米芯，后加入木屑、米糠、玉米粉翻拌均匀即可。注意培养料吸水均匀。

（3）栽培种培养基：提供以下 6 种“榆黄蘑栽培种培养基配方”，生产中可根据当地实际情况选择。

①茶枝屑及茶枝屑、杂木屑培养基。以茶树修剪枝屑为原料，需作如下处

理，即：将修剪下来的茶树枝屑去杂后，用植物粉碎机处理成 3 ~ 5mm 大小左右的颗粒，经堆积、干燥、筛分后备用。生产中结合实际，参考如表 4 -2 配方表，按配方将原料混合均匀。

表 4 -2 培养料配方表（%）[a]

配方序号	茶树枝屑	杂木屑	玉米芯	稻草	玉米粉[b]	石膏粉	白糖	其他
1	75	0	5	5	10	2	1	2
2	60	10	10	5	10	2	1	2
3	45	20	15	5	10	2	1	2
4	30	30	20	5	10	2	1	2
5	15	40	25	5	10	2	1	2

注：a. 该配方主要适用于榆黄蘑和平菇，用作其他食用菌时可依其特点，对茶树枝屑、杂木屑、玉米芯的用量进行调整；b. 玉米粉可用麸皮代替

②玉米芯茶枝屑培养基。玉米芯 60%、茶枝屑 20%，米糠 18%、石灰 1%、蔗糖 1%。

③玉米芯木屑培养基。玉米芯 55%、木屑 25%、麸皮 18%、石膏 1%、蔗糖 1%。

④玉米芯培养基。玉米芯 78%、麸皮 20%、蔗糖 1%，石膏 1%。

⑤蔗渣培养基。蔗渣（干）78%、米糠 20%、玉米粉 1%、石膏 1%。

⑥稻草培养基。稻草 78%、米糠（或麸皮）20%、石膏 1%、石灰 1%。

3. 栽培菌包制作与培养

（1）菌包制作。按配方将原料混合均匀，并加洁净水搅拌，含水量控制在 60% ~65%，pH 值是 6.5 ~ 7.5。将混合均匀的培养料用 15cm × 30cm × 0.05cm 的聚丙烯塑料筒装袋后进行常压蒸汽灭菌，在 100℃下灭菌 10 ~ 12h，取出后置于环境清洁场地降温。

（2）接种。待料温降至 26℃以下时，进行无菌化接种。

（3）菌包培养管理。将接种后的菌包及时集中于经彻底消毒的培养室内摆放培养，培养室要求通风良好、清洁，光线适中，以 60 ~ 80 包/m^2 摆放，堆中温度不能超过 30℃，以免"烧菌"；为保证菌丝生长均匀，每天需视情况通风换气 2 ~ 3 次，每次 0.3 ~ 1h，室内温度控制在 20 ~ 27℃，相对湿度 60% ~70%，每隔 6 ~ 8 天左右翻堆 1 次；若发现菌包出现局部杂菌感染，可用石灰涂抹感染部位，而对受感染严重的菌包要及时剔除，以免引起交叉感染，尤其在夏季高温条件下务必注意保持室内透风，降低室内温度，以免烂筒；定期注意观察菌种萌发情况、菌丝生长态势等是否符合其种源特性，对于生长缓慢、菌丝不匀的个别菌种也要剔除。

待菌包菌丝满袋、成熟后即可移置于茶园进行返生态栽培。

4. 适时采收

于菇体八分熟，孢子未释放时采收。采收一潮菇后，及时清理周边环境，继续出菇管理。

5. 包装、运输和贮存

（1）包装。外包装（箱、筐）应牢固、干燥、清洁、无异味、无霉，便于装卸、仓储和运输。内外包装材料应符合 GB 9687 和 GB 9688 的规定。

（2）运输。运输时应轻装、轻卸，避免机械损伤；运输工具要清洁、卫生、无污染物、无杂物；防日晒、防雨淋、不可裸露运输；不得与有毒有害物品、鲜活动物混装混运；应在低温条件下运输，以保持产品的良好品质。

（3）贮存。贮存时菇体间不应挤压，要松散包装，透气良好，严防菌丝萌生和菇体腐烂，贮藏室温 3 ~ 5℃。

（三）茶园返生态食用菌栽培模式

在不同类型茶园内进行返生态食用菌栽培，需要结合各自生态环境条件，采取不同的技术措施进行。

1. 幼年茶园——行间覆土铺草栽培

具体做法：在幼年茶园茶行间同一茶行的一侧，距幼年茶树主茎 10cm 处向外以不伤及幼龄茶树根系为度，深 15 ~ 20cm、宽 30 ~ 40cm 的食用菌栽培床（之前，先做好清理周围杂草等工作）；之后，将于室内已培养至菌丝长满、成熟的、同一品种食用菌包脱袋后放置于栽培床上，菌包间距 2 ~ 3cm，再用细土填满缝隙和覆盖菌包表面，覆土厚 2 ~ 3cm，并在覆土上浇足水（注意：浇水后若使菌包外露，应再作覆土处理）；最后，在覆土上层铺 2 ~ 3cm 厚的稻草；随之，做好出菇管理、适时采收等事宜；最终将食用菌生长后的菌包作为肥料施于园内。

采用该种植模式适宜的时间为早春和冬季，因为，这个阶段日照强度在一年中相对较低；再有，可以利用幼龄茶园行间可供操作面大的特点，采取一次放置两排菌包的种植规格。

2. 成年茶园（衰老茶园）——行间覆土铺草栽培

具体做法：在成年茶园（衰老茶园）茶行间同一茶行背阴的一侧，距茶树主干 15cm 处向外开挖深 15 ~ 25cm、宽 30 ~ 40cm 的食用菌栽培床（之前，先做好清理周围杂草等工作）；之后，将于室内已培养至菌丝长满、成熟的、同一品种食用菌菌包，脱袋后放置于栽培床上，菌包间距 2 ~ 3cm，再用细土填满缝隙和覆盖菌包表面，覆土厚 2 ~ 3cm，并在覆土上浇足水（注意：浇水后若使菌包外露，应再作覆土处理）；最后，在覆土上加盖少量稻草或枯枝落叶，利用茶树已形成的良好遮阳性、通透性做好出菇管理、适时采收等事宜；最终将食用菌生长后的菌包作为肥料施于园内。

成年茶园是进行返生态食用菌栽培最佳的场所，尤其是已封行的成年茶园和园内种植遮阴树已形成30%左右遮阴度的成年茶园。所以，根据成年茶园树冠覆盖度以及在一年中的不同时期，均可在成年茶园内采取不同的栽培模式进行食用菌返生态栽培。该模式就是其中一种，是针对处于冬季或早春期间地温较低的成年茶园的一种栽培模式，可利用覆土栽培食用菌生长产生的热量增加地温，有益于茶树的生长。

3. 成年茶园——行间地表放置菌包覆土铺草栽培

具体做法：充分利用成年封行茶园遮阳性、通透性好的特点，在其茶行间，紧靠茶树主干处向外开挖深5cm、宽30～40cm的食用菌栽培床（之前，先做好清理周围杂草等工作，该食用菌栽培床主要起到固定菌包的作用）；然后，将于室内已培养至菌丝长满、成熟的、同一品种食用菌菌包，脱袋后放置于栽培床上，菌包间距2～3cm，再用细土填满缝隙和覆盖菌包表面，加盖少量稻草，浇足水（注意：浇水后若使菌包外露，应再作覆土处理）；最后，做好出菇管理、适时采收等事宜；最终将食用菌生长后的菌包作为肥料施于园内。

该模式是针对处于夏季期间茶园地温相对较高而采取一种栽培模式，开挖深5cm的栽培床，仅起到固定食用菌菌包的作用；再有就是，可以起到避免食用菌菌包生长过程中产生的热量可能对茶树根系造成的伤害的同时，预防因降水过多而导致雨水淤积对菌包正常生育造成的负面影响，使菌包顺利出菇。

4. 成年茶园——茶树树枝悬挂与行间地表放置菌包栽培

具体做法：充分利用成年封行茶园遮阳性、通透性好的特点，选择园内茶树下部树枝合适位置，将于室内已培养至菌丝长满、成熟的、同一品种食用菌菌包悬挂其上，或以茶树为依靠将菌包放置于树下，或直接将菌包放置于树下地面（之前，先做好清理周围环境工作）；之后，做好出菇管理、适时采收等事宜；最终将食用菌生长后的菌包外层塑料薄膜去除，废菌筒作为肥料施于园内。

该模式是针对夏季期间温度、湿度相对较高的茶园环境而采取的一种返生态食用菌栽培模式，能充分利用了成年茶园覆盖度大（大于60%）、行间下部荫蔽度高（5—8月光照强度小于5 000lx）的特点进行返生态食用菌栽培，有效发展了茶园的生态经济效益。

5. 衰老茶园——行间开挖种植坑覆土铺草栽培

具体做法：在衰老茶园茶行背阴一侧，距茶树10～15cm处向外开挖深30～35cm、宽40～45cm、长60～80cm的食用菌种植坑（之前，先做好清理周围杂草等工作）；然后，将于室内已培养至菌丝长满、成熟的、同一品种的食用菌菌包，脱袋后以3个菌包为一组呈三角形状、菌包间距2～3cm，垂直于坑放置于栽培床上，每坑放置2～3组后（每组间隔15cm），再用细土填满缝隙和覆盖菌包表面，覆土厚2～3cm，并在覆土上浇足水（注意：浇水后若使菌包外露，应再作覆土处理）；随之，做好出菇管理、适时采收等事宜；最终将食用菌生长后的菌包作为肥料施于园内。

该模式适宜在冬季和早春衰老茶园进行。

6. 低产茶园——行间覆土铺草搭棚栽培

具体做法：经过采取重修剪或台刈措施改造的低产茶园，其茶行间同一茶行的一侧，距茶树 10 ~ 15cm 处向外开挖深 15 ~ 25cm、宽 30 ~ 40cm 的食用菌栽培床（之前，先做好清理周围杂草等工作）；然后，将于室内已培养至菌丝长满、成熟的、同一品种的食用菌菌包，脱袋后放置于栽培床上，菌包间距 2 ~ 3cm，再用细土填满缝隙和覆盖菌包表面，覆土厚 2 ~ 3cm，并在覆土上浇足水（注意：浇水后若使菌包外露，应再作覆土处理）；最后，在畦床上搭盖小拱棚（高 40cm），覆盖遮阳网，两头通风，在拱棚顶部加盖稻草以便更好地控制温度、湿度。随之，做好出菇管理、适时采收等事宜；最终将食用菌生长后的菌包作为肥料施于园内。

该模式就是将返生态食用菌栽培与低产茶园改造相联系，而形成的一种茶园返生态食用菌栽培模式，其适宜在需要采取重修剪或台刈措施改造的低产茶园进行。

7. 低产茶园——行间覆土铺草栽培

具体做法：经过重修剪或台刈措施改造的“林—茶复合生态型”低产茶园，在其茶行间同一茶行的一侧，距茶树 10 ~ 15cm 处向外开挖深深 15 ~ 25cm、宽 30 ~ 40cm 的食用菌栽培床（之前，先做好清理周围杂草等工作）；然后，将于室内已培养至菌丝长满、成熟的、同一品种的食用菌菌包，脱袋后放置于栽培床上，菌包间距 2 ~ 3cm，再用细土填满缝隙和覆盖菌包表面，覆土厚 2 ~ 3cm，并在覆土上浇足水；最后，在覆土层上铺 2cm 厚盖稻草；随之，做好出菇管理、适时采收等事宜；最终将食用菌生长后的菌包作为肥料施于园内。

（四）茶园管理技术

1. 土壤管理技术

第一，为保证茶园返生态食用菌正常生长，要求覆土栽培食用菌周围的土壤结构要疏松，以便为菌丝生长提供必要的氧气；在实际生产中应对因降雨或灌溉而导致土壤板结现象，采取措施及时解决。具体做法为：使用钉耙对覆土栽培食用菌菌包上部及周边的土壤进行搔耙，使菌包与土壤接触发生变化，板结的覆土及周边土壤疏松、透气；同时拔除周边杂草。第二，做好园内土壤铺草覆盖，既能有效防止杂草生长，又对预防土壤板结有积极的作用。第三，根据当地气候条件，及时做好浇水灌溉，满足返生态食用菌生长对水分的要求；同时，采取相应措施杜绝淹积水现象发生。第四，原则上禁止在园内施用任何化学肥料、除草剂，只能施有机肥和采取人工方式除草。第五，对因菌包生长后萎缩变小，土壤下沉所导致茶树根系暴露，要及时覆土修复等。

2. 病虫害绿色防控技术

在病虫害控制方面以“农业防治、物理防治”为主，配合科学合理的化学防治。

（1）农业防治。对返生态食用菌而言，所采取的农业防治措施包括：选用抗性强的菌种；原辅料新鲜无霉变；栽培袋灭菌彻底，严格按无菌操作要求接种；使用培养室前彻底消毒，废弃料远培养室；生长条件适宜，加强温湿度和光照的调控，避免高温高湿及阳光直射；对栽培过程中受杂菌污染的菌包，采取深度掩埋或焚烧。

对茶树病虫控制，应采取的农业防治措施有：及时采摘；合理修剪；人工捕杀；疏枝清园等。

（2）物理防治。对返生态食用菌采取物理防治病虫害的措施有：对被链孢霉等杂菌污染的菌包用柴油蘸注，避免扩散，尽快移出、烧毁；对蕈蚊类害虫，可通过门窗装防虫网控制，以及培养室内使用黑光灯、粘虫板进行捕杀；对园内返生态栽培的食用菌，使用太阳能频振式杀虫灯、粘虫板进行捕杀；受到蛞蝓等害虫为害，采取诱杀的方式防治。

茶树虫害物理防治，可是利用害虫的趋性、群集性和食性等习性，通过性信息素、光、色等，诱杀或机械捕捉来防治害虫。

（3）化学防治。菌包出现局部杂菌感染，可用石灰涂抹感染部位；原基形成至采收期间禁止使用任何农药。除特殊情况外，园内禁止使用化学杀虫剂、杀菌剂及除草剂。同时，要细致观察园内茶树和食用菌生长情况，科学管理，积极预防。

实践证明，茶—菌生态生产模式能对茶树生长、茶园园相的改善起到积极的促进作用，促进茶树新梢生长，提高茶树百芽重，降低酚氨比等（部分结果见表4－3、表4－4、表4－5）。同时，茶—菌生态生产技术成为了一条解决茶园有机肥来源的新渠道，也为传统茶园提供了一种抵御市场风险、提升经济效益的新模式。

表4－3　茶树新梢生长状况

试验区域	栽培模式	春梢平均生长量（cm）	发芽密度（个/0.11m²）	一芽二叶重（g）
幼年茶园	覆土铺草搭棚	9	85	0.332
	覆土铺草	13	88	0.358
CK		6	78	0.274
成年茶园	覆土铺草	11	102	0.372
	地表平置菌包覆土铺草	8	93	0.326
CK		7	82	0.312
低产茶园	覆土铺草搭棚	9	83	0.319
	覆土铺草	11	85	0.328
CK		6	65	0.264

地点：云南农业大学茶园教学实践基地；食用菌品种：榆黄蘑（折合每 hm^2 茶园套种菌包数为15 000个）；观测时间：2010年5月10日

表 4－4 供试茶园茶树单芽百芽重比较

处理	百芽重（g）	比对照±（%）	备注
茶树与香菇套种	9.801	+24.63	为进行三次测定的平均值
茶树与木耳套种	9.739	+23.84	
CK	7.864	0	

地点：保山市施甸县万兴乡打水缸茶厂茶园（茶树品种：云南大叶种群体种，树龄 23 年，茶园所在地海拔 2 019m，pH 值在 5.5～6.0 之间，土壤疏松，年降雨量 1 100～1 200mm）；折合每公顷茶园套种香菇菌包数为 16 500个、木耳菌包数为 18 000个；观测时间：2010 年 2 月 22 日

表 4－5 供试茶园茶叶化学成分比较

处理	茶多酚（%）	氨基酸（%）	咖啡碱（%）	酚氨比	水浸出物（%）
茶树与榆黄蘑套种	38.00	2.59	4.16	14.67	51.70
CK*	39.89	2.45	4.21	16.87	52.99

地点：普洱市思茅区“云南普洱茶树良种场”茶园（茶树品种：云抗 10 号，树龄 14 年，种植模式：单行单株，食用菌品种：榆黄蘑，折合每公顷茶园套种菌包数为 15 000个）；2010 年 10 月 1 日采摘供试区和对照组“一芽二叶”鲜叶制成蒸青样进行内含成分分析。* CK 茶园按常规管理方式施追肥，亩施尿素 30kg

第五章

茶叶绿色生产社会化服务模式的构想与实践

以产品安全、环境友好、节约高效等为特点集成的茶叶绿色生产技术体系，如何能有效地应用到生产一线是当前茶叶产业的重点任务之一，通过建立社会化服务模式来实现该技术的推广应用已成为一种共识。2013 年以来，全国农业技术推广服务中心与省级技术推广部门、有关科研院所和技术需求企业等单位合作，不断推进茶叶绿色生产技术体系与技术社会化服务融合创新，探索茶叶绿色生产社会化服务的内容和方式，在茶叶绿色生产的社会化服务方面取得良好进展。同时，在各地茶叶生产实践中已出现了一批从事茶叶统防统治及绿色防控的商业化服务组织，茶叶绿色生产的社会化服务方兴未艾。

第一节　茶叶绿色生产社会化服务模式的内容

茶叶绿色生产社会化服务模式是以产业发展为前提、技术应用为核心、整合各方力量为特色所建立的技术推广方式，它具有技术的先进性、系统的开放性、内容的普适性、服务的差异性和目标的一致性等特点。其内容主要体现在以下几个方面。

一、以服务产业为宗旨集成技术

茶叶绿色生产社会化服务以解决产业难题，满足茶叶企业技术需求为宗旨，重点围绕质量控制、环保、用工、成本等难题，跟踪质量标准变化，坚持安全投入品、环境友好技术、机械化生产技术、信息化技术优先，筛选、集成、示范、推广茶叶绿色生产技术，保证茶叶产品质量，提升产业竞争力。

二、以形成合力为导向广泛协作

茶叶绿色生产社会化服务以集成推广绿色生产模式为目标，以形成合力为导向，推进茶叶生产、贸易、科研、教学、推广、认证、检测等多体系协作，建立全国茶叶绿色生产模式及配套技术联盟，集合人才、集成技术、集中资源，全力推广茶叶绿色生产模式。

三、以长效高效为目标建立模式

茶叶绿色生产社会化服务通过建立商业化的技术服务模式，克服传统技术推广项目结题后问题无人管、技术更新慢、产品无处买的问题，保证绿色生产技术服务的长效性。依托移动互联网技术，建立技术服务平台，即时、高效地开展技术服务。

第二节　“五位一体”茶叶绿色生产社会化服务模式

2013 年以来，由全国农业技术推广服务中心牵头，湖北省果茶办等农技推广部门、中国农业科学院茶叶所等科研单位、北京清源保生物科技有限公司等农资企业、福建凯捷集团等茶叶企业、北京汇德荣生物技术公司等社会化服务企业共同参与，形成了科研、推广、生产与相关产品和服务单位相连接的茶叶绿色生产“五位一体”社会化服务体系。体系内各司其职，推广部门负责技术推广工作的组织和引导，科研单位负责技术支撑，农资企业提供技术产品，茶叶企业负责技术应用，社会化服务企业负责集成技术产品及提供技术服务。同时，通标标准技术服务有限公司（SGS）等第三方审核、认证企业参与茶叶基地的技术支持。基本形成一套较为完整的茶叶绿色生产技术社会化服务体系。

一、搭建技术服务平台

在“五位一体”社会化服务体系内，北京汇德荣生物技术有限公司作为技术服务企业，承担起搭建社会化服务平台的任务。通过组建茶叶绿色生产技术团队，集成实用技术与产品，基于互联网和移动互联网建立起集技术咨询、技术输出、信息推送、产品配送等功能为一体的技术服务平台。平台基于网站（http：//www. huiderong. com/html/cyjs/）及全国第一个茶叶栽培技术服务微信公众号（Huiderong－Tea），实现对茶叶基地的高效、精准服务。2014 年服务平台建立以来，已对接茶叶基地数十个，实地指导服务 20 余次，举办大型技术培训 3

场，推送配套技术、质量标准、病虫情况等技术信息上百条。2014 年 8 月通过微信平台及时发布四川邛崃、湖北利川、浙江余杭等地茶尺蠖可能暴发的病虫情报，并提供技术解决方案，当地茶园掌握相关信息后及时进行预防，减轻了害虫爆发的损失。

二、组建技术服务体系

以茶叶绿色生产技术服务平台为连接点，相关茶叶生产企业示范基地为实施点，开展茶叶绿色生产技术的集成与示范应用。一是筛选绿色技术。依托示范基地，持续开展多种新型植物源农药防治效果及生物有机肥肥效试验，筛选出多项效果优良、符合绿色理念的技术产品。二是集成实用技术。与科研单位、农资企业深入合作，整合苦参碱、藜芦碱等植物源农药、杀虫灯、性诱剂、诱虫板、生物有机肥及各类茶园管理机械等实用技术产品数十个，使技术全面物化，具有极强的可操作性。三是探索前瞻性技术。配合相关肥料企业，在重庆、江苏等地开展茶园水肥一体化技术试验。通过上述工作，初步集成一套涵盖病虫防治、土壤管理、机械化管理的茶叶绿色生产技术体系。

三、技术服务效果初显

茶叶绿色生产社会化服务模式建立以来，技术服务效果日益渐显。2014 年服务平台与浙江、福建、云南等 10 省（市）20 个茶叶基地完成对接，其中，包括福建凯捷集团等出口茶叶基地 7 个，日照浏园生态农业有限公司等有机茶基地 4 个，其他茶叶基地 9 个，核心示范面积约为 1 200亩，示范带动上万亩茶园，提供技术咨询、技术方案制定、人员培训、农资产品专供等服务。2015 年又对接邓村绿茶等 10 多家茶叶基地，探索绿色生产模式的整村、整乡推进，协助部分茶区建立茶叶绿色生产模式农资专柜。

在技术服务的不断深入中，服务效果开始显现。一是茶叶质量安全稳定。技术服务的核心区域未出现农残超标，湖北裕德、信阳马氏等出口企业多次进行农残检测，茶叶均符合相关标准。二是病虫控制效果较好。所有示范区未发生病虫暴发，藜芦碱、苦参碱、矿物油配合绿色防控措施，有效控制住茶毛虫、茶尺蠖及小绿叶蝉为害。三是减肥减药效果突出。服务区农药使用次数整体下降，大部分对接基地实现了化学农药零使用；化肥用量平均减少 20% 以上。湖北裕德示范区亩施沼液肥 4t、油菜饼 100kg，替代 50kg 尿素。四是经济效益产量提升。与对照区相比，所有示范区均未减产，普遍增收。浏园示范区鲜叶总产量比对照增加 53%，裕德示范区亩产值增加 30%。

第三节　其他茶叶绿色生产商业化服务模式实例

一、百米生物公司绿色防控服务

湖北百米生物实业有限公司从2008年开始致力于推广生物导弹和全能杀虫平台等绿色防控产品，自2013年始，在湖北赤壁、崇阳、海南农垦推进茶园病虫害专业化统防统治工作，集成运用了国内较为先进的茶叶病虫害绿色防控技术。2013年公司在湖北赤壁实施茶叶绿色防控3 000亩，茶叶农残达到出口欧盟标准；2015年在湖北崇阳及海南琼中服务数百亩有机茶园，茶产品无农残检出。公司在茶叶绿色防控方面的做法如下。

（一）组织形式

1. 直接同茶农合作

2013—2015年公司在湖北赤壁同茶庵岭、砂子岭、益阳桥和新店等地的茶农合作，建立3 000亩绿色防控示范基地，集成绿色防控手段，实现了茶叶产品达到出口欧盟标准的目标。主要措施包括协调各方关系，成立茶叶病虫害防控小组，实时监控茶园病虫害发生动态，现场组织人员进行各项防控措施执行等。

2. 与政府、科研机构合作

2015年公司与湖北咸宁农科院合作，在崇阳白霓镇有机茶园基地进行绿色统防统治工作，示范面积200亩。同年，公司与海南农垦总局合作，在琼中岭头茶场建立200亩绿色统防统治基地。

（二）技术模式

前期通过实地调查，针对不同茶区病虫害发生情况，集成绿色防控技术进行综合防控。

1. 杀虫灯诱杀技术

利用杀虫灯诱杀对茶叶产量影响较大的茶尺蠖、茶毛虫等鳞翅目害虫。2015年在湖北崇阳茶园及海南琼中茶园分别安装杀虫灯12盏和13盏，控制效果明显，极大地减轻了鳞翅目害虫的为害（图5－1）。

图5－1　安装杀虫灯

图5-2 黄板诱杀效果

2. 黄板诱杀技术

在赤壁茶园和崇阳茶园利用黄板防控小绿叶蝉，取得良好的控制效果，使小绿叶蝉在峰期到来后维持一个比较低的密度（图5-2）。

3. 性信息素诱杀技术

在湖北赤壁应用性诱技术诱杀茶尺蠖和茶毛虫，取得比较好的效果（图5-3，图5-4），尤其是对茶毛虫防治效果好。2013年春季新店茶园茶毛虫发生密度较大，通过6月和10月对第二代及第三代茶毛虫成虫的诱杀，基本控制住茶毛虫为害。2015年在海南琼中茶园诱杀茶毛虫，也同样将茶毛虫控制在较低密度水平。

图5-3 诱杀茶毛虫效果

4. 生物导弹技术

生物导弹（图5-5）主要针对茶毛虫发生较多地区，配合使用性诱杀技术诱杀成虫，生物导弹杀卵及初孵幼虫（图5-6）。对茶毛虫控制率可达70%以上。

5. 捕食螨以螨治螨技术

2015年海南琼中茶园红蜘蛛危害明显，局部地块每张叶片上有红蜘蛛3头，通过捕食螨（图5-7）控制茶园红蜘蛛一个月后，红蜘蛛危害状逐渐消失，2015年年底已难发现红蜘蛛踪迹。

图5-4 全能杀虫平台诱杀茶尺蠖效果

6. 生物药剂应用技术

生物药剂技术作为前五种技术的一种补充，在春季虫源地喷洒生物药剂，控制全年虫口的发生。在赤壁、崇阳及琼中，分别采用过Bt制剂、白僵菌制剂（粉

图 5－5　生物导弹

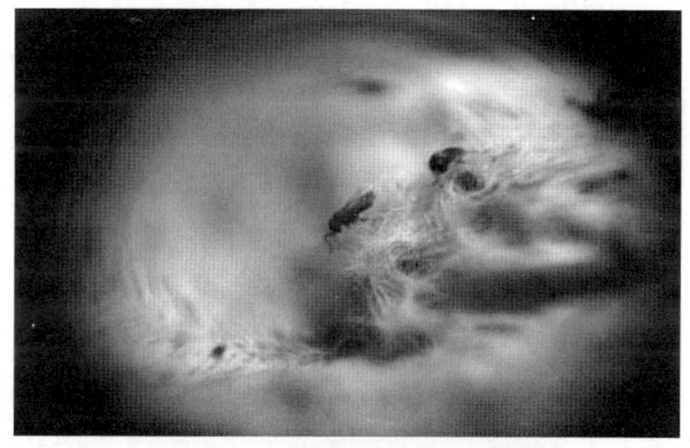

图 5－6　赤眼蜂寄生茶毛虫卵

图 5－7　捕食螨

炮)、病毒制剂、苦参碱制剂等。

7. 低毒化学药剂

对于茶园害虫爆发的风险，低毒化学药剂主要是作为一种应急措施。

（三）防控后的茶叶农残检测结构

2014 年 5 月湖北赤壁茶庵岭茶园春茶样品由苏州欧陆分析技术服务有限公司检测，各项指标均低于欧盟茶叶农残限量标准，达到出口欧盟的要求。夏茶农残检测也达到欧盟标准。

（四）社会化服务的效益

表　赤壁茶园绿色防控经济效益调查表

年度	2013 年	2014 年	2015 年
防控面积	3 000 亩	1 200 亩	1 200 亩
化防区茶叶价格	5.2 元/kg	4.8 元/kg	4.4 元/kg
示范区茶叶价格	8 元/kg	8.4 元/kg	9.6 元/kg

通过提供专业化统防统治服务，在稳步提高茶农经济效益的同时，还极大地减少了化学农药用量，改善了生态环境，为当地茶园绿色发展积累了经验。

（五）主要问题

虽然茶叶绿色防控取得显著效果，但在实施过程中仍存在一些难题。一是成本高昂。在实施过程中产生较大的车辆、药械、生物制剂购置费，技术人员、技术工人劳务费等，全部由公司承担，已难堪重负。二是认知度不足。农户认可绿色防控效果和农残控制效果，却不愿意接受高于化学防控的防治费用，商业化服务的氛围还未成熟。

二、武大绿洲生物技术有限公司绿色防控服务

武汉武大绿洲生物技术有限公司是以昆虫病毒杀虫剂为主导产品的生物农药公司，公司以市场需求为导向，组建了以教授、专家为骨干的技术服务团队，开展以茶叶种植基地为主要对象的农业技术服务。服务特点是利用昆虫病毒杀虫剂环境友好、天敌安全、防效持久及确保安全等优点，长期控制害虫虫口基数。公司在湖北宜昌、恩施及河南信阳等地建立基地，累计示范推广数十万亩次，减少了茶园化学农药用量，保护了天敌，促进了绿色食品茶、有机茶生产。

（一）以项目带动技术服务

为提升茶园病虫害绿色防控能力，2009—2010 年公司与湖北省农科院康欣生物

农药公司合作，依托省科技厅下达的茶叶绿色防控示范项目，在宜昌夷陵区萧氏茶业集团王家垭茶厂、秭归县茅坪镇中坝子村茶业公司、兴山县昭君生态茶业公司和英山县乌云山、毕升等茶叶公司进行示范推广。主要措施包括派技术员到企业直接指导、办培训班培养当地技术骨干、大力宣传生物防治技术的作用和意义，在深入调查基础下为上述企业制定茶园病虫害绿色防控方案等。项目实施后，上述企业基地年打农药次数从8～10次下降到5～7次，害虫天敌数量逐步上升，生态部分恢复（图5－8）。

图5－8　技术人员在兴山茶园做技术服务

（二）绿色防控技术方案综合防治

1. 农业防治

（1）合理种植，适当间作。新建茶园应选择能适应当地种植的早生型、高香型、抗逆性强的无性系茶苗，根据地形地貌采用单行或双行移栽，做到合理密植。1～3年的新建茶园，可套种或间作绿肥如猪屎豆等豆科植物。

图5－9　公司技术人员在秭归讲解用药技术

（2）合理采摘、修剪。茶树新梢芽叶达到采摘标准时应及时分批多次采摘，可明显地减轻茶小绿叶蝉、茶尺蠖、茶黄蓟马、茶橙瘿螨等害虫的为害。遇春暖较早的年份，应早开园采摘。夏秋季节尽量少留叶采摘，秋季如虫害重，适当推迟封园。加强茶树修剪管理，冬季通过清园、疏枝，剪去茶丛下部过密的枝叶、徒长枝及消除基部的枯枝落叶。

（3）合理施肥耕作，科学除草。茶园封园后，结合施有机肥进行深耕培土，不但增强了茶园树势，提高抗病虫能力，还能把土表层和落叶层中越冬的害虫如茶尺蠖、茶毛虫等害虫的蛹深埋土中，同时将深层土中越冬的其他害虫暴露地面，使之因环境不适或天敌捕食而减轻对茶树的为害。中耕可改善土壤通风透气条件，促进茶树根系生长和土壤微生物的生存，破坏地下害虫的栖息场所。春茶开采前结合施催芽肥可耕1次，夏秋季结合中耕除草浅耕1～2次。对茶园顽固性杂草采取人工除草，但一般性杂草不必除净，保留一定数量的杂草有利天敌栖息繁殖，调节茶园小气候，改善生态环境。夏秋干旱季节，适时喷灌有利茶树生长，又可控制一些茶树害虫，如茶橙瘿螨、茶黄蓟马等。

2. 生物防治

(1) 建立复合生态茶园。在茶园周围和茶行间种植防风林、行道树、遮阴树，每亩种植适合当地的树种 15 ~ 20 棵，增加茶园生物多样性，使有益昆虫和有益微生物有栖息场所，使茶园生态逐渐趋于平衡。

图 5 - 10　利川茶园绿色防控统防统治机防队

(2) 释放及保护天敌。招引鸟类、天敌进入茶园捕杀害虫。对修剪、台刈下的枝叶，可先堆放在茶园附近，以利天敌返回茶园，用草把收集蜘蛛释放于茶园防治害虫。当天敌不足，特别是在害虫发生前期，进行人工繁殖和释放天敌，如茶尺蠖绒茧蜂、草蛉、螳螂、瓢虫及蜘蛛、捕食螨（植绥螨、大赤螨）等。

(3) 生物药剂防治。重点推广使用武大绿洲茶园病毒复合杀虫剂防治茶尺蠖，在第 1、2、6 代时防治。

第六章

茶园生态环境优化

茶树是传统的经济林，也是能产生经济效益的生态林，茶园生态环境优化在改善生态环境和促进经济发展方面有着自然的兼容性，在现代茶叶产业发展中具有重要作用。我国茶业在经历了原始茶业、传统茶业之后，现阶段正在向生态茶业转型。茶园生态建设是生态茶业建设与发展的基础和前提，是保护环境和保障茶叶质量安全的重要措施，对促进我国茶业可持续发展具有重要意义，是茶叶绿色生产技术体系的重要组成部分。

第一节　生态环境优化

一、茶园生态系统的概念及其作用

根据生态学原理，茶园生态系统定义为：由以茶树为优势种群的生物群落和物理环境组成的生态系统。对茶园生态环境进行优化，能够形成物种多样性，提高茶园生态平衡的自然调节能力，增加害虫天敌和有益生物，减少病虫害的发生和农药的使用，减少茶叶“农残”；能够优化茶园周围植被，提高土壤质量和涵蓄水分功能，促进水土保持；能够完善茶园基础设施，改善茶园小气候，美化茶园景观，方便茶农劳作，促进茶树生长，提高茶叶鲜叶品质。

二、茶园生境优化的目标

采取人工措施，丰富和培育茶园生态系统中的生物群落（它包括茶园及周围环境的各类生物，如林木、茶园杂草、土壤微生物、茶园病虫及天敌等），因地制宜改善茶园物理环境，采取清洁的生产技术，促进系统内部以及系统与系统外部之间能量的流动和物质的循环，使茶园生态系统具有较强的自然调节生态平衡的能力，保持相对平衡，将茶树危险性病虫控制在经济允许阈值以内，并使茶园生态系统成为茶区乃至更大范围内的复杂生态系统的有效组成部分。生态茶业，就是不再单纯追求经济效益，而是从维护和改善茶园生态环境着手，充分合理利用自然资源，统筹茶业、林业、农牧业的协调发展，提高茶业生产实力，实现可持续发展，实现绿水青山和金山银山的双目标。茶园建设处于整个茶业链的第一个环节，其基础地位毋庸置疑，茶园生态建设攸关我国能否顺利实现产业转型和实现可持续发展。

三、茶园生境优化原则和措施

（一）茶园生境优化原则

我国茶园绝大多数在山区，山地、半山区无疑更适宜林木种植，尽管茶树为经济、生态两用林，但人工栽培的茶树多为灌木型，其生态力远不及一般的针、阔叶林，要同时兼顾生态效益和经济效益。对现有茶园进行生态环境改造和建设采取的技术措施要适当，要充分考虑地域性和生态环境多样性，最大限度地发挥各地的资源优势，扬长避短。

1. 植树造林是茶园生态环境建设的基础

一般来说，山区和半山区茶园自然条件较好，植被丰富，气候适宜，对于这样的茶园要注意维持和保护生态平衡。对于自然条件较差的丘陵和平地茶园，要采取植树造林，种植防风林、行道树、遮阴树，增加茶园周围的植被，实行乔木、灌木、草本有机结合，保留成片的多物种林地，以利茶园生物的栖息。

2. 生物群落结构合理是茶园生态平衡的关键

生态系统任何一个因素发生变化，都会引起其他因素发生相应的变化。因此，进行茶园病虫的生态控制，必须全面了解茶园及周围环境中各种生物的种类与数量，明确主要种群的动态及群落间的相互联系。其中，尤其要掌握茶树的生物学特性与病虫发生的关系，茶园害虫、天敌亚群落的特征及消长规律，茶园土壤微生物种群、茶园杂草种群与茶园病虫害发生的内在关联。在生态系统中，生物群落结构越复杂，各生物之间以食物链和食物网链接的依存度也就越高，整个系统的稳定性也越大。因此在茶园生态建设过程中，应以维持茶园生态系统平衡为目标，采取科学合理的农业措施增加各生物群落的种类和相对数量，并保持相对平衡，不需要见虫就灭，见草就除，以顺应生态规律，促进茶叶经济健康发展。

3. 清洁的农业技术措施是茶园生态建设的保证

茶树品种不能大面积单一集中种植，提倡不同产量、品质、抗性、发育期的品种适度搭配种植。茶园内间作的林木和作物也应避免大面积单一栽培。

茶树种植既要兼顾茶树生长的需要，又要兼顾树冠形成的组要，还要适应机械化作业的需要。适度中耕有利于提高土壤活性，增加土壤生物和微生物的活动，有利于促进茶树根系的生长，也有利于破坏土层中害虫的栖息场所，便于害虫天敌觅食。坚持除养结合就行茶园除草，及时耕除恶性杂草，尽量不用除草剂，对一般杂草，适量保留，以利于害虫天敌的栖息和改善茶园生态小气候。茶园施肥应逐步提高有机肥比例，茶园施用的有机肥要作无害化处理，防止有害微生物、有害虫卵等污染茶园。茶园施肥要适时适量，施入土壤，提高肥料利用率，做到平衡施肥，避免施入过量的氮素。

（二）茶园生境优化具体措施

茶园生态环境优化大多通过实施复合栽培，合理建设水利和道路设施，达到树、草、肥、水、路的有机结合，形成“头戴帽，腰系带，脚穿鞋”，林地成块、水土保持良好的茶园模式。

1. 植树造林

在一个茶叶生产区域的植树造林有生态林、防风林、行道树、遮阴树、美化树等多种形式，在不同的生态区域，拟定不同的植树造林方案，选择适应本地生长的树木品种，实行落叶和常绿树种的合理搭配、乔木和灌木树种的合理搭配、本土树种和外引树种的合理搭配，观赏树种和其他树种的合理搭配，做到品种多样、针对性强、科学可行、效果优良，实现植树造林的生态目标。在偏北茶区特别注重防风林建设，在夏秋高温强光地区特别注重遮阴树的建设，在各地都应当注重风景林和成片生态林的建设。可推广带状退茶还林模式，即在茶山纵向每隔20～30m，选择2～3个梯台种植3～4m宽度的林带。

2. 梯壁种草护坡

在适茶山区，坡度大于5°时，最好筑建水平梯田，除恶性杂草外，尽量保留梯壁的杂草，以覆盖地表，保持水土，改良土壤，提供天敌栖息场所，营造一个良好的茶园生态环境。可以适时割草覆盖茶园；对于裸露的茶园梯壁，应选种多年生绿肥。如爬地兰、黄花菜、平托花生、遍地菊、苜蓿、决明子等。

3. 套种间作

幼龄茶园套种间作既有生态意义又有实际的经济利益，在未封行的茶园和幼龄茶园行间可以套种马铃薯、花生、大豆、玉米、辣椒、萝卜、兰花草子等各类适宜作物。在山东茶区套种玉米对遮阴防寒增收都要显著作用；在川渝陕茶区套种马铃薯的收益明显，也提高了茶园管理水平；在贵州茶区套种花生、辣椒获得了良好的效果；在江南茶区套种大豆、蔬菜、兰花草子、决明子等都有不少成功的范例。幼龄茶园的套种间作，能增加茶园在此集中投入期的经济回报，直接促进茶园管理水平的提升，同时生态贡献明显，能有效防止表层土壤养分蒸发和水土流失，增加有机肥料来源。如何进行套种间作，不一而论，根据不同生态条件、不同茶园、不同生产力发展水平、不同种植习惯而定，以合理、有益、有效为宜。

4. 茶园基础设施建设

茶树是多年生木本作物，茶园基础设施是生态茶园建设的基础，既关系到茶园水土的保持能力，也直接关系到茶树的生长质量。一是要解决土的问题，土壤要深翻，施足基肥，确保土壤宜茶。二是要解决水的问题：在茶园周围雨水集中处建设中型或小型蓄水池，中顶部建设横向排水沟。在茶园内侧挖“竹节沟”、四周挖排水沟或隔离沟，有条件的茶园，鼓励建设滴灌、喷灌、流灌等水利系统，做到水利设施健全、排灌自如。三是完善茶园道路建设，要根据茶园面积大小建设茶园生产路、步行道、有条件的应进行路面硬化，做到道路交通安全，方便快捷。

5. 茶园生境维护管理

茶园生境维护管理首先要保证茶园生态安全，实现产品安全与生态安全高度统一。一是实施病虫草害的绿色防控，禁止使用高毒、剧毒农药和除草剂，禁止施用重金属、抗生素、稀土元素超标的肥料，综合利用农业措施、物理措施、生物措施和其他绿色措施防治病虫害。二是要根据茶园土壤状况，合理施用氮肥、磷肥和钾肥，做到平衡施肥、配方施肥，避免茶园出现土壤酸化和结构板结。三是加强冬季修剪清园、深翻、覆盖、施基肥、喷施石硫合剂等茶园管理工作。四是日常管理要标准采摘、合理修剪、耕作除草，注重茶树树冠培养，达到留养合理，茶树生长健壮。

第二节　茶园土壤改良技术

一、茶园土壤改良措施

我国茶叶种植分布广泛，部分茶园土壤存在根系浅、抗寒、抗旱性差，而且水肥流失严重的问题，个别茶区由于受降雨和工业污染的影响，存在土壤重金属超标现象，因此，在茶叶绿色生产中改良、修复茶园土壤是一个非常重要的环节。

近年来，各地茶园土壤改良的有效措施可以概括为：深耕、增施有机肥、使用土壤调理剂、间作绿肥和茶园有机废弃物发酵还田等5项措施。

（一）深翻茶园，加厚土层

我国茶园土壤耕作层普遍较浅，部分茶园在60cm内即出现障碍层，严重影响了茶树根系生长，因此茶园应在配合施用土壤改良产品的同时，不断深翻土壤，增加耕层深度。

（二）施用有机肥或有机土壤调理剂产品，提高土壤有机质，促进土壤团粒结构形成

土壤有机质不仅与土壤理化和生物学性质密切相关，还具有促进土体团粒结构形成和土壤潜在养分转化，减少淋失和土壤侵蚀以及消除农药残毒和重金属污染等作用，而且还直接影响茶叶的产量和品质。因此，增施有机肥或有机土壤调理剂产品，提高土壤有机质是茶园名优化茶生产的当务之急。绿色茶园土壤有机质提升常用的产品主要包括有机肥与有机土壤调理剂两大类。

1. 有机肥

有机肥的原料可以多样化，除了玻璃、塑料等不可分解的有机物外，所有的有机物都可以作为堆肥的原材料。

◎ 农业副产物：稻壳、稻秆、麦秆、玉米秸秆、豆秆、红薯藤等农业副产物是最容易找到的堆肥材料。使用晒干后的秸秆类物质作为堆肥原材料，一方面可以避免秸秆焚烧造成的环境污染，另一方面可以调节堆肥的水分。

◎ 禽畜粪便：鸡粪、猪粪、羊粪、牛粪、马粪等禽畜粪便是堆肥中最常见的原材料，也是最好用的堆肥材料。添加禽畜粪便进行堆肥一方面能提高热效率，另一方面可提高堆肥质量和营养成分。

◎ 食用菌菌渣：生产食用菌之后的废弃物简称菌渣，菌渣中含有丰富的菌体蛋白、多种代谢产物及未被充分利用的营养物质，是较好的堆肥原料。经堆肥处理形成的菌渣肥料比用秸秆堆沤的肥料有更多的可给态养分和更好的增产效果。

◎ 锯末：一般认为，堆肥的材料越柔软越好，但实际上越是纤维含量高的材料价值越高，也就是有机质含量越高。现在，欧美、日本等很多国家均提倡使用木材生产有机肥，此类有机肥对于提升土壤有机质含量表现出更好的效果。

◎ 茶树枝叶：茶园中的茶树，每年都要进行适当的修剪，这些修剪下来的枝叶都可以作为堆肥的原材料。茶树从土壤中吸收的养分都浓缩在茶树枝叶中，所以通过堆肥将这些养分还原给土壤是最好的处理方式。

◎ 其他种类有机物：除了上述常见的堆肥材料外，菜叶、瓜藤、野草等农业副产物都是很好的堆肥原材料，都可以循环利用生产优质的有机肥。

快速堆制腐熟工艺介绍

有机肥的堆腐是利用微生物的作用，使有机物发酵并分解来提高利用效果的手段，因此，为了制造品质优良的堆肥，重要的是准备一个微生物易于活动的环境。此时的重中之重就是材料的C/N比（碳氮比）、水分含量、pH值、腐熟剂种类、通气性（翻搅、通风）、物料形状以及温度等。

◎ 材料的C/N比和水分调整：有机物质组成的碳氮比（C/N）和水分对其分解速度的影响很大，由于堆肥材料具有不同的碳氮比和水分，因此只有把碳氮比控制在微生物喜欢的（20∶1）~（30∶1），水分控制在50%~60%，发酵才能

顺利进行。堆肥成品的C/N比通常为（15∶1）~（25∶1），水分在30%左右。各种有机物的碳氮比和水分见下表。

表6－1　各种有机物的C/N比和水分

材料名		碳氮比	水分（%）	材料名		碳氮比	水分（%）
畜禽粪便	牛粪	15~20	80	树木类	树叶	15~60	50~70
	猪粪	10~15	70		树皮	300~1 300	30
	鸡粪	6~10	65		锯末	300~1 000	10
秸秆类	稻秸	50~60	10	植物性食品残渣	菜油渣	7~10	10
	麦秸	60~70	10		大豆油渣	6~8	10
	稻壳	70~80	10		啤酒糟	8~10	75
蔬菜碎渣	萝卜叶	8~10	90		豆腐渣	10~12	75
	卷心菜	8~10	90		茶叶渣类	10~15	—
	白菜	10~15	90	动物性食品残渣	鱼渣	6~8	10
	白薯梗	10~15	70		肉渣	6~8	10
	玉米秸	10~15	70		蟹壳	6~8	5
野草类	黑麦	20~30	80		骨粉	6~8	5
	三叶草	10~15	90		海草	20~30	75
	紫云英	10~15	90				

◎ pH值：堆肥最适pH值为7。

◎ 通气：堆肥主要依靠好氧的微生物来进行发酵和分解。因此充分供给微生物呼吸所需的空气是很有必要的。微生物因此而变得活性化，就能制造出优良的堆肥。一般利用通风和翻搅的方法来为堆肥输送新鲜空气。

◎ 物料形状：堆肥材料和微生物接触的机会（面积）越多，发酵和分解进行得越顺利，因此体积大的材料需要事先切断或粉碎再进行堆肥。

◎ 温度：堆肥的温度是微生物产生的发酵热，它因材料或堆积方式的不同而异。秸秆等属于60℃左右的中温发酵，锯末、树皮等木质材料一般来讲是70~80℃的高温发酵。原菌、杂草种子等因这种发酵热而灭亡。需要注意的是，如果发酵温度过高，会导致肥料成分的挥发，堆肥燃烧，质量降低。

◎ 腐熟剂：除了物料本身的配比，腐熟剂的选择也是堆肥成功与否的重点。选择一款能快速起温、定向腐殖化的腐熟剂可以最大程度的减少堆肥过程中产生的臭气，保留更多的养分，缩短发酵时间。

◎ 肥堆体积：物料在建堆时不能做的太小太矮，会影响发酵进程，高度在1.0~1.5m，宽度2m，长度在2m以上的肥堆发酵效果比较好。

快速堆肥与普通堆肥工艺的区别：

一是堆肥效率低、质量差。

二是堆肥的二次污染。

三是安全性：有机肥原料普遍存在抗生素、重金属残留超标问题。

使用方法。注意多种有机肥配合使用，泥土肥粪与厩肥混合使用，可降低氮素损失10%～25%，还可以大力推广应用沼气池发酵，做到一物多用。

茶园施用有机肥作基肥时，应做到“多、早、深”，即施用数量多，一般不低于1t/亩；施用时间要早，一般茶区在10月底前施完较好；施用深度要深，茶园施肥深度要超过20cm。

2. 有机土壤调理剂

有机土壤调理剂是一种来源于植物或动植物的产品，所含的主要养分总量一般较低，通常不足最终产品2%，故不能归作肥料，但其改善土壤物理性质和生物活性的效果显著，具备“保水、增肥、透气”三大土壤调理性能，是世界农林业种植的新型绿色生产资料。

根据生成途径不同一般分为生物发酵类与自然开采类两大类。

（1）自然开采类有机土壤调理剂。目前，用于土壤改良的自然开采类有机土壤调理剂产品原料主要来源于泥炭、草炭、褐煤、风化煤等自然资源。但目前我国煤炭资源可开采年限大概50～80年，国家对草炭的开采已停止发放开采证，因此此类原料受不可再生性限制，在土壤改良方面的应用推广前景不佳。

（2）生物发酵类有机土壤调理剂。利用有机废弃物应用现代生物发酵技术生产有机土壤调理剂是土壤调理剂的新来源，是实施土壤改良工程及测土配方施肥的环境友好型农业投入品新资源，应用推广前景广泛。

案例（现以北京嘉博文生物科技有限公司以餐厨废弃物生产的有机源土壤调理剂为例介绍）。

1. 原料来源

餐厨废弃物。

2. 生产工艺

北京嘉博文生物科技有限公司有机源土壤调理剂的制备采用高温智能控氧发酵工艺（图6－1），在发酵过程中通过调整设备参数控制物料中氧气含量、温度、水分、pH等各项参数，采用60～80℃高温发酵，不仅能快速发挥转化剂中各种酶的作用形成腐殖酸；同时还利用高温杀灭物料中可能携带的病菌、虫卵等有害生物。产品整个制备过程分为三大阶段。

（1）预处理阶段

核心设备：自动筛分机。有效筛除餐桌剩余食物中的无机物，将来自海洋动物、家畜、粮食、蔬菜等高蛋白、高能量有机物保留下来，用于生物发酵。

关键设备：控水、脱水机。有效控水，解决发酵物含水量过多问题。

整个预处理过程仅10min，快速，高效。

（2）生化处理阶段（高温好氧发酵阶段）

发酵原料组成：餐桌剩余食物＋调整材＋复合微生物发酵菌种

70～80℃高温好氧发酵10h，将大分子碳降解转化为可被植物吸收利用的小分子碳。

中央控制室对发酵过程中温度、水分、pH值等发酵参数进行智能化全程监控。

（3）后处理阶段

系统配置了水平、垂直输送及缓存、除尘等功能配套设备，全过程在全封闭状态下工作，无污染、无粉尘。发酵完成后的产出物再经筛分、除去金属物、粉碎、包装，形成商品。

发酵工艺采用自动化控制技术，工业化生产，保证每一批次发酵条件一致性。由于产品原料的来源主要是食物，所以产品有害指标，如重金属含量极低，达到欧盟最高标准。同时产品有机质含量是目前有机肥的2～3倍，水分控制10%以内，生物腐殖酸含量40%以上，还含有水溶性的易氧化有机质20%以上，是改良土壤，快速起作用的活性有机质成分。

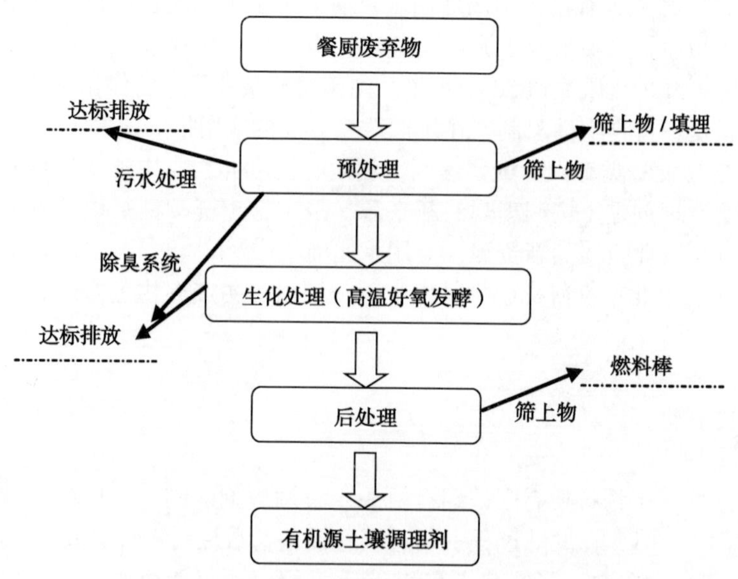

图6－1　嘉博文土壤调理剂工业化生产工艺

3. 调理剂的原理及效果（图6－2）

（1）有机质含量是有机肥的2倍以上，可以快速提高土壤有机质含量，改善土壤结构。

（2）腐殖酸含量较高，腐殖酸可吸附自身重量5倍的水，增强作物抗旱能力；同时由于腐殖酸的阴离子状态与孔径结构能增加土壤的物理吸附能力，有助于进一步保肥和实现营养元素的缓效释放，提高土壤肥力效果显著。

（3）易氧化有机质含量高，可迅速激活土壤微生物，提高土壤活性，建立土壤微生态平衡体系。

（4）食品级原料，重金属含量极低，复合绿色有机种植标准。

（5）可再生资源，推广应用前景广。

使用化肥的土壤（土壤板结）

普通有机肥的土壤改良效果（变得疏松，但仍有部分板结）

有机源土壤调理剂一年土壤改良效果（土壤团粒结构初步形成）

有机源土壤调理剂两年土壤改良效果（土壤团粒结构更明显）

图 6－2　嘉博文土壤调理剂与普通有机肥土壤改良效果比较

4. 使用方法

可与底肥一同施用，一方面可提高底肥肥效，另一方面可减少肥料用量 20% 以上；可撒施、沟施、穴施，避免裸露于土壤表面，施肥深度一般要求超过 20cm，与土壤充分混匀，配合浇水效果更佳。用量一般不低 200kg/亩，施用时间要早，一般茶区在 10 月底前施完较好。

（三）茶园废弃物堆肥还田

茶园修剪产生的废弃枝叶，是一种数量相当可观的资源，幼龄期的茶园修剪物干重随树龄增大而增加，据调查，黄棕壤茶园年归还量（修剪物及凋落物）约 $5hm^2/t$。三龄茶园修剪物每年也可达 $3hm^2/t$ 左右。在目前的生产管理中，修剪枝叶往往被直接移除或废弃在茶园中，而茶树修剪枝叶富含多种营养元素及一些特殊的生化物质，废弃处理既造成了资源的浪费，又可能会引起一些土壤环境问题。

有研究显示，茶园修剪废弃枝叶不经堆腐处理直接还田会造成病虫害传播、土壤酸化等一系列不良影响。因此，茶园修剪废弃枝叶需经妥善堆肥腐熟处理后还田，才是茶园有机废物循环利用，变废为宝的最佳途径。

（四）间作绿肥，用养培合

茶园也可合理间作绿肥来培肥土壤。茶园种植绿肥时，要注意避免与茶树争肥、争水、争光等现象发生，应根据绿肥习性、茶园土壤特点、树龄及气候特点等因素，因地制宜地选好绿肥种类和适合的品种。

一是茶园冬季绿肥要力争早播，一般于寒露前播种完，这样有利于绿肥产量和品质的提高。

二是不得影响茶树生长，合理密植。茶园间作绿肥宜采用绿肥行间适当密植，绿肥与茶树之间保持适当距离，尽量减少与茶树之间的矛盾。一般 3 年以下茶园可以间作绿肥，四年生以后茶园，不再间作绿肥。山地梯壁、坎边、路边可全年种植绿肥。

三是要及时刈青。任何绿肥，尤其是夏季绿肥中的高秆绿肥，植株高大，后期生长迅速，吸收能力强，常会妨碍茶园正常生长，必须采用刈青来解决，否则将严重影响茶叶产量及质量。

四是要选择适宜品种，对一至二年生幼龄茶园要选用矮生或匍匐型的绿肥，如茯花生、绿豆等，对三至四年生的茶园或台刈、嫁接茶园，可以选用早熟、矮生的绿肥，如乌豇豆、黑毛豆、小绿豆等；梯壁、坎边、路边可以选用多年生绿肥，如紫穗槐、知风草、霜落、大叶胡枝等。

二、茶园土壤改良技术

茶园土壤改良的目的是增加土壤有机质和养分含量，改良土壤性状，提高土壤肥力。绿色茶园土壤改良技术主要包括：土壤结构改良、土壤酸化调节和土壤污染治理。

（一）土壤结构改良

通过施用有机肥、有机土壤调理剂，促进土壤团粒结构形成，改良土壤结构，提高肥力和固定表土，保护土壤耕层，防止水土流失。

（二）土壤酸化调节

茶树自身生长聚铝特征及其根系吸收代谢特性导致茶园土壤酸化，酸化土壤直接影响着土壤养分的可给性，土壤微生物的活动，根部吸水、吸肥的能力以及有害物质对根部的作用等。茶园酸化土壤的改良技术主要包括：种植碱性绿肥作物（如毛叶苕子等）、施用适量石灰配施适量磷肥等碱性材料、施用有机土壤调理剂或重金属含量低的有机肥进行调节。

（三）土壤重金属污染改良

茶园生产实践中一般采取生物措施和改良措施将土壤中的重金属钝化，使重金属发生氧化、还原、沉淀、吸附、抑制和拮抗作用，常用的土壤重金属改良剂包括腐殖酸类有机土壤改良剂或有机重金属钝化剂等产品。

第三节　茶园循环农业技术

循环经济是一种以生态经济学为理论基础，以资源高效、循环利用为核心，以“3R”为原则（即减量化 Reduce、再使用 Reuse、再循环 Recycle），以低消耗、低排放、高效率为基本特征，以生态产业链为发展载体，以清洁生产为重要手段，以实现物质资源的有效利用和经济与生态可持续发展为目的而建立的一种生态经济。与传统经济相比，循环经济倡导的是一种与环境和谐发展的经济模式。它要求把经济活动组织成一个“资源－产品－再生资源”的反馈式流程。所有的物质和能源要能在这个不断进行的经济循环中得到合理和持久的利用，把经济活动对自然环境的影响降低到尽可能小的程度，这对实现农业部提倡的“减肥减药”的目标具有重要意义。

一、茶园循环农业理念及特点

茶园循环农业就是利用现代技术实现资源综合利用，尽量减少外部物质和能源投入的一种资源集约型的茶叶生产理念，是以茶为主，纳入其他种养业，形成包括茶、林、草、畜、禽、鱼、沼等多种形式的循环生产方式，使生产废物资源化和减量化，以维护茶园持续的生态平衡。

在茶园基地建设中，根据茶园生态系统内的现有条件，对茶、林、农、牧、沼、路、水等进行科学规划和合理布局，使每一种资源都得到有效转化和充分利用，土壤肥力能够逐步提高，生态环境受到良好保护。如生产系统中下游环节对上游废弃物的资源化利用，以猪—沼—茶最为典型；如根据茶和其他作物的生理特征和生态特性进行间作套作，提高生产系统的空间利用率、光能利用率、绿色覆盖率和生物多样性，维护园区生态平衡；如采用现代生物技术，建立废弃物无害化处理的场所和设施，改善能量和物质转化条件和环境卫生条件；如采用必要的园林设计技术，美化茶园区域生态环境，使茶园变为庄园而具有茶文化内涵的休闲、旅游功能。

二、循环农业常见模式

（一）猪—沼—茶循环农业模式

猪—沼—茶循环农业模式的关键在于猪粪的资源化利用，其基本流程为：猪粪尿的沼渣沼液的利用，猪粪尿经沼气池堆沤发酵作为肥料可以就近用于茶园，沼气作为能源可以在生活生产中利用，从而减少外部物质和能源在茶叶生产中的输入。沼肥是经过厌氧发酵产生的有机肥料，沼肥中富含有机质、腐殖酸等物质，对降低土壤容重，增加土壤孔隙度，改善土壤团粒结构，沼肥所含营养比较全面，而且无污染、无残毒，是茶叶生产的一种理想有机肥源。配合机械化设备设施实施这一模式不仅有利于控制畜牧养殖的面源污染，也有利于促进茶园循环经济发展、方便农民生活的目的，具有良好的生态效益、经济效益和社会效益。

（二）以园养鸡、以鸡肥茶、鸡茶共园的循环农业模式

以园养鸡、以鸡肥茶、鸡茶共生的循环农业模式有益于解决茶园虫害治理和

肥料来源问题，根据茶园布局分成若干个小区网围养鸡，每亩茶园养100只左右，构建鸡茶共园的生物链和生态产业链，适宜于把有鸡茶园变成有机茶园，促进茶叶生产和循环农业的发展。

（三）豆、鸡、茶共园的循环农业模式

在茶园中间作冬季绿肥蚕豆、豌豆、肥田萝卜及黑麦草等，夏季分别间作了乌虹豆、黄豆、花生等，同时还放养茶园鸡，形成了以园种豆、以豆喂鸡、以鸡啄虫、"豆、肥、鸡、茶"共园的循环农业模式。

（四）林、豆、鸡、茶分区组合的循环农业模式

把茶区规划成茶园区、绿林区、种苗区、养鸡区和豆草区等，形成了"林、豆、鸡、茶、苗"分区组合的循环农业模式。

（五）畜、禽、鱼、沼、林、茶复合园区循环农业模式

在茶区规划林地、茶园、饲料地外，另建成综合养殖场、沼气池，还可在水塘养鱼，形成以茶叶生产为核心的包含"畜、禽、鱼、沼、林、茶"的复合园区循环农业模式，比较集中连片的300亩以上规模的茶园，可以在园区内配套建设圈舍、水塘、沼池，实施这种复合园区循环农业模式。

（六）茶园秸秆利用的循环农业模式

我国以稻麦为主的秸秆量大面广，现在严禁在田间火烧秸秆，因此，茶园中农作物秸秆利用是一种容易实施的循环农业模式。茶园铺草一是可以稳定土壤热变化，减少地表水分蒸发量，防止或减轻茶树旱热害；二是可以减缓地表径流速度，防止或减轻土壤被冲刷，并促使雨水向土壤深层渗透，增加土壤蓄水量，提高土壤含水率，起保土、保水、保肥效果；三是可以增加土壤有机养分，保持土壤疏松，抑制杂草滋生，有利于改善茶叶品质，提高茶叶产量。茶园铺草最好把茶行间所有空隙都铺上草并以铺草后不见土为原则，要求铺草厚度要厚，一般在10cm左右，稻草、麦秆、绿肥、豆秸、山草、蔗渣的铺草量约为1 000 ~ 1 500 kg/亩，以抑制杂草生长。秸秆在茶园中经过一年的腐烂分解，入土可以增加茶园有机质，进而又可以进行新一轮秸秆覆盖，需要注意的是，在秸秆腐烂分解的过程中，微生物需要提供更多的氮素，所以在施肥方面要注意适量增施氮肥。

三、循环农业的常见问题

循环农业是茶叶生产向资源节约型和环境友好型发展的大方向，但在执行中，存在循环利用处理时间集中、循环利用价值与成本不匹配、循环利用技术不适应生产和市场的要求、循环利用生产产品的优质优价在市场上难以体现等主要问题。因此，需要持续实施相关鼓励政策，在资金、物资、技术、专业化服务等方面给予支持。

从技术上来说，茶园循环农业技术仍然存在很多问题，如茶园园区的时空利用技术、废弃物资源化处理技术、茶树与其他生物平衡技术、园区生物食物链匹配技术、有机多元化生产的管理技术、机械化应用技术等，都需要与时俱进的进行研发和推广。

大力推广发展循环经济是减轻环境压力、可持续发展茶叶产业的有效途径。每一项茶园循环农业技术都不是孤立的，也不是某一项农艺措施就可以解决茶园循环农业生产上的所有问题。如建一座沼气池，农户可节省燃料费和电费，改善生产生活环境，提供沼渣和沼液肥料，减少化肥和农药使用量，提高茶叶品质。但沼气的持续供应问题、沼渣和沼液的运输施用都存在一些问题，沼气需要与煤气、天然气和电有机衔接结合使用来满足生产生活要求；为降低劳动强度和提高劳动效率，沼液可以与水肥一体化技术结合使用，沼渣需要利用机械化和专业化服务实现便利化；沼液沼渣的利用在不同的生态区，因各种条件不同而存在实际差异。所以循环农业是一个系统工程，需要持续关注和投入。

第七章

茶园减量高效施肥技术

施肥在茶叶生产中具有十分重要的作用。据联合国粮农组织对世界主要产茶国中国、印度、斯里兰卡和肯尼亚四国的调查表明，肥料投入对茶叶增产的贡献率高达41%，超过土地（25%）和劳动力（8%）的贡献率。由于肥料在提高茶叶产量和品质中的特殊地位，茶农对施肥十分重视。据笔者对全国典型产茶县区的调查表明，茶园平均施氮量高达553kg/hm^2，其中93%来自化肥，个别茶园施氮量甚至超过2100kg/hm^2，导致大量的氮素通过 N_2O 或 NO_3^- 形式进入大气或水体中，不仅浪费了宝贵的肥料资源，而且污染了环境。因此，对于施肥量偏高的茶园采取减量施肥，提高肥料利用率，对于降低茶叶生产成本，改善茶区生态环境，促进茶叶生产的持续健康发展具有十分重要的意义。

第一节　茶园高效施肥的基本原则

茶园高效施肥的目的首先是为了提高肥料养分的利用率和施肥效益，施肥时必须综合考虑茶园土壤养分资源现状，茶树对养分的需求和吸收规律，肥料的性质和作用等，确定肥料的种类、数量，施肥的时间和方式等。其次，施肥应维护和改善茶园生态环境，不断提高土壤肥力水平，避免施肥不当引起的土壤严重酸化、重金属累积和茶园附近水体富营养化等，实现茶叶生产的持续健康发展。为了达到这些目的，茶园施肥必须做到“一深、二早、三多、四平衡、五配套”。

“一深”是指肥料要适当深施，以促进根系向土壤纵深方向发展。茶树种植前，底肥的深度至少要求在30cm以上；基肥达到20cm左右；追肥也要在5～10cm之间。切忌撒施，否则遇大雨导致肥料冲失，遇干旱造成大量的氮素挥发而损失，还会诱导茶树根系集中在表层土壤，从而降低茶树抵抗旱、寒等自然灾害的能力。

“二早”是指：①基肥要早，进入秋冬季后，随着气温降低，茶树地上部逐渐进入休眠状态，根系开始活跃，但气温过低，根系的生长也减缓，早施基肥可促进根系对养分的吸收。长江中下游茶区9月中旬开始施肥，10月底前结束；江北茶区可提早到8月下旬开始施用，10月上旬施完；而南方茶区则可推迟到9月下旬开始，11月中旬结束。②催芽肥也要早，以提高肥料对春茶的贡献率。催芽肥要求在春茶开采期前1个月施入。

“三多”是指：①肥料的品种要多，不仅要施氮肥，而且要施磷、钾肥和镁、硫、铜、锌等中微量元素肥料以及有机肥等，以满足茶树对各种养分的需要和不断提高土壤肥力水平。②肥料的用量要适当多，每公顷施氮量控制在300～450kg，每次化学氮肥的施用量（以纯氮计）不得超过225kg/hm^2，年最高用量不得超过600kg/hm^2。③施肥的次数也要多，做到“一基三追十次喷”，对于采摘大宗茶为主的机采茶园，每次采摘后施一次。

“四平衡”指：①有机肥和无机肥平衡。有机肥不仅能改善土壤的理化和生物性状，而且能提供协调、完全的营养元素。但有机肥养分含量低，需配合养分含量较高的无机肥，以既满足茶树生长需要，又改善土壤性质。基肥以有机肥为主，追肥以化肥为主。②氮与磷钾，大量元素与中微量元素平衡。茶树是叶用作物，需氮量较高，但同样需要磷、钾、钙、镁、硫、铜和锌等其他养分，只有平衡施肥，才能充分发挥各种养分的效果。要求氮磷钾的比例在2∶1∶1至4∶1∶1之间。③基肥和追肥平衡。茶树对养分的吸收具有明显的贮存和再利用特性，秋冬季茶树吸收贮存的养分是翌年春茶萌发的物质基础，所以要重施基肥，但茶树生长和养分吸收是持续不断的，只有基肥与追肥平衡才能满足茶树年生长周期对养分的需要。一般要求基肥占年总施肥量的40%，追肥占60%。④根部施肥与叶面施肥平衡。茶树具有深广的根系，其主要功能是从土壤中吸收养分和水分。但茶树叶片多，表面积大，除光合作用外，还有养分吸收的功能，尤其是在土壤干旱影响根部吸收或施用微量营养元素时，叶面施肥效果更好。另外，叶面施肥还能活化茶树体内的酶系统，加强茶树根系的吸收能力。因此，在根部施肥的基础上配合叶面施肥，能充分提高肥料利用率。

“五配套”是指茶园施肥要与其他技术配合进行，以充分发挥施肥的效果。①施肥与土壤测试和植物分析相配套。根据对土壤和植株的分析结果，制定正确的茶园施肥和土壤改良计划。一般要求每2年对茶园土壤肥力水平进行一次监测，以了解茶园土壤肥力水平的变化趋势，有针对性地调整施肥方案。②施肥与茶树品种相配套。不同品种对养分的要求有明显的“个性特点”，如龙井43要求较高的氮、磷和钾施用量，而苹云则相反，耐肥性差；高香品种龙井长叶对钾的要求较高。因此，茶园施肥时，只有考虑良种的种性特点，才能充分发挥良种的优势。③施肥与天气和肥料品种相配套。这一点在季节性干旱明显，土壤黏重的低丘红壤茶区显得尤其重要。如天气持续干旱，土壤板结，施入的肥料不易溶解和被茶树吸收；雨水过多或暴雨前施肥则易导致肥料养分淋溶而损失。根据肥料种类采用不同的施肥方式则可提高肥料的利用率，如尿素、硫酸铵等氮肥在土壤中溶解快，容易转化为硝态氮，而硝态氮又不是茶树喜欢的氮素来源，又易渗漏损失。因此，茶园施氮肥时不能一次性施用过多，以每亩每次不超过 15kg 为宜。磷肥则相反，在土壤中极易吸附固定，集中深施有利于提高磷肥利用率。④施肥与土壤耕作和茶树采剪相配套。如施基肥与深耕改土相配套，施追肥与锄草结合进行，既节省成本，又能提高施肥效益；采摘名优茶为主的茶园应适当早施肥料，采摘红茶的茶园宜适当多施钾肥和铜肥，幼龄和重剪、台刈改造茶园应适当多施磷钾肥。⑤施肥与病虫防治相配套。一方面茶树肥水充足，易导致病虫为害，要注意及时防治；另一方面，对于病虫为害严重的茶园，特别是病害较重的茶园适当多施钾肥，并与其他养分平衡协调，可明显降低病害的侵染率，增强茶树抗病虫害能力。

第二节　化肥减量施用技术

我国极大多数茶园，特别是生产名优茶的茶园化肥用量过高，导致肥料利用率偏低，如茶园氮肥利用率为 30% 左右，施氮量高时仅为 10%，磷肥、钾肥的利用率分别为 20% 和 60% 左右，而国外要高得多，如氮肥利用率一般在 50% 以上。没有被利用的养分，除了部分仍留在土壤中能被茶树吸收外，极大多数进入环境中，如施 N 量 900kg/hm^2 的茶园，当年通过 N_2O 进入大气的氮素为 3.4%，以 NO_3^- 形式渗漏造成的损失高达 50%，还有一部分以 NH_3 形式释放到空气中，导致严重的环境污染。另外，化肥用量过多，还会导致土壤酸化加剧，重金属元素生物有效性提高，土壤结构和生物性状变差等不良后果。因此，降低茶园化肥使用量十分必要。

一、茶园允许使用的化肥品种

茶树作为叶用作物，对氮的需要量较高。市场上的氮肥品种可分为 3 类：酰胺态氮、铵态氮和硝态氮。酰胺态氮是指尿素，它施入土壤后在脲酶的作用下很快转化成铵态氮，所以可作为铵态氮肥看待。铵态氮肥包括碳酸氢铵、硫酸铵、氯化铵和氨水等。硝态氮肥包括硝酸钠和硝酸钙等。另外还有既含有铵根（NH_4^+）又含有硝酸根（NO_3^-）的铵态硝态氮肥，如硝酸铵、硝酸铵钙和硫硝酸铵等，一般作为硝态氮肥看待。在茶树养分吸收特性中，一个显著的特点是茶树喜欢铵态氮，不喜欢硝态氮，当土壤中既含铵态氮，又含硝态氮时总是优先吸收铵态氮。另外，由于硝酸根是带负电荷的阴离子，不能被土壤胶体所吸附，易随渗漏水淋溶损失，也容易通过反硝化作用还原成气体（NO、N_2O、N_2）从土壤中逃逸损失，所以茶园中不施硝态氮肥。

茶树还有一个养分特点是“忌氯”，即茶树，特别是幼龄茶树对氯离子（Cl^-）较敏感，当茶树吸收的氯离子较多时，会引起氯害，先是树冠下部老叶叶缘枯焦，逐步发展到全叶，然后向上危及新梢。新梢受害时先枯萎，后变黑，并有发酵味，严重影响茶叶的产量和品质。所以，茶园一般不施或少施含氯的肥料，如氯化铵、氯化钾等。由于氯化钾含氯量相对较低，成龄茶树对氯的抵抗力也较强，所以成龄采摘茶园可施氯化钾，但不施氯化铵。

综上所述，茶园推荐使用的化肥包括尿素、硫酸铵、硫酸钾，以及各种磷肥，包括过磷酸钙、钙镁磷肥和磷矿粉等。但不使用硝酸铵、氯化铵，以及以硝酸磷肥和氯化铵为原料加工的各类复混肥或复合肥。

为了充分提高化肥利用率，极力推荐使用新型肥料，包括长效氮肥、控释肥、缓释肥和包膜肥料等，如长效碳铵、长效尿素、硫包尿素及其他各种包膜复合肥等。

二、茶园化肥合理用量

茶树对氮肥的需要量较大，生产中常常先确定施氮量，再根据施氮量确定磷钾的用量。以前，采大宗茶时按茶叶产量决定施氮量，即每采100kg干茶，每亩施纯氮12～15kg。但目前，采名优茶多，名优茶的采摘标准从单芽到一芽二叶又有较大的差异，因此该标准执行起来有一定的难度。据我们最新的研究表明，无论是采大宗茶、名优茶，还是春茶名优茶，夏秋茶大宗茶，茶园施氮量以纯N计以300～450kg/hm^2为宜。

磷（P_2O_5）和钾（K_2O）使用量以按氮磷钾比例2：1：1至4：1：1计算。如果土壤中有效磷（P）和钾（K）的含量分别在10和50mg/kg以下，氮磷钾比例为2：1：1，土壤有效P和K分别为10～20和50～100mg/kg，氮磷钾比例为3：1：1，如果土壤有效P和K分别在20和100mg/kg以上，氮磷钾比例为4：1：1。

另外，对于幼龄茶园和重剪、台刈改造的茶园，磷钾的使用量在上述基础上适当提高。

三、茶园化肥使用方法

为了充分提高化肥利用率，在使用时既要根据肥料特性，又要根据茶树对养分的吸收规律合理施肥。从化学肥料的特性来说，首先要注意氮肥深施，特别是碳酸氢铵和硫酸铵等，深施可显著降低氮素的挥发损失；其次，磷肥集中施，尽量靠近根系附近，以减少磷在土壤中的吸附固定；最后，与有机肥配合施肥，无论是氮肥还是磷钾肥，与有机肥配合使用能取长补短，提高肥效。

从茶树吸肥特性来说，按茶树种植前后、一年中不同的生长阶段，应施好底肥、基肥、追肥和叶面肥。

底肥是茶树种植前施入的肥料，其作用是改善土壤结构，提高土壤肥力，并诱导茶树根系向深层发展。施入的肥料主要有两种，一种是有机肥，另一种为磷肥，可以是磷矿粉，也可以是钙镁磷肥或过磷酸钙，施肥量以 $3t/hm^2$ 左右为宜。底肥应开底深施，沟深 30cm 以上，肥料在茶苗移栽前 1 个月施入，以防止有机肥腐化过程中放热对茶苗根系的伤害。

基肥是指茶树在秋季基本停止生长前后施入的肥料，目的是补充当年因采摘茶叶而带走的大量养分，提高茶树体内养分积累，增强树势，提高翌年春茶产量和品质。基肥要求长效和速效相结合，以有机肥为主配施化肥，其中化肥以复合肥为好，如氮磷钾含量在 25% 左右的普通复合肥，如茶树专用肥每亩 50kg 左右，如氮磷钾总量 45% 左右的高浓度复合肥每亩配施 30kg 左右。基肥应开沟深施，沟深 20cm 左右，施后立即覆土。施肥时间宜早不宜迟，长江中下游茶区 9 月中旬即可使用，10 月底前结束。基肥最好与土壤深翻结合进行，对于机械中耕的茶园，可以先表施肥料，然后用耕作机翻拌入土。

追肥是指茶树地上部生长期间施入的速效性肥料，主要是指氮肥，包括尿素、硫酸铵、碳酸氢铵，以及复合肥等。追肥的用量一般占全年用肥总量的 60% ~70%。对于多数“一基三追”的茶园，基肥施氮 30%，催芽肥 30%，夏、秋追肥各施 20%。对于某些采摘大宗茶的高产茶园，可以每采一次施肥一次，但每次用肥量适当减少，施氮量控制在 $600kg/hm^2$ 以内。催芽肥应在春茶开采前一个月施入，春夏秋追肥在茶季结束后立即进行，夏茶结束后（7 月）如遇“伏旱”则不施秋追肥。追肥最好在茶树行间沟施，沟深 5 ~ 10cm，施后结合浅耕除草及时覆土。如因劳动力紧张一定要撒施，则要注意天气预报，小雨前或雨后叶片无表面水后在茶树行间均匀撒施。切忌将肥料留在叶面上，撒施的肥料也仅限于尿素和颗粒复合肥，不撒施硫酸铵、碳酸氢铵和磷肥。

叶面施肥是提高养分利用率有效的办法之一。茶树叶面肥的种类很多，根据其作用和功能等可分为 4 类：营养型叶面肥，此类叶面肥含有氮、磷、钾及中微量元素养分；调节型叶面肥，含有调节茶树生长的物质，如生长素、激动素等，促进茶芽早发的叶面肥大都属于此类；生物型叶面肥，含微生物体及其代谢产物，如氨基酸、核苷酸、核酸类物质等，对刺激茶树生长，促进代谢，提高茶叶品质，减轻和防止病虫害的发生等均有一定的作用；复合型叶面肥，此类叶面肥种类繁多，复合混合形式多样，其功能也多样化。茶园内禁止使用含激素的叶面肥和稀土叶面肥。

为充分提高叶面肥的效果，在使用上应注意下列技术要点：

(1) 合适的喷施浓度：在一定浓度范围内，养分进入叶片的速度和数量，随溶液浓度的提高而增加，但浓度过高容易发生肥害，尤其是微量元素肥料应严格按浓度要求喷施。常用叶面肥的浓度见下表7－1。

表7－1　茶树常用叶面肥的浓度

肥料	浓度（%）	肥料	浓度（%）
尿素	0.5～2.0	硫酸锰	0.1～0.5
硫酸铵	1.0	硫酸亚铁	0.2～0.5
过磷酸钙	1.0	硫酸锌	0.5～1.0
硫酸钾	1.0～1.5	硫酸铜	0.05～0.1
硫酸镁	1.0～2.0	硼砂或硼酸	0.1～0.3
磷酸二氢钾	0.5	钼酸铵	0.05～0.1

（2）适宜的喷施时间：叶片吸收养分的数量与溶液湿润叶片的时间长短有关，湿润时间越长，叶片吸收养分越多，效果越好。因此，叶面施肥最好在傍晚无风的天气进行。在有露水的早晨喷施，会降低溶液的浓度，影响施肥的效果。中午有烈日喷施，容易灼伤叶片。雨天或雨前叶面追肥，养分易淋失，喷后8h内如遇雨，应补喷1次。

（3）均匀喷湿叶片正反面：叶面肥雾滴应细小，喷施应均匀、充分，尤其要注意把叶面肥喷洒到叶片的背面，因为叶片背面气孔多，吸肥速度快，数量也明显比叶片正面多。

（4）喷施次数不应过少：叶面追肥的浓度一般较低，每次的吸收量很少，与茶树的需求量相比要低得多。因此，叶面施肥的次数至少应在3次以上，每次间隔7～10d。

（5）叶面肥混用要得当：两种或两种以上的叶面肥合理混用，可节省喷洒时间和用工，增产效果也会更加显著。但肥料混合后必须无不良反应，不降低肥效。自制的叶面肥，如叶面喷施尿素、磷酸二氢钾、硫酸锌、硼砂和钼酸铵等，为增加养分的渗透能力，可在叶面肥溶液中加入适量的湿润剂，如中性肥皂液或质量较好的洗涤剂等，以降低溶液的表面张力，增加与叶片的接触面积，提高叶面追肥的效果。

第三节　有机肥高效使用技术

一、有机肥的种类

有机肥料是指以含有机质为主的肥料总称。有机肥料的种类很多，按其来源或商品化程度不同，可分为农家有机肥和商品有机肥。农家有机肥来源广泛，主要有饼肥、厩肥、堆肥、沤肥、家畜禽粪尿、海肥和沼液沼渣等。饼肥包括菜籽饼、桐籽饼、芝麻饼、棉籽饼、大豆饼和花生饼等。饼肥的营养成分完全，有效养分丰富，特别是含氮量较高，一般达3%～6%，是茶园理想的有机肥料。厩肥主要由猪、羊、牛、马、鸡、鸭和兔等的粪尿与秸秆垫料堆制而成。堆肥和沤肥是利用枯枝落叶、杂草、生活垃圾、绿肥、河泥、塘泥及动物粪便等物质混杂在一起经过堆腐或沤泡而成。沼液沼渣是动植物废弃物经厌氧发酵后留下的残液和残渣。沼液的养分浓度不高，但含有丰富的氨基酸、腐殖酸、多种营养元素、酶类和有益微生物，是很好的茶园有机肥。

商品有机肥包括各类茶树专用有机肥、有机无机复合肥、腐殖酸类肥料和以动植物残体、排泄物等为原料加工而成的肥料等。茶树专用有机肥是根据茶树营养特性和茶园土壤理化性质配制的茶树专用的各类肥料，具有较强的针对性，改土和增产提质效果较好。如由中国农业科学院茶叶研究所研制的生物活性有机肥集有机肥、无机肥和微生物肥于一身，养分全面、含量高，比例协调，具有非常明显的培肥土壤和提高茶叶产量和品质的作用。

目前，生产上使用较多的有机肥主要是各类饼肥，以猪粪、鸡粪、牛粪以及其他有机废物加工而成的商品有机肥。城市垃圾成分复杂，重金属元素含量较高，不宜在茶园中使用。

二、有机肥的作用

有机肥是茶园必需的肥料。它是一种养分完全的肥料，含有茶树生长必需的所有营养元素，而且主要营养元素的含量比例协调，非常有利于茶树的吸收。所以，有机肥又称完全肥料，对改良土壤和茶叶品质具有良好的作用，其特点是肥料缓、稳、长。一般来说，施有机肥的茶园，茶叶品质好，产量也较高；而施有机肥少的茶园，茶叶往往香气差、味淡、不耐冲泡。

有机肥在改善土壤肥力水平，促进茶树的生长发育方面具有明显的作用。首先，有机肥能改善土壤物理、化学和生物特性，提高土壤肥力。有机肥分解产生的有机胶体与土壤无机胶体结合形成不同粒径的有机无机团聚体，能明显改善土壤通气透水和保水保肥性能。所以，有机肥施得多，有机质含量高的土壤往往土体松软，通透性强。有机肥料中的有机物又是土壤微生物生长和繁衍的物质和能量来源。据试验，深耕配合施有机肥可使土壤固氮菌增加 1 倍，纤维分解菌增加 2 倍，其他微生物群落也有明显增加，从而大大促进了土壤熟化的进程，提高土壤养分的转化效率和利用率。

其次，有机肥能减少养分固定，提高肥料利用率。有机物含有或分解产生的有机酸、腐殖质酸具有很强的螯合能力，能与许多金属元素形成螯合物，从而防止土壤对这些营养元素的固定。有机肥中的有机酸还能与茶园土壤中的铁和铝螯合，防止它们对磷的固定，提高磷肥的肥效。

最后，有机肥本身是一种养分完全，比例协调的肥料。其含有的多种营养元素不仅有利于茶树的吸收，而且能维护土壤的养分平衡。另外，有机肥的大量使用对提高土壤阳离子交换量，改善土壤缓冲性能有十分重要的作用。

三、有机肥使用方法

农家有机肥除饼肥外，常常含有杂草种子和有害微生物等，使用前要进行无害化处理，如通过堆腐、发酵等办法杀死其中的有害微生物、寄生虫、病原体和杂草种子等。另外，有机肥由于原料来源复杂，部分原料可能含有较高的重金属元素或农药残留，为了防止茶园污染，有机肥中的有害成分含量必须低于相关国家或农业行业标准规定的指标。

有机肥主要做底肥和基肥。如前所述，底肥是茶树种植前施入的肥料，包括有机肥和磷肥，其中有机肥多多益善，一般商品有机肥施 15 ~ 30t/hm^2，要求开种植沟深施，沟深 30 ~ 40cm，先施有机肥，再施磷肥，施后覆土。基肥是茶树地上部即将停止生长前施入的肥料，要求以有机肥为主，配合适量化肥。菜饼的使用量在 2 250 ~ 4 500kg/hm^2，商品有机肥则要求达到 4 500 ~ 9 000kg/hm^2。有机肥一定要开沟深施，切忌撒施；有机肥和无机肥结合可以取长补短，缓急相济，能充分提高肥效，改善土壤质量。

第四节　茶园水肥一体化技术

茶园水肥一体化是指根据茶树对水分和养分的需求规律，将可溶性固体或液体肥料配成肥液与灌溉水一起，借助管道滴灌系统，均匀、定时、定量供给茶树的过程。这是一项对茶园水分和养分进行综合调控和一体化管理，以水促肥、以肥调水，实现水肥耦合，全面提升茶园水肥利用效率的现代化新技术。

一、水肥一体化技术的优点

与传统地面灌溉和土施肥料相比，水肥一体化有很多优点。第一，它能显著提高水肥利用率。传统上的施肥方法，由于养分的挥发、固定和淋溶等，肥料利用率较低，如前所述。我国茶园氮肥利用率平均不到 30%。而在水肥一体化模式下，肥料溶解于水中通过管道以滴灌的形式直接输送到茶树根部，显著降低了肥料养分的损失。据对其他作物的测定，磷肥利用率可提高到 40% ~50%，氮肥和钾肥利用率可提高到 60% 以上。另外，水肥一体化技术还可节约用水 40% 以上，节约肥料 20% 以上。第二，节省劳动力。传统上施肥需开沟，不仅费工，劳动强度也大，而通过管道施肥灌溉的方式可以省工90%以上。第三，保证养分的均衡供应。第四，提高土壤质量、保护生态环境。第五，提高茶叶产量和品质。由于灌溉施肥时各种养分能根据茶树不同生长发育阶段的需要，随时调配，因此，养分供应更均衡、协调，损失少，从而有利于保护茶园生态环境，提高茶叶产量和品质。所以，有专家指出，水肥一体化是发展高产、优质、高效、生态农业的重要技术，是一项资源节约型和环境友好型技术。

但是，水肥一体化在推广应用方面也存在一定的不足。首先是成本高，属于设施农业，一次性投资较大，每亩茶园投资在1 500元左右。其次，对滴灌设施的维护和管理要求较高，要经常防止管道渗漏和滴头堵塞等。再次，灌溉系统对肥料溶解度有较高的要求，不同肥料混用时对肥料间的相互作用要熟悉，否则容易出现堵塞，降低设备的使用效率。最后，对水源、水质和茶园地形、地势等也有较高的要求。

目前，水肥一体化技术主要应用于水资源紧缺的干旱、半干旱地区，如西北和东北西部地区，季节性干旱严重的湿润地区，以及设施农业生产区。应用的主要是大田作物、蔬菜和果树等经济作物，茶园应用相对较少。但是，由于茶园经济效益高，极大多数茶区又存在明显的季节性干旱现象，水肥一体化技术具有巨大的发展潜力。

二、茶园水肥一体化系统

多数茶园位于丘陵山区，地形复杂、地块规模小、土地不平整，土壤质量也存在明显的时空差异，水肥一体化实施起来有一定的难度。因此，掌握合适的水肥一体化使用技术模式，对于发挥肥水灌溉的优点具有十分重要的作用。目前，茶园水肥一体化的主要技术途径有三种。

（一）自压微重力滴灌施肥系统

借助丘陵地区地势高差，在不需要外加动力的条件下，利用水肥的自重进行滴灌或微喷灌的系统。通常引用高处的泉水或用水泵将水输送到茶园高处的蓄水池，并在蓄水池顶部或蓄水池旁高于水池液面建一个敞口式混肥池，混肥池的大小一般在0.5～2m^3，可以是圆柱形或长方体，方便搅拌溶解肥料即可。池底安装肥液流出的管道，出口处安装PVC球阀，此管道与蓄水池出水管连接。池内用一根长20～30cm，管径7.5或9.0cm的PVC粗管与出水管相连，PVC粗管入口分别用孔径0.125和0.150mm尼龙网包扎，以防止杂质进入管道。施肥时先计算好每个轮灌区需要的肥料总量，倒入混肥池，加水溶解，或将肥料溶解好后再倒入混肥池。进行滴溉施肥时，先打开主管道的阀门，开始灌水，待滴头正常出水后再打开混肥池的管道，肥液即被主管道的水流稀释带入灌溉系统。通过调节混肥池底球阀的开关位置，可以控制施肥速度。当蓄水池的液位变化不大时（这种情况要求一边滴灌一般抽水至水池)，施肥速度和肥料养分浓度保持稳定。施肥结束时，需继续灌溉 15 ~ 30min，冲洗管道。

混肥池可以用水泥建造，坚固耐用，成本低，也可用塑料桶作混肥池，也有用户直接将肥料倒入蓄水池，灌溉时将整池水放干净。由于蓄水池通常体积较大，要彻底放干很不容易，会残留一些肥液在池中，由于池壁清洗困难，容易滋生藻类、苔藓等植物，堵塞过滤设备和滴头等。因此，应用重力自压式灌溉施肥，一定要将混肥池和蓄水池分开，二者不可共用。

（二）固定式泵吸法灌溉系统

泵吸肥法主要用于有水泵加压的灌溉系统，水泵一边吸水一边吸肥，即利用离心泵吸水管内形成的负压将肥料溶液吸入系统，适合于面积较大，标准化程度较高的茶园施肥。为防止肥料溶液倒流入水池而污染水源，须在吸水管后面安装逆止阀。同时，为防止杂质进入管道，在吸肥管的入口处应包上孔径 0.125 ~ 0.150mm 的不锈钢或尼龙滤网，或使用专用的叠片式过滤器。该法的优点是不需外加动力，结构简单，操作方便，可用敞口容器盛肥料溶液。施肥时通过调节肥液管上的阀门控制施肥速度。缺点是施肥时要有人照看，当肥液快完时应立即关闭吸肥管上的阀门，否则会吸入空气，影响水泵的正常运行。

这套系统除了上述简易做法外，也可做成自动化程度很高的水肥一体化系统。为了克服人为照看施肥器的缺点，可以安装比例施肥器（又称活塞施肥器）靠水压带动活塞运动将高浓度的肥料溶液，按设定的比例吸入到管道中。同时，在首部加装控制设备，包括变频控制器、电磁阀控制器和其他监测与控制设备，对水肥一体化系统进行现代化管理。变频控制器是灌溉施肥系统在用水量变化较大的情况下使之保持恒定水压。电磁阀控制器则可对施肥灌溉系统实施远程控制。另外，在管理水平较高的现代化农业园区，可以安装水肥信息采集与智能控制系统，通过传感器及时感应土壤水分、pH 值及电导率等参数，结合智能化控制软件，实现灌溉施肥的指导与控制，达到水肥高效利用和节省劳动力的效果。

（三）移动式灌溉施肥机

在一些没有电力的丘陵山地区，如果既想搞管道灌溉，又想通过管道施肥，最适宜的办法就是利用移动式灌溉施肥机。它采用柴油机或汽油机水泵加压，利用泵吸肥法原理，将过滤器、施肥桶、空气阀等部件与柴油机或汽油机水泵组装在一起，构成移动式灌溉施肥首部系统。在灌溉施肥前，将此首部系统与田间主管道以活接相连，同时首部系统的入水口与水源相连，开启系统进行茶园灌溉施肥。灌溉施肥注意事项与自压微重力滴灌施肥系统基本相同。当灌溉和施肥工作结束后，可以拆卸，将首部系统搬回室内存放。

三、茶园水肥一体化的其他技术要点

（一）肥料选择与配制

适合水肥一体化应用的肥料有液体肥料、固体可溶性肥料、液体生物菌肥和发酵肥滤液等。目前常用的是固体水溶肥，有单质肥、二元肥及复混肥等。适合茶园使用的主要有尿素、碳酸氢铵、硫酸铵、磷酸二氢钾、氯化钾（以白色为佳）、磷酸二铵、磷酸一铵、水溶性硫酸钾及水溶性复混肥等。水溶性复混肥有大量元素水溶肥，以及加入了微量元素、氨基酸、腐植酸、海藻酸等的氮磷钾复混肥。沼液也是配制水溶肥料的良好基液。肥料选择时要求常温下不溶解物在5%以下，养分浓度高，稳定性好，兼容性强、腐蚀性小，不同肥料混配时要不产生沉淀。

（二）施肥量和施肥时期的设定

水肥一体化最大的优点是养分利用率高，能少量多次施肥。因此，在确定施肥量时，先按常规施足基肥，然后按目标产量对追肥进行适当减施，一般可降低追肥使用量的20%。施肥时期既要考虑茶树的养分需求，又要考虑土壤水分含量，一般以土壤含水量为主要依据确定施肥时期，一个月施一次。夏天气温高时可适当降低施肥浓度增加滴灌施肥的次数。需水量以掌握到土壤水分含量达到田间持水量的80%～90%为好。

第八章

茶树病虫害绿色防控技术

茶树病虫害防治中使用的化学农药，既是茶叶消费者最为关注和担忧的问题，也是茶叶生产影响生态环境的主要因素。因此，实现茶树病虫害防治环节的无害化具有十分突出的意义。茶叶绿色生产技术体系包括茶树病虫害的绿色防控技术，从某种意义上说，甚至可以理解为茶叶绿色生产技术体系是基于绿色防控技术发展而来的，全面环境友好的茶叶生产技术体系。近年来，围绕着“公共植保、绿色植保”的方针，茶叶科研、推广和生产人员结合茶树病虫害的发生特点，引进、吸收和消化先进适用的防治技术，探索建立了以生态调控为基础、理化诱控和生物防治相结合、科学用药为辅助的茶树病虫害绿色防控技术体系，不断提高茶树病虫害防治技术和水平，确保了茶叶的卫生质量安全。

第一节　生态调控

生态调控是指以茶园生态系统为对象，通过各种茶园管理措施预防和控制茶树病虫害的方法。生态调控是茶园病虫害绿色防控技术的基础，其主要措施包括维护和改善茶园生态环境、选用和搭配不同的茶树品种、加强茶园管理、及时采摘和修剪等。

一、维护和改善茶园生态环境

茶园及其茶园周围的生态环境，决定着茶园生物的多样性和茶园病虫害的发生程度。优良茶园生态环境有利于保持生物的多样性，增强对有害生物的自然调控能力。众所周知，凡是周围植被丰富、生态环境复杂的茶园，虫害大发生的几率就较小，对于这样的茶园要注意维持和保护生态平衡；而大规模单一栽培的茶园，无疑会使群落结构及物种单纯化，病虫害流行和扩散的几率就大，容易诱发病虫害的猖獗，对于这些茶园，要采取植树造林、种植防风林、行道树、遮阴树，增加茶园周围植被的丰富度；部分茶园还应该退茶还林、调整作物布局，使茶园与周边形成较复杂的生态系统，从而改善茶园的生态环境，增强自然调控能力。

结合绿化、绿肥、遮阴、覆盖等需要科学地搭配乔木、灌木及草本植物，调节害虫和天敌的行为及相互关系。桉树、楝树、香椿等乔木可用作遮阴树木，又有驱虫作用。迷迭香、罗勒、决明子、薄荷、吸毒草等有一定驱虫作用的草本植物可用于低龄茶园内部间作，也可以于春末夏初茶树修剪后在茶园种植，象草、香根草、香蜂草、柠檬草等诱虫植物可以种植于茶园周边，便于集中处置害虫，收割后可做绿肥或用作饲料，万寿菊、除虫菊、薰衣草等显花植物可以和其他草本植物搭配种植，以招引天敌并为天敌补充食物，提供迁徙、繁殖和越冬的场所和廊道。

二、选用和搭配不同的茶树良种

不同茶树品种对各种病虫害具有不同程度的抗性，茶树品种的这种特性是茶树在长期进化过程中与病原微生物、害虫种群进行自然适应的结果。选用抗病虫的良种，是茶树病虫防治的一项基础性措施。在换种改植或发展新茶园时，应选用对当地主要病虫抗性较强的良种。同时在大面积种植新茶园时，要选择和搭配不同的无性系茶树良种，避免在一个地区大量种植同一个品种，以防止由于良种抗性的变化或病原菌、害虫的适应性改变而造成茶树病虫害的暴发或流行。

三、加强茶园管理

茶园管理包括中耕除草、合理施肥和及时排灌等措施。

中耕除草可使茶园土壤通风透气，促进茶树根系生长和土壤微生物的活动，同时还可破坏很多害虫的栖息场所，有利于天敌入土觅食。一般以夏秋季浅翻1~2次为宜。通过中耕，可使茶尺蠖的蛹、茶毛虫的蛹、丽纹象甲的幼虫和蛹，暴露于土壤表面或深埋于土壤中。秋末结合施基肥进行茶园深耕，可将在表土和落叶层中越冬的害虫，以及多种病原菌深埋入土，也可将深土层中越冬的害虫翻至土壤表面，因不良气候或遭遇天敌觅食而死亡，减少来年的种群密度。勤除杂草可以减轻茶小绿叶蝉的为害，尤其是进行化学防治前先铲除杂草可以提高防治效果。而在高温干旱季节，保留一定数量的杂草有利于天敌栖息，调节茶园小气候，改善生态环境。

合理施肥可增进茶树营养，提高茶树的抗逆性。在茶树施肥时，要根据茶树所需的养分进行平衡施肥或测土施肥，基肥应以农家肥、沤肥、堆肥、枯饼等有机肥为主，适当补充磷钾肥。氮肥的施用量应根据茶园的产量予以确定，以满足因采叶而损耗的氮素量为标准，不要偏施氮肥。

及时排灌可以保持茶树正常的水分需求。地下水位高和地势低洼、靠近水源的茶园，要注意开沟排水，可以预防多种根部病害（如茶红根腐病、茶紫纹羽病等）的发生，对藻斑病、茶长绵蚧、黑刺粉虱也有一定抑制作用。在高温干旱季节，则需要及时补充茶树水分，增强茶树的长势。

四、及时采摘和修剪

及时分批多次采摘，既可保证茶叶的质量，又可明显恶化茶对病虫的营养条件，破坏害虫的产卵场所。采摘可明显地减轻蚜虫、小绿叶蝉、茶细蛾、茶跗线螨、茶橙瘿螨等多种病虫的为害。在实际操作时，对有虫芽叶要重采、强采；遇春暖早，要早开园采摘；夏秋季节病虫多发，应尽量减少留叶采摘；秋季如果害虫多，可适当打顶采摘，推迟封园。

修剪是茶树管理的手段，也是控制茶树病虫为害的一种方式。采用轻修剪方式剪除病虫枝条，对钻蛀类害虫和枝干病害有较好的防治作用。郁蔽茶园应进行疏枝，使篷脚通风，可抑制蚧类、粉虱类害虫的发生。病虫为害严重、树势衰弱的茶园，可采用深修剪、重修剪或台刈的方式进行改造。

第二节　理化诱控

理化诱控是指利用害虫的趋性来防治茶树有害生物的方法。常见的有灯光诱集、色泽诱杀和性信息素诱捕等方法。

一、灯光诱集

“飞蛾扑火”是昆虫趋光性的一种表现行为，利用这一原理，形成的以诱虫灯为核心的灯光诱集技术已广泛应用于农、林害虫的防治。新型的频振式杀虫灯则是将光、波、色、味等多种诱虫方式组合，进一步发展了灯光诱集技术，成为茶园害虫物理防治重要手段之一。

灯光诱集技术可用于茶树鳞翅目害虫成虫的控制，包括茶尺蠖、茶毛虫、茶刺蛾、茶小卷叶蛾和茶蓑蛾等，同时对同翅目、鞘翅目的假眼小绿叶蝉、金龟子等害虫也有一定的诱杀作用。使用时，每盏灯控制以 30 ~ 50 亩的面积为宜，在茶园中安装呈棋盘状或根据自然地形布局，灯距为 120 ~ 200m。每盏灯固定在柱上，高度以接虫口离地 1.3 ~ 1.5m 为宜。根据害虫测报情报确定开灯的时间，一般在目标害虫成虫始峰期开灯防治，每天天黑后亮灯，每晚开灯 6 ~ 8h，或根据害虫活动规律开关灯。

二、色泽诱杀

色泽诱杀技术是利用害虫对色彩的趋性进行诱集或干扰害虫行为而形成的一种物理防治技术。利用色板粘虫已逐渐被生产上采用并推广应用，色板也常与昆虫信息素（引诱剂、性诱剂）配合使用。此外，利用不同色泽的灯光干扰害虫的活动规律，从而达到控制害虫的目的，也是一种色泽诱杀技术。在日本已尝试在夜间使用黄色灯光干扰茶树害虫的活动规律，可以在一定程度上减少害虫的数量。

目前，茶园色板常以黄绿色为主，用于防治黑刺粉虱、假眼小绿叶蝉、蚜虫和蓟马等害虫。使用时每亩用 20 ~ 25 张，悬挂高度以色板底端接近茶梢顶端为宜。

三、性信息素诱捕

性信息素诱杀是利用昆虫性信息素来诱杀和干扰昆虫正常行为，从而达到减少害虫为害的一种防治方法。性信息素诱杀可直接利用雌蛾来对雄蛾的性引诱作用，方法是将刚羽化的雌蛾置于田间，并在其下方放置一有少量洗衣粉的水盆，诱集并消灭大批雄蛾，使田间雌蛾得不到交尾，减少下一代虫口的发生数量；也可采用田间悬挂含性引诱剂的诱芯（如茶毛虫性诱剂），诱集并杀灭雄虫。目前性诱剂在国内应用还不多。随着技术的不断发展，性诱剂在茶树害虫防治中将具有更广阔的应用前景。

第三节　生物防治

生物防治是指用食虫昆虫、寄生性昆虫、病原微生物或生物的代谢产物来控制病虫害的方法。生物防治具有对人畜无毒、对其他有益生物安全、不污染环境、不产生农药残留、对作物无不良影响、有比较长期的效果等优点。就茶园自身的特点看，保护茶园环境中的天敌资源，充分发挥它们的生态调控作用，是茶园生物防治最重要的方面。

一、保护茶园害虫天敌

在茶园周围可种植杉、棕、苦楝等防护林和行道树，或采用茶林间作、茶果间作，幼龄茶园间种绿肥，夏、冬季在茶树行间铺草，以给天敌创造良好的栖息、繁殖场所。在进行茶园耕作、修剪等人为干扰较大的农活时给天敌一个缓冲地带，减少天敌的损伤。将修剪下来的茶树枝条堆放在茶园附近，茶树枝条上的某些害虫（螨）因不能及时获得食料而饿死，寄生蜂则可飞回茶园。部分寄生性天敌昆虫（寄生蜂、寄生蝇）和捕食性天敌昆虫（食蚜蝇）羽化后，需吮吸花蜜进行补充营养才能进行产卵繁殖的，可在茶园周围种植一些不同时期开花的蜜源植物，以延长天敌昆虫的寿命和增加产卵量，同时也可以美化茶园环境。

二、释放捕食螨、寄生蜂等天敌昆虫

捕食螨、寄生蜂等天敌经室内人工大量饲养后释放到田间，可控制相应的害虫（螨）。已经试用的有浙江省释放茶尺蠖绒茧蜂防治茶尺蠖幼虫，以及释放胡瓜钝绥螨防治茶橙瘿螨。安徽省引进松毛虫赤眼蜂，在小卷叶蛾卵期，连续放蜂4～5批，一般寄生率在60%～70%，高的达90%。贵州、浙江等省试验用红点唇瓢虫防治长白蚧和椰圆蚧，亦有较明显的效果。

三、应用病原微生物制剂

茶园生态环境稳定，温湿度适宜，有利于病原微生物的繁殖和流行。应用病原微生物防治茶树病虫害已取得了较大的进展。常见的微生物制剂有病毒制剂、细菌制剂和真菌制剂等。白僵菌是一种病原真菌，其对各种鳞翅目害虫幼虫有较好效果，对假眼小绿叶蝉和茶丽纹象甲也有一定防治效果，在我国茶区已推广应用。苏云金杆菌作为细菌性病原微生物，其对茶园鳞翅目害虫幼虫有良好的效果，在茶叶生产中广为应用。昆虫病毒是一个很有前途的治虫微生物类群，至今为止从茶树害虫上已发现有昆虫病毒种类80余种，其中，以茶尺蠖核型多角体病毒、茶毛虫核型多角体病毒在茶叶生产中使用面积较大。田间使用病毒后，病毒可在自然条件下繁殖，1～2年后仍可以在茶园中发现有感染病毒的幼虫，从而起到自然控制的作用。目前已商品化的茶树害虫微生物主要有苏云金杆菌和茶尺蠖核型多角体病毒制剂。

四、应用植物源和矿物源农药

植物源农药是指有效成分来源于植物体具有杀虫或杀菌作用的活性物质，研究应用较多的植物源农药主要有生物碱类、萜烯类、酮类等。植物源农药杀虫机理包括触杀、胃毒、忌避、拒食、抑制生长和生育、干扰昆虫的中枢神经系统等多种方式。苦参碱属于生物碱类杀虫剂，一般为苦参总碱，其主要成分有苦参碱、槐果碱、氧化槐果碱、槐定碱等多种生物碱，具有触杀和胃毒作用。

矿物源农药是指有效成分来自于天然矿物的农药，常见的有石硫合剂、硫黄和农用喷淋油等。农用喷淋油是从石油中分离出的用于农业害虫防治的一种矿物油，其杀虫原理是通过溶解昆虫体表蜡质层，封闭昆虫气孔，达到杀死或控制害虫的为害，作为农药已经有100多年历史。与一般化学农药相比，农用喷淋油具有防治方式（窒息）独特、对害虫不易产生抗性、对环境生物杀伤力低、无作物和环境残留等特点，广泛用于介壳虫、粉虱、蚜虫、蓟马和螨类的防治。

第四节　科学用药

科学用药是指科学安全有效使用在茶树上取得登记的农药产品防治病虫害的方法。这些登记的农药产品常常具有速效、使用简便、受环境影响小等特点，因此也是茶树病虫害防治的一项重要措施。科学用药就是强调农药的安全合理使用，其内容主要包括合理选用农药、确定农药的安全间隔期和优化的农药使用技术等。

一、合理选用农药

根据茶叶生产的要求和茶叶自身的特点，适用于茶园中使用的农药应具有杀虫谱较广、高效、降解速率较快、急性毒性和慢性毒性低等特点。同时，按照我国农药使用管理条例的规定，在茶树上使用的农药品种必须在茶树上取得登记。近年来，我国在茶树上取得登记的农药品种有700余种，但实际农药种类并不多。然而，针对当前茶树病虫发生的情况，登记的农药种类能基本满足茶树病虫防治的需要。目前已在茶树上取得登记的主要农药品种有拟除虫菊酯类农药（溴氰菊酯、氯氰菊酯、联苯菊酯、氟氯氰菊酯等）、杂环类农药（吡虫啉、虫螨腈、茚虫威等）、植物源农药（鱼藤酮、苦参碱、除虫菊）、矿物源农药（农用喷淋油、石硫合剂）和微生物农药（苏云金杆菌、茶核·苏云菌）等杀虫剂，以及杀菌剂（苯醚甲环唑、吡唑醚菌酯等）。这些农药在选用时，还要根据国内外茶叶中最大残留限量标准的变化进行适时调整。有些传统农药，如石硫合剂由于性质稳定，在茶叶采摘期间使用对茶叶品质影响较大，应选择在非采茶季节或非采摘茶园中使用。

二、遵守农药的安全间隔期

农药的安全间隔期又称为等待期，是指农药在茶树上最后一次施用后至采摘鲜叶必须等待的最少天数，到达这个天数采制的干茶中农药残留量等于该种农药的最大残留限量标准。不同农药品种的安全间隔期是不一样的。由于适合在茶叶上使用的农药很多，不同的农药有不同的安全间隔期。因此农药喷施以后，必须注意达到安全采茶间隔期的天数后才能采茶。

三、优化农药使用技术

选择了合适的农药品种，必须应用优化的农药使用技术，才能使得农药发挥最大的防治效果。优化的农药使用技术主要包括如下几个方面：

（1）对症下药。根据防治对象和农药的性质，确定使用农药的品种。咀嚼式口器的茶树害虫（如茶尺蠖、茶毛虫等），应选用有胃毒作用的农药（如拟除虫菊酯类农药、苦参碱等）；刺吸式口器害虫（如茶小绿叶蝉、茶蚜和黑刺粉虱等），应选用触杀作用强的农药（如溴氰菊酯等）或内吸性农药（如吡虫啉、虫螨腈）；螨类应选用杀螨剂进行防治（如矿物油等）；有卷叶和虫囊的害虫（如茶小卷叶蛾、蓑蛾等），选用强胃毒作用并具有强的内渗作用的农药；蚧类应选用对蚧类有特效的农药；茶树叶部病害的防治，可选用既具保护作用又有内吸和治疗作用的杀菌剂，这样既可以阻止病菌孢子的侵入，又可以发挥内吸治疗效果，抑制病斑的扩展和蔓延。

（2）适时用药。茶树病虫害的防治应按防治指标适时施药。一方面，应用防治指标指导施药，可以减少施药的盲目性，减少农药的使用次数。例如：茶尺蠖防治指标的国家标准为每亩 4 500头，小绿叶蝉的防治指标是夏茶前百叶虫数 5 ~ 6 头或每亩虫量 10 000头，三四茶百叶虫数 12 头或每亩虫量 15 000 ~ 18 000头。另一方面，在害虫对农药最敏感的发育阶段进行适期施药。如蚧类和粉虱类的防治应掌握卵孵化盛末期（卵孵化 84% 以上时）施药，这时蚧类体表外还没有形成蜡壳或盾壳，因而较低浓度的药液即可收到良好效果。如茶细蛾应在幼虫潜叶、卷边期施药，茶尺蠖、茶毛虫、刺蛾类等鳞翅目食叶幼虫应在 3 龄幼虫期前防治才能收到良好效果；茶小绿叶蝉应在发生高峰前期，若虫占总虫量 80% 以上时施药。茶树病害应在病害发生产或发病初期开始喷施，使用保护性杀菌剂应在病菌侵入茶树叶片前进行施药。此外，茶园中农药的喷施还要考虑到茶叶的采摘期。如果茶园即将采摘，就可考虑采摘后再喷药，或选择安全间隔期比较短的农药。采摘茶园中不宜使用对茶叶品质影响较大的长残效农药。在非采摘茶园防治病虫时的用药，可适当选择持效期较长的农药以保持较长的残效。

（3）适量用药。要根据规定的农药使用浓度进行施药。每个农药防治病虫害的使用浓度是根据田间反复试验获得的，因此应严格按照这个浓度进行施药，不可任意提高或降低浓度。提高农药用量虽然在短期内会有良好的药效，但往往会加速抗药性的产生，使防治效果逐渐下降。

（4）适宜的施药方式。要根据害虫的分布情况，选择相应的施药方式。茶小绿叶蝉、茶蚜、茶橙瘿螨、茶尺蠖等害虫喜食茶树嫩叶和嫩稍，常分布在茶树的蓬面，施药时应采用蓬面喷雾的方法。黑刺粉虱、茶毛虫等喜食茶树成叶，主要分布在茶丛中下层，施药时应采用侧位喷雾的方法，将茶丛中下层叶背喷湿。蚧类害虫分布在茶树枝杆上和叶片上，施药时应将枝杆和茶叶正反面均喷湿。此外，应尽量选择低容量的喷雾方法进行施药。

第九章

茶园机械化生产管理

茶园机械化生产管理技术是茶叶绿色生产技术体系的重要组成部分。尤其是我国农业劳动力日益短缺，用工成本不断上涨的背景下，茶叶生产的机械化越来越显示出重要性。茶叶绿色生产技术体系对茶园机械化生产提出更高的要求，包括借助机械极大地提高农药和肥料使用率，从而促进减肥减药等。本章从茶园机械化技术路线与模式，机具配备，茶园主要机械化作业环节等方面，简要地介绍了我国茶园机械化生产的现状，并对相关机械设备做了简要介绍，以期为茶园机械化生产管理提供技术参考。

第一节　概　述

茶园机械化生产管理，就是用各种机械设备代替或参与人工完成茶园生产管理的各个作业环节，以减轻劳动强度，提高工作效率，主要包括垦殖、耕作、施肥、植保、修剪、采摘等等。相对于我国茶叶加工机械的普及，茶园生产管理的机械化发展明显滞后。占茶园生产用工 80% 以上的茶园开垦、耕作、茶树修剪和茶叶采摘等作业，至今仍主要依赖人工完成，严重阻碍了茶叶生产的现代化进程。

近些年，茶园作业机械化的发展备受政府和茶叶界的重视，经过不懈地努力，一些新型茶园作业机械逐渐跃入大众视野，部分茶园作业环节已经或正在实现机械化。据统计，目前，我国茶园基本实现了以背负式手动喷雾器为主、部分使用背负机动喷雾机等的半机械化和机械化茶树病虫害防治，约 40% 的茶园实现了茶树机械化修剪，少量小型耕作机械也已开始在茶园耕作中应用。

然而，然而从茶园生产管理全程来看，以及从全国茶园的平均机械化程度来看，我国茶园机械化的整体水平仍然处在起步阶段。

由于缺乏理想的茶园耕作机械，茶园深耕不能保质保量地完成，造成茶园土壤板结；我国茶园机械化施肥水平还不足10%；机械化采茶仅在大宗茶和一些鲜叶采摘芽叶较大或较粗老的茶类中开始使用，推广面积也不足我国茶园面的10%，特别是费工最多的名优茶采摘，目前还主要依赖手工，机械化采摘仅仅处于试验阶段。据农业部南京农业机械化研究所茶园机械化研究团队的相关研究表明，我国茶园生产管理全程综合机械化率，最多不超过15%。这远远落后于大田作物耕、种、收机械化作业比例超过50%的水平。

从当前具体的机械设备及应用情况来看，我国茶园机械存在问题主要有如下几个方面。

（1）现有机械机型不统一。由于茶园种植标准尚未统一推行，而导致各类茶园机械产品与农艺融合出现障碍，一类产品往往只能适应一类或几类种植模式的茶园，形成了产品市场乱而杂的局面，导致产品很难在全国统一推行。

（2）设备自动化、智能化程度低。从茶园机械化水平来看，各主要作业机械虽然已实现了机械化作业，但是自动化、智能化水平还不高，尤其是一些茶园专用机械设备还只是机械产品，依然存在操作笨重、劳动强度大等问题。

（3）针对山区茶园的机械化研究少。现有的研究成果中，大多数是针对平坡或缓坡茶园开发的，只有少量小型采茶机可用于山区茶园，专门针对山区大坡度茶园的机械化研究极少。这样的机械化是不完整的机械化。

（4）采茶机械采摘质量有待提高。目前广泛使用的往复切割式采茶机采茶完整率低，无法满足名优茶的质量要求，始终不能进入名优茶采摘版块。

当前茶产业面临着采茶劳力普遍紧张，人工成本增长过快等突出困难，严重制约着茶产业的竞争能力和持续发展，实现茶叶生产“机器换人”已势在必行。

第二节　机械化生产技术路线与模式

本节从宏观上分析阐述我国茶园机械化生产管理的技术路线与模式，从我国茶园地理分布于地貌特征着手，提出“分形而治”的机械化发展模式，并对标准化茶园建设的需求与技术要点做了简要叙述。

一、我国茶园地域特点

我国幅员辽阔，地域广袤，茶园分布较广，从西南的云贵高原、四川盆地，到西北的甘肃、陕西，到中部的河南、湖南、湖北，到华东的安徽、江苏、浙江，再到华南的海南、广西壮族自治区、福建等地，都有茶叶生产，茶园地形特征复杂多变。据统计，我国超过60%的茶园位于山区陡坡地带，平缓坡茶园不足40%（坡度大于25°的谓之陡坡茶园，坡度在15°～25°的谓之缓坡茶园，坡度小于15°的谓之平坡茶园)。山区茶园往往依地而成，自然地貌特征非常明显，茶园作业机械一般难以适应，这就形成了我国茶园机械化步履维艰的发展局面。

因此，面对我国茶园机械化对象复杂性，不能盲目发展，应根据茶园的特点进行分类研究，有针对性的开发相应的作业设备，形成具有我国特设的技术发展模式。

二、我国茶园机械化种植模式

为了加快推进我国茶园更高程度的机械化进程，先探索研究我国茶园机械化作业模式是必要的。针对我国茶园地理区域的多样性与复杂性，应根据茶园地理地貌特征，分类研究，有针对性的研究其机械化发展策略，也就是我们所提出“分形而治”的茶园机械化思想。即综合自然地理条件、机械化作业特点及农机农艺融合需求等因素，将我国茶园按照坡度分为陡坡茶园（坡度大于25°)、缓坡茶园（坡度在15°~25°）和平坡茶园（坡度小于15°)，针对不同的地形茶园特点，研究相应的机械作业模式。

对于陡坡型茶园而言，其不宜于大型机械作业，故就当前我国的机械水平，应发展轻简、复式多功能的机械化作业模式，研发推广轻简手扶式、便携式作业机械，及多功能配套作业机具，以“轻便·省力”为核心主题。

对于缓坡茶园而言，一般的中小型自走式茶园机械均可以适用，发展单行低重心、小型乘驾式的机械化作业技术模式，研发单行、低地隙、乘驾型多功能茶园机械作业平台，配套耕作、植保、采收等复式作业机具，以“自走·舒适”为主题。

对于平坡型茶园而言，其地势平坦，只要道路等基本设施齐全，适宜于大、中、小各类机械作业。基于对于生产效率与劳动舒适度的考虑，宜发展大型自动化、智能化高地隙跨行乘驾式的高效机械作业技术模式，研发大型乘用自走式自动化、智能化多功能高地隙通用动力平台及多功能复式作业机具，以“智能·高效”为主题。

三、适应机械化生产的标准化茶园建设

实现茶园管理机械化，首先要建立适宜于机械化作业的标准茶园。当前茶园机械化发展缓慢的主要原因之一，就是我国茶园种植模式不统一，配套基础设施不齐全。各茶区沿袭着各自的种植传统；甚至同一茶区不同茶园的种植农艺也有很大差别。例如，条播茶园的行距从1.2m到1.8m不等，茶篷宽度从1m到1.4m各异，茶树高度、株距也各不相同。而茶园大多是因地制宜，建设之初，并没有考虑机械化作业问题，所以道路交通配套设施条件差，大型作业机械只能进入部分平缓坡茶园作业。种植农艺的杂乱无章以及机械化基础配套条件的缺失，不仅

极大地增加了茶园机械设备的研发难度，而且不利于现有机械的推广应用，严重阻碍了我国茶园生产管理的机械化进程。

标准化茶园建设，首先，应该统一种植模式，农艺参数，如条播行距、株距、蓬面高度、蓬面宽度、蓬面修剪样式等；其次，完善茶园配套基础设施建设，对于平缓坡地区茶园，合理规划大型自走式机械的通行道路、田间地头转弯空间等，还要建立供电、供水等基础设施，以保障现代化机械设备的作业需求；然后，配套建设标准化茶园的智能灌溉、植保、灾害监测预警等现代化基础设施；最后，应建立健全标准机械化生产管理茶园的管理制度与机制，管理人员经受严格培训，确保安全生产。

第三节　机具配备

对于既定的“分形而治”的茶园机械化生产作业模式，对于不同类型的茶园，其各个作业环节所适应的机械也有所不同，合理的机具配备，不仅能优化配置，提高机具的利用率；而且能较为准确地调节市场供需平衡，使市场导向更加明确。下面针对 3 类茶园的 3 种作业模式分别加以叙述。

标准化茶园生产管理主要包括茶园初建整地、开沟、茶苗栽植、中耕除草、施肥、植保、修剪、灌溉、防霜、采摘等作业环节，综合考虑各环节机械化作业的必要性和可行性，整个生产过程所涉及的机械作业技术主要有机械翻耕、机械开沟、机械深松、机械旋耕除草、机械施肥、机械植保、机械修剪、机械灌溉、机械防霜、机械采摘等。

地形条件对机械的适应性影响较大，因此不同作业模式下机具的选取，主要依据机具对不同地形特征茶园的适应性进行。具体配备方案如下。

一、陡坡型茶园

对于陡坡茶园，配备轻简型、便携式机械设备。选用微耕机、小型手扶式旋耕机、小型手扶式仿生茶园深耕机，用于陡坡茶园的耕作、施肥、除草等作业；选用背负式喷雾机、背负是吸虫机等，进行茶园植保作业；选用小型电动采茶机、背负式采茶机、双人采茶机、背负式修剪机等进行茶树修剪与采摘作业；研究开发小型手扶式茶园动力通用动力底盘，并配备不同作业机具，实现一机多用的复试作业技术。

这些机械设备体积小，运输、操纵方便，相对于人工具有较高的生产率，较大程度上降低了劳动强度，因此适宜于在陡坡区域茶园推广应用。

二、缓坡型茶园

对于缓坡茶园，配备小型低重心、乘驾型、单行机械设备。选用低地隙乘坐式茶园深耕机、低地隙茶园中耕机、手扶式茶园仿深耕机、手扶式拖拉机配备深耕机等，用于缓坡茶园的耕作、施肥、深松除草等作业；选用低地隙自走式茶园吸虫机、低地隙茶园风送喷雾机等，用于缓坡茶园的植保作业；选用低地隙自走式茶园修剪机、跨行自走式采茶机等，进行平坡茶园的茶树修剪及采茶作业；选用低地隙多功能茶园作业通用动力平台（低地隙过功能茶园管理机）根据需要配套旋耕机、开沟施肥覆土机、深松机、深耕机、开沟施肥机、负压捕虫机、风送喷雾器、双侧修剪机等，完成相应作业。

小型低重心、乘驾型、单行机械设备，具有体型窄、重心低、转弯半径小、爬坡能力强等特点，可整机驶入茶行，对坡度具有较强的适应性；其在坡度小于25°的缓坡茶园里作业，具有较高的稳定性、通过性，安全系数高。另外，其操作简便，可乘驾，作业强度大幅降低，生产效率较轻简型机械也有很大提升。因此小型低重心、乘驾型、单行机械设备，适宜于在缓坡茶园推广应用。

三、平坡型茶园

对于平坡茶园，配备高地隙跨行乘驾型自走式作业机械。选择高地隙多功能茶园管理机，根据需要配套犁、旋耕机、开沟施肥覆土机、深松机、修剪机、喷雾机、负压捕虫等机具作业，完成相应作业；选择跨行自走式采茶机、智能采茶机器人、双行手扶自走式智能采茶机，完成不同等级的茶叶采摘。

平坡地区茶园适宜于机械化作业，而这些大型作业机械具有自动化程度高、生产效率高、劳动力需求极少等特点，符合农业现代化的基本要求。故而，大型多功能机械是平坡茶园机械化作业的最佳选择。

当然这里的机具配备方式，主要是从作业效率与机械的作业环境适应性特点的角度考虑的，是针对不同作业模式的最佳推荐。机具配比对于不同的茶园具体情况又不一样，即使是同一类型的茶园，也可能存在着这样或那样的因素差异，不可一概而论。比如，对于规模较小的平缓坡地区茶园，也可配备小型轻简型的作业机械；而平坡茶园也可选用与缓坡茶园所对应的小型低地隙系列作业机械。又比如，茶叶生产企业还应根据自身的经济条件，选择相应的作业机械。总之，机具的选用要综合考虑各方面的因素，是综合效益最大化，适合自己的才是最好的选择。

第四节　机械化耕作与施肥

土壤耕作是土壤管理的主要技术措施之一，具有疏松土壤、清除杂草、防治病虫、调节土壤水、肥、气、热等良好作用；而施肥提高土壤肥力，提高茶叶产量的最有效最直接的方法，是茶树栽培的重要环节。耕作施肥机械的正确选择和耕作技术的合理配套，对茶树生长和茶叶品质有着重要的影响。

一、茶园耕作和茶园耕作施肥机械的类型

茶园耕作的类型和作业要求

（1）浅耕。浅耕是茶树行间耕作深度在10cm以内的耕作方法。浅耕可消除杂草，疏松表层土壤，切断毛细管，减少土壤水分散失，以利茶树生长。浅耕对茶树根系损伤不多，一般不会对茶树造成不利影响。浅耕的次数和时间，依土壤结构、杂草滋生情况、树冠覆盖度和当地气候条件等因素不同而异。幼龄茶园，土壤比较疏松，树冠覆盖度小，一般每年2~3次，具体时间因各地气候条件不同略有差异。成龄茶园的浅耕可结合施追肥进行。一般春茶后和夏茶后各进行一次浅耕。对于坡度较大，水土流失严重的茶园，宜减少浅耕次数，或采用化学除草剂除草。

（2）中耕。中耕一般在春季茶芽萌发前进行。目的是防除春季杂草，减少表土水分含量，以利表土吸收太阳辐射，提高土温，促进茶芽提早萌发。中耕的深度一般为10~15cm。时间宜早于施催芽肥的时间。耕作时将杂草翻埋入土，打碎土块，平整地面。

（3）深耕。指茶树行间耕深在15cm以上的耕作，有的达到20cm或更深。由于深耕的深度较深，对改良土壤的作用要比浅耕强，但对茶树根系的损伤较多。故茶园深耕应因地因树制宜进行，灵活采取深耕方法和技术。对于土壤肥力较高、通气透水性能好、土质疏松的茶园，可间隔1~3年深耕一次，也可采用隔行深耕的方式，以减少一次性根系损伤较多，影响茶叶产量和质量。

二、茶园耕作机械的类型

茶园耕作机械的分类方法较多。按作业中所承担的作用分，可分为茶园耕作动力机械和配套农机具。动力机械一般通常是指茶园中应用的拖拉机，用于配套农机具的带动和牵引，常用机型有小型手扶拖拉机、微耕机、茶园专用中耕施肥机、茶园耕作机和多功能茶园管理机等，可以根据茶园规模大小和地形、土壤条件等进行选用。配套农机具主要指与动力机械配套，用于茶园中的中耕除草、施肥、深耕等作业的机具。下面对对我国茶园耕作机械做简要介绍。

1. 手扶拖拉机

（1）手扶拖拉机的类型。手扶拖拉机按动力大小分为 2.2kW（3 马力）以下、2.2～4.5kW（3～6 马力）、5～13kW（7～18 马力）3 个等级。按作业性能分驱动型、牵引型和驱动牵引兼用型。驱动型主要配套旋耕机作业，故又称动力耕耘机；牵引型主要配套牵引式农具作业；兼用型既可配套旋耕机作业，又可配套牵引农具作业或配上挂车进行运输作业。按行走装置分为轮式、履带式和耕耘式。轮式手扶拖拉机按行走轮有胶轮和铁轮等形式；履带式又有双履带和单履带之分；耕耘式手扶拖拉机又称无轮式手扶拖拉机，其特点是耕作时没有驱动轮，而是在驱动轴上装设旋转耕耘部件，既对土壤进行耕作，又能向前行走，道路转移有些机型可装上胶轮。现在主要讨论第三种类型 5～13kW 的手扶拖拉机，并以工农—12 型或东风—12 型等为代表。

图 9－1 手扶拖拉机

图 9－2 手扶拖拉机在茶园中作业

（2）手扶拖拉机的结构与作业原理。手扶拖拉机的主要结构由发动机，底盘、电气等系统组成。发动机产生动力，将扭矩经传动系统传递给驱动轮，获得驱动扭矩的驱动轮再通过轮胎花纹和轮胎表面给地面以向后的水平作用力（切线力），这个反作用力就是推动拖拉机向前行驶的驱动力（也称推进力）。手扶拖拉机结构简单，功率较小，适于小块茶园耕作（图 9－1）。作业时，由驾驶员手扶扶手架柄并控制操纵机构，牵引或驱动配套农具进行作业（图 9－2）。

（3）手扶拖拉机的配套农具。手扶拖拉机在茶园中进行耕作作业，多使用旋耕机。旋耕机所配用的犁刀，一般有四种，即直钩犁刀、尖头带刃犁刀、直钩带刃犁刀和左右弯犁刀。前三种形式入土阻力小，但抛翻土壤性能较差，易缠草，故茶园耕作中只有土壤较硬时才采用。第四种左右弯犁刀耕作时，对土壤的抛翻功能较强，中耕除草时利于将杂草埋入土内，故手扶拖拉机在茶园中作业，一般多配套左右弯犁刀进行的中耕除草。左右弯犁刀最多可安装 16 把，当然可根据茶篷大小程度适当少装，当安装 16 把犁刀时，耕作幅宽可达 80cm。左右弯犁刀在旋耕机上安装一般有三种方法，第一种为左右对称的安装方式，即从刀轴中心开始，由内向外，犁刀一左一右交错安装，这样安装所耕出的地面，横断面为水平状，茶园中的中耕除草作业应用较多；第二种为内装法，即将相同把数的左右犁刀，向着刀轴中心相向安装，这样安装所耕出的地面，横断面中间高两边低，茶园耕作中应用较少；第三种为外装法，即将相同把数的左右犁刀，背着刀轴中心相外安装，这样安装所耕出的地面，横断面中间低两边高，茶园耕作中一般希望由茶行中间向两边茶树根部适当培土，多应用这种安装方式。同时，其他形式的茶园耕作机若配套旋耕机进行茶园耕作，其犁刀选用和安装方式，也与手扶拖拉机配用的旋耕机遵守同样的原则。

（4）手扶拖拉机在茶园中的耕作效果。试验茶园一种为茶苗种植后的第三年、已进行过第二次定型修剪的茶园；二为深修剪后的成龄茶园。茶园系缓坡，土壤硬度中等，当时杂草生长茂盛，较密集，最高超过10cm，于5月中旬进行试验。试验表明，耕作后土壤疏松状，地表平整，杂草基本被除光和掩埋，耕作过程中机器的行走也基本稳定，功率充足，尚好操作，说明在上述作业条件下，一般手扶拖拉机尚可作为茶园耕作的一种机型应用。工效测定结果如表9－1。

表9－1 工农—12型手扶拖拉机中耕除草性能测定

茶园类型	耕作使用档次	耕宽（cm）	最大耕深（cm）	平均耕深（cm）	工效（亩/时）	耗油率（kg/亩）	杂草除净率（%）
幼龄茶园	2档、少时1档	700	11	9.0	4.07	0.59	95
重剪茶园	2档、少时1档	700	10.5	8.8	4.02	0.60	95

2. SC—12 型茶园耕作机

（1）机型概况。SC—12型茶园耕作机由农业部南京农业机械化研究所与盐城市盐海拖拉机制造有限公司在东风—12型手扶拖拉机基础之上，联合研制而成（图9－3）。使用最小轮距，加装流线形罩壳，使其最大及其宽度保持在650mm之内，罩壳的前部首先插入茶篷下部，将下伸茶条托起，然后枝条沿流线形罩壳被分开，使枝条免遭轮胎压伤和机体碰伤，保证该机可进入缓坡茶园行间作业。

图9－3 SC—12型茶园耕作机及配套施肥装置

（2）使用效果。使用表明，该机由于有较好的罩壳结构可保证进入行距1.5m以上、修剪较规范、行间修剪出20cm空隙的茶园中作业，在罩壳作进一步改进后，基本上不会对茶树枝条造成损伤，可在坡度小于15°的缓坡茶园中较稳定作业，操作较方便。生产实际结果表明，该机不论是单独耕作、单独撒肥，还是撒肥与耕作联合作业，每小时作业效率均可达到2.5亩以上。一般情况下耕深为8～10cm，最大耕深可达12～15cm，耕后地表平整，90%以上的杂草被埋入土中。为了保证机器的顺利转弯调头，要求茶园地头要留出1.5m的回转地带。

3. 国产ZGJ－150型茶园中耕施肥机

国产ZGJ－150型小型茶园中耕施肥机，是我国早期根据茶园条件自主研发的耕作施肥机械，如图9－4所示。由于重量轻、操作方便，当时广受农户欢迎。

（1）主要技术参数：

型式　手扶自走式小型茶园中耕施肥机

型号　ZGJ－150型

配套动力　F165型柴油机，功率2.2kW（3马力）

轮距　37～42cm（可调）

作业种类　中耕、施肥、喷灌等项作业

耕作方式　深耕锹翻耕式

锹体数量　2把

最大耕深　25cm

施肥方式　耕前撒施

耕作作业形式前进作业

喷灌泵形式　340BP2－18型自吸泵

机器尺（长×宽×高）（1 500mm×420mm×1 000mm）

机器重量　120kg

图9－4　ZGJ－150型小型茶园中耕施肥机

（2）结构与特点。ZGJ—150型茶园中耕施肥机的主要机构由动力机、传动机构、变速操纵系统、行走机构、深耕锹和护罩等部分组成。动力为F165型柴油机，风冷。变速操纵系统设有变速杆，装在机器扶手架上，用于控制行走速度的“快”与“慢”，“快”用于道路运输，“慢”用于耕作。行走机构包括2只包裹橡胶的硬质行走轮，由其驱动机器行走，机器前部还装有一只直径较小万向轮式的转向轮。该机只设前进档而不设后退档，耕作时采用前进方式作业。ZGJ—150 型茶园中耕施肥机的耕作部件，也采用锹式挖掘作业形式，装有 2 只深耕锹，由传动轴上相邻互为 180°的曲轴轴颈进行带动，从而在保证规定耕宽情况下，两只锹体交错入土，减少了动力输出，并使机器运转较为平稳。该机机体较小，装有流线形防护罩，方便进入茶行内作业，适于山区茶园使用。作业范围广泛，中耕松土的同时可除去杂草，并能进行施肥、喷灌等作业。中耕作业时采用齿形锹作挖掘式耕作，似人工铁耙挖掘，在较松软土壤中耕作，耕深可达 25cm，虽然名为中耕机，实际深耕已达到的深度，同时耕作时对茶树的根系损伤小，翻起的土块大小适中，可使耕作层有一定空隙度，改善保水和透气性，符合我国茶地的耕作习惯和农艺要求。若在耕作时结合施化肥，只要装上肥料斗即可，化肥施入后，立即被翻耕入土，耕作和施肥质量亦良好。

（3）作业效果。ZGJ－150 型茶园中耕施肥机用于条栽茶园中的中耕和施肥，作业幅宽可达 40cm 以上，覆盖宽 50cm，作业工效可达 0.5 亩/h，作业质量良好。

但是，由于该机使用功率仅 2.2kW（3 马力）柴油机，机体整体质量较轻，加之机器制造总体水平较低，在土壤坚硬的茶园中应用作业效果较日本机型更欠理想，耕深也较浅。同时，该机作业为前进耕作方式，操作者需行走在耕过的地面上，体力消耗较大且不便，故仅适用于土壤松软茶园中的耕作。该机茶园中耕施肥机作业性能实测状况如表 9－2 所示。

表 9－2　ZGJ—150 型茶园中耕施肥机作业性能

作业项目	茶园状况	作业幅宽（cm）	耕深（cm）	行速（m/min）	生产率（亩）
中　耕	成龄、土硬中等	55	15	25	0.75
施化肥		50	15（拌和）	25	0.75

注：施化肥为撒施后耕

4. 国产凯马小型茶园管理机

为了为茶园耕作提供一种理想的中耕机型，最近农业部南京农业机械化研究所与江苏无锡华源凯马发动机有限公司联合研制了一种凯马小型茶园管理机（图 9－5）。

图 9－5　凯马小型茶园管理机

（1）机型概况。该机是在吸取国内外同类机型基础上研制而成，机体尺寸较日本落合 JR－10A 型自走式小型茶园深耕机和中国 ZGJ－150 型茶园中耕施肥机深耕小，使机型更小巧，属于小型茶园耕作机械，研制目的主要是在较为松软或中等硬度茶园中进行中耕除草。

机型主要性能参数如下。

①形式：手扶自走式小型茶园管理机。

②型号：凯马。

③配套动力机：

型号　KM170F/E 型柴油机

型式　单缸、立式、风冷、四冲程柴油机

缸径×冲程　70mm×55mm

转速　1 800rpm

额定功率　2. 9kW（4 马力）

油箱容积　2. 5L

机油容量　0. 8L

启动方式　手拉反冲启动

重量（kg）　26

④作业种类：中耕作业。

耕深：8～10cm

耕幅：30～50cm

⑤耕作方式：深耕锹翻耕式。

⑥耕作作业形式：前进作业。

⑦机器重量：75kg。

（2）使用效果

该机机体较小，很容易已进入条栽茶园中作业，行走稳定，易于操作。使用深耕锹翻耕式耕作机构，耕深控制在 8～10cm，动力机功率足够。作业时耕幅一般情况下可达 40cm，在成岭并覆盖比较好的茶园中作业，基本上可满足耕作宽度要求。该机耕作机构采用挖掘形式，耕后土块较大且均匀，95% 以上的杂草被覆盖，耕作层孔隙度较大，利于保气保水（图 9－6）。经实测，该机作业效率可达 1. 5 亩/h。

图 9－6　凯马小型茶园管理机耕作前后的茶园状况

5. 金马—15 型茶园耕作机

金马—15 型茶园低地隙多功能茶园管理机是有农业部南京农业机械化研究所与盐城市盐海拖拉机制造有限公司联合研制而成，适宜于平地及缓坡茶园，作业效果良好，性能稳定，目前已经批量生产，并在多地推广应用（图 9 –7）。

（1）金马—15 型茶园耕作机的研制背景。该机考虑到茶园土壤耕作不同负荷情况，除使用 11.0kW（15 马力）柴油机作动力外，还可换装 8.8kW（12 马力）柴油机作动力，且发动机采用了电启动，启动方便。采用橡胶履带，行走更为稳定和安装等更为方便。流线型罩壳设计，既美观，又便于机器在茶园中通行。金马—15 型已配套中耕施肥用的旋耕机和挖掘式深耕机，并在旋耕机上方设置了肥料箱及送肥机构，施肥均匀，效果好。整机外形美观，行走稳定，操作方便。试验表明，其可在坡度为 15°的茶园内稳定工作，在短距离通过茶园埂坡，横坡 20°、纵坡 30°亦可越过。作业性能较以往设备显著提高。

（2）金马—15 低地隙多功能茶园管理机的主要结构和性能特点。金马—15 低地隙多功能茶园管理机作为茶园中一种专用的履带式茶园耕作机型，并且采用钻入作业形式，其主要结构和性能特点突出。首先其具有多功能性，可以满足茶园中耕、深耕、开沟施肥和病虫害防治等多种茶园作业的需求。其次，行走稳定性好，转弯半径小，转向性能可靠，操作方便，可适应行距 1.5m、坡度在 15°以下的茶园中作业。再次，农具安装、挂接和更换方便，提升、下降、操作以及耕作深度控制灵活和准确。最后，零部件尽可能与国家定型拖拉机和农机具定型产品通用，“三化”程度高。

图 9 –7　金马—15 低地隙多功能茶园管理机

（3）性能参数

①整机参数：

型号	金马—15 型
型式	履带式
茶园内作业方式	钻入行内作业
理论速度（km/h）	
前进：Ⅰ	0.90
Ⅱ	1.61
Ⅲ	2.61

Ⅳ	3. 58
Ⅴ	6. 07
Ⅵ	9. 3
倒退：Ⅰ	0. 65
Ⅱ	2. 46
轨距（mm）	580
轴距（mm）	1 045
最小离地间隙（mm）	140
整机重心高度（mm）	337
结构重量（kg）	700
配重（kg）	80
外形尺寸（mm）	
长（不带农机具）	2 300
宽	800
高（不带棚架）	1 160
②发动机	
型号	S195
额定功率（马力）	12
额定转速（r/min）	2 000
汽缸直径×活塞行程（mm）	95×115
重量（kg）	130
启动方式	手摇
③传动系统	
小皮带轮外径（mm）（手扶原 142）	155
三角皮带规格	B1956
离合器	干式，双片长结合摩擦片式
变速箱	齿轮传动（3+1）×2 组成式
转向机构	牙嵌与制动器联动式
制动器	双片盘式
最终传动	直齿圆柱齿轮
④机架与系行走机构	
机架形式	刚性悬架
履带材质	橡胶
履带宽度（mm）	180
每边履带板数	27

每边支重轮数　4
履带张紧机构调整形式　丝杆螺母调整
最大短距横坡通过坡度：　30°
最大短距纵坡通过坡度：　40°
最大作业坡度：　15°
⑤工作装置
①液压提升系统
液压提升系统形式　分置式
提升油泵形式　CB306 齿轮泵
分配器形式　手动三位转阀
安全阀开启压力（kg/cm^2）　80
②动力输出
纵向　快速（r/min）　308
慢速（r/min）　245
侧向（r/min）　1 305
⑥配套农机具
深耕机：
耕深（mm）　70～250
耕宽（mm）　700
生产率（亩/h）　1.5～2.5
中耕机：
耕深（mm）　60～250
耕宽（mm）　800
生产率（亩/h）　3～5

（4）配套农机具。金马—15 低地隙多功能茶园管理机可配套深耕、中耕除草、开沟施肥、病虫害防治等机具，同时还可配备茶树修剪机和采茶机，进行茶树修剪和采茶作业。上述机具虽然大多进行过试配和计划进行研制，但是投入茶园使用并且较为成熟的是深耕机和中耕机。

①中耕机：金马—15 低地隙多功能茶园管理机配套使用的中耕机，作业目的是松土和除草，耕深一般要求 8～10cm，故采用旋耕机形式。通过对比试验，旋耕机采用了仿日本中耕机使用的小型弯犁刀，使用表明，耕作时犁刀刃口滑切作用较强，碎土和除草性能较好，并且与其他犁刀相比，不易缠草。犁刀的安装采用“双孔”结构，安装尺寸和方式与手扶拖拉机一样，必要时可更换使用一般手扶拖拉机的犁刀。该机也可使用普通手扶拖拉机旋耕刀，但其回转半径较大，要对限深板作相应调整。中耕机耕作的茶园，也要注意耕作时的除草高度，一般应

掌握在草深 10cm 以下进行中耕除草。作业过程中，如发现犁刀缠草，要及时进行清除，以保证作业质量。

②深耕机：C－12 型茶园耕作机配套使用的深耕机，采用铁耙掘地原理的挖掘式深耕机。挖掘部件就是三只两齿铁耙（图 9－8），或者称为深耕锹，相隔 120°安装在深耕机曲轴上，耕作机的动力动过传动箱带动曲轴转动，在曲柄的作用下，由曲轴轴颈带动连杆，使三只锹体交错入土，入土深度可达 20～25cm。深耕机和中耕机均采用了托架式限深装置，使耕深保持稳定，并将深耕机或中耕机的重量及耕作时所引起的振动，由限深装置的托架传给了土壤，显著改善了对耕作机底盘的影响。深耕机和中耕机的传动箱，带动曲柄选装的转速有两档可供选择，以配合耕作机不同前进档次，保持耕作垡块大小和碎土的一致。

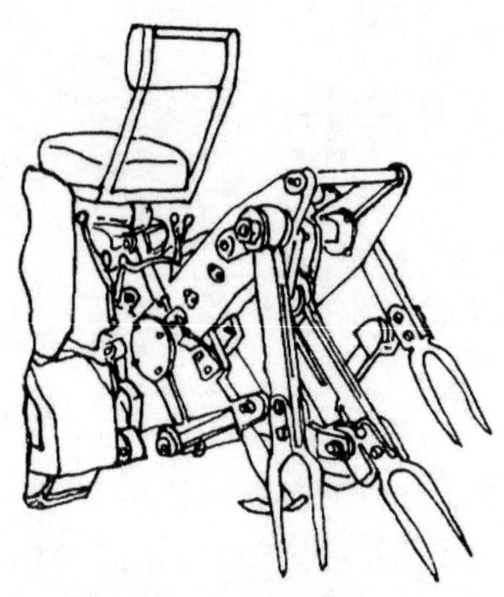

图 9－8　C—12 型配套挖掘式深耕机

（5）金马—15 低地隙多功能茶园管理机的应用效果。

①茶园作业质量：中耕除草采用中耕机，疏松土壤和灭草性能良好，耕后地表平整，耕深可达 8～10cm，耕宽可达 60cm，覆盖宽度可达 80cm，土壤蓬松度达 50% 左右，耕后杂草基本被除光并被埋入土中。由于使用 S195 型柴油机，在土壤较板结的茶园中作业亦可获得较满意的中耕作业质量。

耕深可达 25cm，耕宽可达 70cm，对茶树根系损伤小，土垡大小适中，测定结果表明，小于 4cm 和 4～12cm 的垡块占 70% 左右，可满足茶园深耕农艺质量要求。

②作业效率和经济性：金马—15 低地隙多功能茶园管理机的作业效率和经济性生产查定情况如表 9－3，2 000亩大面积试验结果表明，平均生产率为 3.5 亩/h 左右，以每天工作 8h 计算，每天可中耕茶园 28 亩左右，而试验茶场的人工中耕除草的劳动定额为每天 0.7 亩/d，这样机耕功效为人工的 40 倍左右。实际使用表明，每 400～500 亩茶园，配备 1 台金马—15 低地隙多功能茶园管理机，即可满足茶园中耕除草和深耕作业的需要。此外，该机性能稳定可靠（表 9－4），也使得生产效率与经济性得到保证。

表9－3　金马—15低地隙多功能茶园管理机生产率和经济性查定情况

试验地点		江苏金坛		
试验日期		2013年5月23日		
机号和配套农具		1号＋中耕机		2号＋深耕机
行驶档次		Ⅱ档	Ⅲ档	Ⅰ档
行驶速度（km/h）		1.72	2.80	1.00
作业面积（亩）		3.57	8.65	1.70
耕深（cm）		9.5	8.0	18.0
耕宽（cm）		61	60	70
作业时间	总工时（分）	63	96	50
	纯工时（分）	58.3	90.0	47.0
	时间利用率（%）	92.5	93.8	94.0
生产率（亩/h）		3.55	5.40	2.04
燃油耗	耗油量（kg）	1.6	2.5	1.0
	小时耗油（kg/h）	1.59	1.56	1.20
	亩耗油（kg/亩）	0.45	0.29	0.50
每次掉头平均时间（s）		18	17	33

注：深耕按试验单位平时实际要求确定深度

表9－4　金马—15低地隙多功能茶园管理机可靠性系数考核表

样机编号		1号		2号	
作业内容		中耕	深耕	中耕	深耕
作业时间		407.25	200.00	416.00	201.25
故障时间		8.17	3.17	13.41	5.58
发动机	次数	1	1	2	1
	时间	0.67	0.33	0.92	5.00
底盘	次数	4	2	9	无
	时间	2.58	2.84	8.17	
农具	次数	5	无	3	2
	时间	4.92		4.84	0.58
可靠性系数（%）		97.99	98.42	96.72	97.23
平均可靠性系数（%）		98.13		96.92	

6. 高地隙自走式多功能茶园管理机

高地隙多功能茶园管理机是由农业部南京农业机械化研究所与江苏云马农机制造有限公司联合研制而成（图9－9），首次实现了大型跨行作业，促成了我国茶园机械化一次质的飞跃。

（1）高地隙自走式多功能茶园管理机的主要结构和性能特点：

图9-9　高地隙自走式多功能茶园管理机（配吸虫机）

①高地隙自走式多功能茶园管理机的主要机构。高地隙自走式多功能茶园管理机的主要结构由动力系统、机架、工作平台、操作系统、行走机构等所形成的多用底盘和配套农具等组成。

②高地隙自走式多功能茶园管理机的工作原理。茶园管理机的行走、作业机构均采用液压系统传递动力，包括行走、旋耕、排肥轴驱动、喷雾高压泵和机具升降的驱动。立式旋耕液压驱动马达直接驱动立式旋耕刀轴转动，当液压提升油缸下降到一定高度，立式旋耕刀片开始切割土壤，控制提升油缸达到所需耕深。排肥液压驱动马达直接驱动排肥轴带动排肥槽轮转动，排肥器开始工作，肥料经排肥管直接排施在箭式犁开出的施肥沟内，也可撒施在土壤表面，随之进行土壤拌和。同样的原理，喷雾马达驱动药液泵工作进行农药喷施。

③高地隙自走式多功能茶园管理机的性能特点：

a. 采用跨行式作业。高地隙自走式多功能茶园管理机采用了高架跨行作业的方式，两条履带宽度显著窄于茶行间距，并分别行走在相邻的两条茶行内，减少了对茶树枝条的损伤。此外，该机有一宽敞的工作平台和足够安装空间，允许选用体形和功率较大的动力机。这样不仅解决了动力不足，机械难以进入茶树行间作业的难题，而且创新了茶园机械化的作业方式，从以往茶园作业机械，人行走于行间以手扶方式操作，变为现在乘坐在茶篷上方驾驶室内的乘坐式操作，视野良好，操作方便。

b. 应用全液压柔性传递技术。传统农业机械的传动，一般采用刚性传动，传动效率低，结构复杂，布置困难。高地隙自走式多功能茶园管理机则采用了全液压动力传递技术，实现动力传递柔性化，这是国内液压传递技术在茶园作业机械上的首次应用，使传动机构大为简化，使用表明效果理想。同时，行走机构和配套农具还采用了无级变速技术，确保了操作方便灵活，工作稳定可靠。

c. 形成综合作业平台，实现一机多能。其结构较简单，动力传递稳定，效率高，可配套中耕除草、深耕、施肥、开沟、喷药、茶树修剪和采茶等农机具；并且进行复式作业，可同时实现耕作、除草、施肥等作业。这种农机具配套方案，作业效率高，一机多能，经济性好。

d. 使用方便、操作灵活可靠、行走稳定。采用了全液压动力传递技术，操作灵活可靠方便、行走稳定，调头和转弯灵活，在茶园规划等条件较好的平地、低坡甚至缓坡茶园中应用，作业效果良好。

（2）高地隙自走式多功能茶园管理机的配套农机具。高地隙自走式多功能茶园管理机目前投入使用的配套农机具，主要有中耕除草机、肥料深施机、喷杆式喷药机和吸虫机等。

①中耕除草机。高地隙自走式多功能茶园管理机的中耕除草作业机，采用立式旋耕结构形式（图9－10），并采用液压马达直接驱动，机具部分技术参数参照小型旋耕机具，只是小型耕作机具一般采用卧式旋耕（铣切）作业形式，而该机则采用立式旋耕（铣切）结构形式，实际上是一只立式大铣刀，对切割土壤切割均匀省力，对杂草切断性能强，中耕与除草同时进行，这种耕作机构形式更适于茶树这种高杆窄行距作物行间的耕作。机具直接悬挂和联接在高地隙自走式多功能茶园管理机上，由液压驱动马达直接驱动，耕作机驱动液力马达使用进口 white WR 系列马达，型号 255115A6312BA，每车 2 只，并且可以与肥料深施机方便互换。

图9－10　多功能茶园管理机配套用中耕除草机

②肥料深施机。高地隙自走式多功能茶园管理机配套的茶园深松与施肥复式作业设备的肥料深施机（图9－11），可施用化肥、颗粒有机肥和复合肥等。是一种由液压方式驱动犁箭式深松器升降，同时由液压马达驱动振动深松，并通过送肥机构外把肥料斗送入排肥软管和硬管，均匀、无堵塞地输送到深松排肥器与深松土壤的空隙内，然后被自行盖肥覆土。

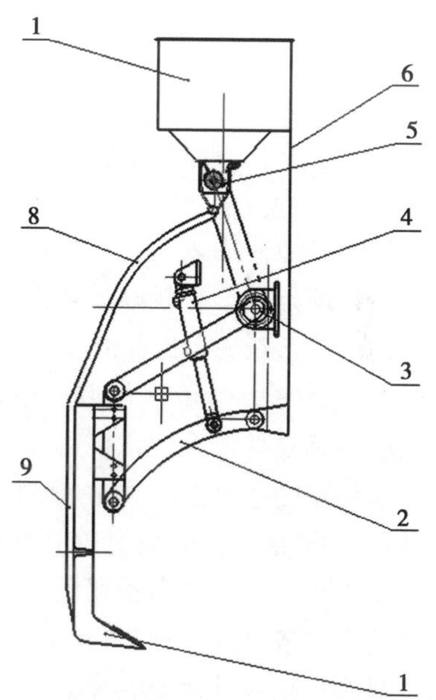

图9－11　肥料深施机作业原理示意图

1. 犁箭式深松器；2. 标准四杆升降机构；3. 液压马达；4. 升降油缸；5. 排肥器；6. 机架；7. 肥料斗；8. 排肥软管；9. 排肥硬管

肥料深施机主要结构由犁箭式深松器、四杆升降机构、液压马达、升降油缸、排肥器、机架、肥料斗、排肥软管、排肥硬管组成。犁箭式深松器穿透能力强且入土阻力小，在液压油缸驱动下完成升降自锁动作，以控制其犁土深度和无作业要求时离地高度。液压马达输出轴上的同心链可带动排肥器进行排肥，偏心外圆输出端可驱动四杆升降机构进行垂直振动深松，从而不仅有效地降低了行进过程中的阻力，也增加了施肥的均匀性。肥料斗中可投放约150kg的肥料，肥料经由排肥器由排肥软管在深松器背后进行导向后直接由排肥硬管排施到深松过的土壤中，极大地提高了肥药的有效利用率、深施肥药、节本增效。

（3）高地隙自走式多功能茶园管理机的应用效果。

①机器适应性。作业过程中对高地隙自走式多功能茶园管理机性能参数的测定情况见表9－5。

表9－5　茶园管理机主要性能参数测定表

外形尺寸（长×宽×高）（mm）	2520×2390×2400
履带宽度（mm）	240
液压油箱体积（L）	70
燃油箱体积（L）	70
原地左转弯半径（m）	1.15
原地右转弯半径（m）	1.13
道路行驶速度（km/h）	7.3
平均耗油率（L/h）	5.4

测试和各地使用表明，该机行走稳定，转弯半径小，对茶园地形、土质、气候、茶园管理条件等有较好的适应性。在茶园横向坡15°左右，茶园中没有无法越过的沟坑等，茶树行距150cm、茶篷高度小于100cm、行间修剪出约20cm的间隙通道的茶园中均可正常作业。该机宽度可以调整，在行距180cm的茶园中作业，性能当然更易发挥。该机可以实现原地转弯，在对现有茶园地头进行适当整理，使地头宽度达到2m左右，该机就可顺利回转和进行作业。加之该机均采用液压马达进行传动，结构简单，使用履带式行走机构，稳定性好，履带高度较小，宽度较窄，又行驶在茶树根部的行间最宽处，对茶树枝条损伤小。同时，该机整机结构配备合理，视野良好，操纵系统指示一目了然，操作简单方便，也易于调整保养，是一种适合在平地、低坡甚至缓坡茶园中使用的理想的茶园耕作机械。

②中耕除草作业效率。高地隙自走式多功能茶园管理机配套立式旋耕机进行中耕除草作业效率测定情况见表9－6。作业过程中机器运行稳定，经测定中耕除草时的碎土率达95.7%，耕除后杂草掩埋覆盖率达98%，并且耕作深度达12cm以上，完全超过人工中耕除草耕作深度。该机所使用的立式旋耕机，作业时能将行间中部土壤部分堆向两旁茶树根部，有对茶树培土的作用，利于茶树的生长。

表9-6　茶园管理机中耕除草作业效率测定表

测定次数	1	2	3	4	5	平均
旋耕盘个数（个）			2			
旋耕盘上旋耕刀数量（个）			3			
旋耕刀排列方式			圆周等距排列			
旋耕刀高度（mm）	304	306	305	306	305	305.2
旋耕刀直线间距（mm）	257	255	254	255	255	255.2
旋转直径（mm）	330	329	330	330	331	330
中耕耕深（mm）	135	135	120	105	130	125
中耕耕宽（mm）	390	420	380	350	380	384
机组工作速度（km/h）	1.50	1.51	1.51	1.49	1.49	1.50
生产率（hm^2/h）	0.46	0.44	0.45	0.47	0.46	0.46

③深松施肥作业效率。茶园土壤深松和肥料深施，是茶园中最繁重的作业之一，人工作业十分费力费时。使用高地隙自走式多功能茶园管理机进行深松和施肥同时完成，最高生产率可达每小时0.63hm^2（9.45亩），最低为每小时0.59hm^2（8.85亩），平均可达每小时0.62hm^2（9.3亩），深松深度可达30vm左右，十分有利于茶园土壤的疏松和改良，并且肥料深施于土壤中，避免了流失和浪费。同时，该机还可在中耕除草的同时进行肥料施用。该机的投入使用，使广大茶区从平地、低坡及部分缓坡茶园土壤深松和肥料深施的繁重体力劳动中解脱出来，劳动生产率显著提高（表9-7）。

表9-7　茶园管理机土壤深松和施肥作业效率测定表

测定次数	1	2	3	4	5	平均
深松铲数量（个）			2			
深松铲摆动频率（次/分）			227			
施肥方式			与深松同时进行			
肥料种类			化肥、颗粒有机肥或复合肥			
施肥量（kg/亩）			0~550可调			
深松深度（mm）	290	295	315	310	305	303
深松宽度（mm）	200	230	200	200	205	207
机组工作速度（km/h）	1.96	1.89	2.03	2.00	2.02	1.98
生产率（hm^2/h）	0.60	0.59	0.62	0.62	0.63	0.62

注：亩是非法定单位，1亩≈667m^2（1/15 hm^2），以下同。

第五节　机械化植保

随着农用化学药剂的发展，喷施化学制剂的机械以日益普遍。这类机械的用途包括：喷洒杀菌剂或杀虫剂防治植物病虫害；喷洒除草剂，消灭莠草；喷洒药剂对土壤消毒、灭菌；喷施生长激素以促进植物生长。国内外植物保护机械化总趋势是向着高效、经济、安全方向发展。对于茶园植保而言，既可选用适合的一般农用植保机械，也有相应的茶园专用植保机械供选用。

一、茶树植保的施药方法

目前茶树病、虫、草害防治，特别是化学农药防治，均采用植保机械进行农药喷洒，方法简单，效果好，作业效率高。由于喷施的药剂和机械不同、防治场合各异，防治时的施药方式和方法也不一样，这些方式和方法概括起来有以下几种。

1. 喷雾

是茶园中常用的施药方法，是将各种乳剂、可湿性粉剂等加水稀释，用喷雾器械把药液喷洒出去，使药液形成雾滴，并附着在茶树枝叶上，达到消灭病、虫害的目的。喷雾时要求雾滴大小合适，浓度一致，在茶树枝叶上分布均匀，粘着性好，有一定射程和喷幅，达到使枝叶均匀湿润之目的。

2. 喷粉

这种方式茶园中应用不多，它是将粉剂用喷粉器械所产生的高速气流喷洒成粉雾，粘附在作物枝叶上，达到病虫害防治之目的。特点是要求粉粒细小均匀，有一定射程和喷幅，但粉粒又不能太细，以免受气流影响而飘散，反而不易粘附在作物上，喷粉式施药在茶园中应用较少。

3. 弥雾

也称低容量喷雾。是将农药液剂，利用弥雾（低容量）机械所产生的高速气流作用，对雾滴进行进一步的破碎，形成直径 50 ~ 100μm 的细小雾滴，呈弥雾状喷洒到茶树枝叶上。弥雾要求雾滴细而均匀，覆盖面积大，药液不易流失。

4. 微量喷雾

也称超低容量喷雾。使药液通过高速旋转地雾化转盘甩出，形成比弥雾直径更为细小的雾滴，逐渐沉降在茶树枝叶上，微量喷雾的农药可以不用或少用稀释用水。

5. 喷烟

利用燃料在喷烟机械内燃烧，并喷射燃烧所产生的高温高速气流，使烟中容易挥发的药剂受热蒸发，分裂成极细的雾滴，随同燃烧后的废气一同喷出，而均匀附着在植株枝叶上。这种雾滴的直径小于 20μm，形成的烟雾能在空气中长时间飘移不散，从而能有效地附着于植株的各个部位，达到病虫害防治的目的。喷烟式防治方法茶树上应用相对较少。

6. 涂抹

将农药加固着剂用水制成糊状物，直接涂抹在作物茎秆上，用以消灭害虫，可以用在茶树上一些枝干性虫害的防治，但由于操作较繁，实际应用较少。

7. 毒饵

利用害虫喜食的饵料与有胃毒作用的药剂拌和在一起，形成毒饵，撒布在茶园内，诱食害虫。

8. 土壤处理

利用喷雾、喷粉、毒饵或土壤注射器，将农药施于地面或将药液注入土壤内，用以防治病、虫、草害。

二、茶树植保机械的分类

由于茶园病虫害防治，使用的农药和施药方式类型较多，故决定了茶园植保机械的类型和分类方法也较多。

1. 按施用农药剂型和用途分类

茶树植保机械按施用农药剂型和用途分类，可分为喷雾机、喷粉机、喷烟机、毒饵撒布机和土壤消毒机等。

2. 按配套动力分类

茶树植保机械按配套动力分类，可分为人力手动植保机械、畜力植保机械、小型动力植保机械、大型牵引、悬挂和自走式植保机械等。

3. 按操作、携带和运载方式分类

茶树植保机械按操作、携带和运载方式分类，可分为手动式、小型动力式、大型动力式等类型。手动式茶树植保机械又可分为手持式、手摇式、肩挂式和踏板式等。小型动力式茶树植保机械又可分为手提式、背负式、担架式和手推车式等。大型动力式茶树植保机械又可分悬挂式、牵引式和自走式等。

4. 按施药量多少分类

茶树植保机械按施药量多少分类，可分为高容量（常量）喷雾、中容量喷雾、低容量（弥雾）喷雾和超低容量（微量）喷雾，各类容量喷雾机的雾滴直径和施药量等性能见表 9－8。

表 9－8 各种容量喷雾机施药性能表

喷药容量	符号	药械及施药量（L/亩）		喷孔直径（mm）	雾滴直径（μm）	树冠沉积率（%）	防治效果
高容量（常量）喷雾法	HV	手动喷雾器 机动喷雾器	>450	>1.3	150～300	<50	差，不经济，污染环境
中容量喷雾法	MV	手动喷雾器 机动喷雾器	40～450	0.7～1.0	100～150	比高容量法提高 8%～16%	对丛面、丛内害虫有效
低容量（弥雾）喷雾法	LV	手动吹雾器 机动弥雾机	4.5～45		100～150	对树冠芽叶害虫中靶率可达近 80%	经济、有效

（续表）

喷药容量	符号	药械及施药量（L/亩）		喷孔直径（mm）	雾滴直径（μm）	树冠沉积率（%）	防治效果
超低容量（微量）喷雾法	ULV	手持电动超低容量喷雾器、机动喷雾机	0.45 ~ 4.5		10 ~ 90		工效高、效果好、药液浓度高、安全性较差

高容量喷雾又称常量喷雾，是常用的一种农药低浓度的施药方法。由于喷雾量大，能充分湿润茶树叶片，经常是以湿透叶面为限并逸出，流失严重，造成污染。这种喷雾雾滴直径较大，受风的影响小，对喷药人员相对来说较安全。茶园多分布于山区，因用水量大，使用起来较困难。

低容量喷雾又称弥雾，所喷农药药液的浓度为高容量喷雾的许多倍，雾滴直径也较小，增加了药剂在茶树枝叶上的附着能力，减少了流失，既具有较好的防治效果，又提高了功效，是目前茶园中大力推广应用并替代高容量喷雾的喷雾方法和机械类型。

中容量喷雾，是随着喷雾机械技术的发展，有些喷雾机本身或者通过更换喷头喷片，所喷洒的雾滴直径，可介于高容量和低容量喷雾喷洒雾滴直径的中间，并且多接近于低容量喷雾，通常把这种喷雾类型称之为中容量喷雾。中容量喷雾由于喷洒的施药量和雾滴直径介于上述两种方法之间，叶面上雾滴也较密集，并不致产生流失现象，可保证对茶树枝叶的完全覆盖，是近年来新出现的机械施药形式。

超低容量喷雾是近年来应用于茶树病虫害防治的一种新技术。它将少量的农药药液（原液或加少量的水），用施药机械分散成极细小的均匀雾滴，借助风力吹送飘移、穿透、沉降到茶树枝叶上，获得最佳覆盖密度，达到防治目的。但是，由于超低容量喷雾雾滴细小，飘移是一个大问题，要求应用在大面积的茶园中，并使用低毒或无毒农药，并要特别强调喷药安全。

三、常用的茶园植保机械

1. 人力喷雾器

人力手动喷（弥）雾器，是一种不使用任何动力源、由人力进行驱动的喷药机械。国内茶园中使用的人力喷雾器主要有背负式手动喷雾器、肩挂压缩式喷雾器和踏板式喷雾器等。

人力喷雾器的特点：人力喷雾器结构简单、价格便宜、操作方便、作业成本低廉、适应性强，直至目前，还是农村广大农户茶园中使用的茶树主要施药机械。但是这类机械的缺点是防治效率低，无法适应病虫害突发、需大面积防除时的使用。通过改变喷片孔径大小，既可作常量喷雾，也可作低容量喷雾。进行低容量喷雾时，要求风速应在 1 ~2m/s；进行常量喷雾时，风速应小于 3m/s，当风速大于 4m/s 或遇降雨和气温超过 32℃时，不允许喷洒农药。

应根据茶园不同作业要求，选择合适的喷洒部件。扇形雾喷头用于喷洒除草剂，可避免除草剂喷洒到茶树枝叶上；喷洒杀虫剂、杀菌剂使用空心圆锥雾喷头；单喷头适用于茶园小苗期的定向针对性喷雾或成龄茶园中的漂移性喷雾；双喷头适用于成龄茶园的蓬面定向喷雾；横杆式三喷头、四喷头适用于较宽蓬面定向喷雾。

2. 背负式手动喷雾器

背负式手动喷雾器的型号较多，结构上虽有少量差异，工作原理相同。工农—16 型背负式手动喷雾器是它们的典型代表，现以该机为例介绍背负式手动喷雾器的结构、工作原理和施药技术。

（1）负式手动喷雾器的主要结构。背负式手动喷雾器的主要结构和工作示意如图 9 - 12 所示。该机主要结构由药液桶（箱）、液压泵、空气室和喷洒部件组成。

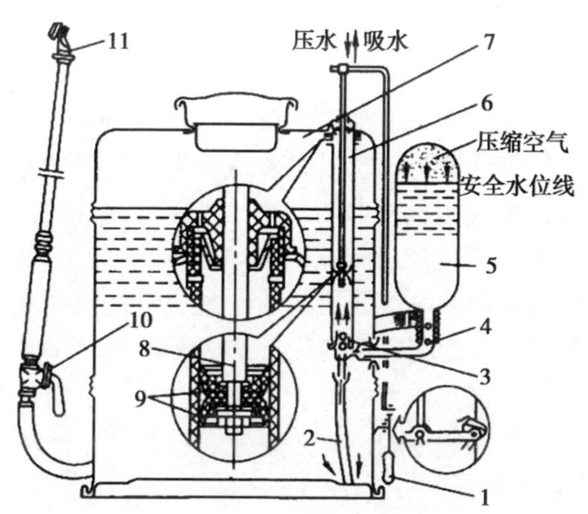

图 9 - 12　工农—16 型喷雾器结构和工作示意

1. 摇杆；2. 吸水管；3. 进水球阀；4. 出水球阀；5. 空气室；6. 泵筒；7. 药液桶；8. 活塞杆；9. 皮碗；10. 开关；11. 喷头

背负式手动喷雾器的开关，有直通开关和玻璃球开关等形式，开关要求操作灵活，不渗漏。近来开发研制出一种揿压式开关，已投入实际应用，可按作业需要，长时间或瞬间开启阀门，实现连续喷雾或点喷，密封性好，不漏药液。

喷头是喷雾器的主要工作部件，药液的雾化主要靠喷头来完成。生产中所使用的喷头，有空心圆锥雾喷头、可调喷头和标准型狭缝喷头等几种，可根据作业需要进行选购。带凸形喷头片的空心圆锥雾喷头，工作压力为0.3～0.6MPa，涡流室较深，喷雾角较小，可用于苗期茶园；带双槽旋水芯的空心圆锥雾喷头，工作压力0.3～0.6MPa，喷雾角为90°，雾滴较细，适用于茶树叶面喷洒；标准型狭缝喷头，工作压力0.2～0.4MPa，装在T形直喷杆上，可用于宽幅全面喷雾；可调喷头，工作压力0.2～0.4MPa，装在直喷杆上，拧转调节帽可改变雾流的形状，调节帽往前拧，则雾流的喷雾角变小，雾滴变粗，射程变远；往后调节则喷雾角变大，射程变近，射程变细。

（2）背负式手动喷雾器的工作原理。当操作者上下揿动摇杆时，通过连杆作用使塞杆在泵筒内作上下往复运动。塞杆行程为40～100mm。当塞杆上行时，皮碗活塞由下向上运动，皮碗下方由皮碗和泵筒组成的空腔容积不断增大，形成局部真空。药液桶内的药液在液面和空腔内的压力差作用下，冲开进水球阀，沿着进水管路进入泵筒，完成吸水过程。当塞杆下行时，皮碗活塞由上向下运动，泵筒内的药液被挤压，药液压力增高，进水球阀将进水孔关闭，药液通过出水阀进入空气室。空气室里的空气被压缩，对药液产生压力，打开开关后，药液通过喷杆进入喷头，被雾化喷出。药液由于回转运动的离心力及喷孔内外压力差的作用，通过喷孔与相对静止的空气介质发生撞击，被碎成细小的雾滴，喷洒在茶树枝叶上，雾滴直径约为100～300μm。

（3）电动背负式手动喷雾器。所谓的电动背负式喷雾器，是在背负式手动喷雾器基础上，将该机的手动液压泵改用抽吸器（小型电动泵）代替，用有关联接头、连接管进行连接，组成由药液桶经滤网、联接头、抽吸器（小型电动泵）、连接管、喷管、喷头依次联接连通构成的喷洒系统。抽吸器是一个小型电动泵，它用电线及开关与电池盒中的电池联接，电池盒装于药液桶底部，药液桶可制成带有沉下的装电池凹槽。电动喷雾器的优点是由于取消了手动抽吸式吸筒，从而有效地消除了农药外漏伤害操作者的弊病，并且省力，且电动泵压力比人手动吸筒压力大，增大了喷洒距离和范围，雾化效果好，省时、省力、省药。

3. 压缩式喷雾器

压缩式喷雾器是靠预先压缩的空气使药箱中的液体具有压力的液力喷雾器。具有结构简单，制造容易，价格低廉，适宜小型地块使用等特点。现以3WS—7型压缩式喷雾器为例，对其基本结构、工作原理和实用技术等进行介绍。

（1）缩式喷雾器的主要结构。压缩式喷雾器的主要结构由压气泵、药液桶和喷洒部件等组成，如图9－13所示。压气泵又由泵筒、活塞杆和出气阀等组成。泵筒底部安装有出气阀，出气阀要求密封可靠，保证压气筒在进气时药液不进入泵筒内部，活塞杆下端装有垫圈和皮碗等零件。药液桶由桶身、加水盖、出水管和背带等组成。药液桶除贮存药液外，还起空气室的作用，要求能承受一定压力并保持密封。桶身上标有水位线，以供监视和控制加液量。3WS—7型压缩式喷雾器的喷洒部件与工农—16 型等喷雾器相同。

（2）压缩式喷雾器的工作原理。压缩式喷雾器是利用压气泵将空气压入药液桶液面上面的空间，使药液产生一定的压力，经出水管和喷洒部件，形成雾状喷出。当活塞上拉时，泵筒下腔空气变稀薄，压强减小，出气阀在药液压力和吸力作用下关闭，空气在压力差作用下，通过皮碗上的小孔流入泵筒下腔。当活塞杆下压时，皮碗受到下腔空气的作用紧靠在垫圈上，封闭进气小孔，空气向下压开出气阀球而进入药液桶。如此不断地上、下拉压活塞杆，药液桶上部的压缩空气不断增多，打开开关，药液就被压入喷洒部件，而从喷头呈雾状喷出。

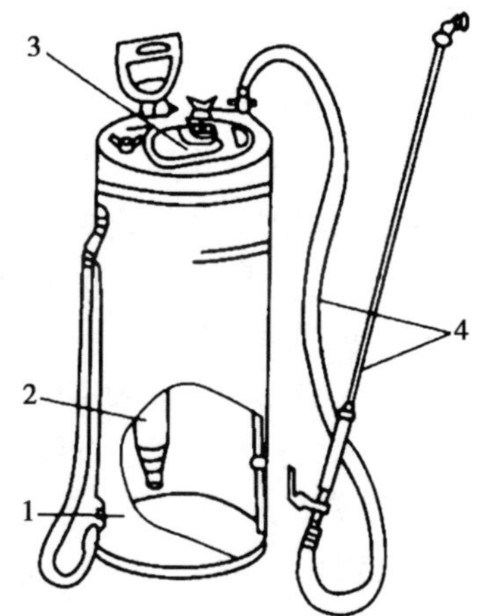

图 9－13　压缩式喷雾器

1. 药液桶；2. 气筒；
3. 加液盖；4. 喷洒部件

4. 手动吹雾器

手动吹雾器也是一种手摇加压、背负作业的手动背负喷药设备（图 9－14）。由于茶园中应用的手动喷雾器大多为高容量喷雾，故劳力消耗多，农药耗费量大，若采取更换喷片进行低容量喷雾也较麻烦。为了克服上述不足，中国农业科学院植物保护研究所等单位研制了一种手动吹雾器，它采用了超低容量和低容量之间且更接近于超低容量喷雾，每亩茶园使用的药液量仅为 1～1.5kg，实际上是一种手动弥雾机，可节省用水 98% 以上，大大节省了劳动力，很适宜在山区茶园应用。

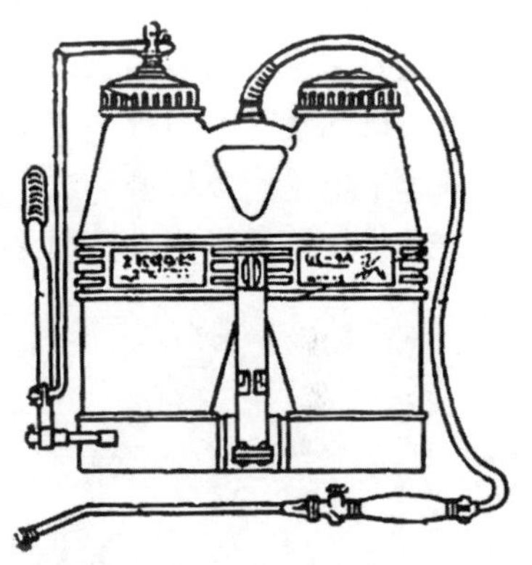

图 9－14　手动吹雾器

机动喷雾机是目前茶园中使用普遍的农业喷洒设备，常用者有背负式机动喷雾喷粉机和担架式机动喷雾机。茶树病虫害防治中常用的是喷雾，喷粉使用较少。

5. 背负式机动喷雾喷粉机

背负式机动喷雾喷粉机是茶园中逐步推广普及应用的机动喷雾器。目前全国背负式机动喷雾喷粉机生产厂家有 20 家左右，年产量达到几十万台，定型品种有 10 多种，结构大同小异，其中使用最多的是东方红—18 型背负式机动喷雾喷粉机。

（1）背负式机动喷雾喷粉机的特点。背负式机动喷雾喷粉机采用气压输液、气流输粉、气流喷雾喷粉方式，机器结构简单，工作可靠操作方便。喷雾、喷粉只要简单更换一下个别零件，即可进行不同作业。并且该类机型在喷雾时，只要更换一下喷头，即可分别实现低容量或超低容量喷雾，喷雾时雾滴细，附着力强，喷雾均匀。用于喷粉因风机风速、风量均较大，可将粉剂充分扬开，喷撒均匀，并可在离地面1m左右的空间内形成一片粉雾，并能保持一段时间，从而提高了粉雾的熏蒸作用，提高防治效果。该类机型操纵轻便、灵活、生产效率高，不受茶园地理条件和坡度的限制，只要是人可以走入，该机就可以使用，特别适用于山区、丘陵、不同大小地块茶园中的病、虫、草害防治，并可用于喷洒叶面肥和生长调节剂等。

（2）背负式机动喷雾喷粉机的分类。背负式机动喷雾喷粉机按工作转速、功率、分级结构等分类，有以下几种。

①按风机工作转速分类。背负式机动喷雾喷粉机的风机工作转速分，有5 000、5 500、6 000、7 000、7 500、8 000r/min等几种。当前5 500r/min以下的背负式机动喷雾喷粉机的年产量占全国总产量的75%以上。工作转速低，对发动机零部件精度要求低，可靠性易保证。但是提高工作转速可减小风机结构尺寸，降低整机重量。因此，目前国外背负式机动喷雾喷粉机都在向高工作转速发展。

②按功率分类。背负式机动喷雾喷粉机按配套发动机功率分，有0.8、1.18、1.29、1.47、1.70、2.1、2.94kw等几种。0.8kw的小功率背负式机动喷雾喷粉机，主要用于小块地的农药喷洒，小块或农户茶园中也有应用；1.18～2.1kw的背负式机动喷雾喷粉机，该机主要用于农作物的病、虫、草害防治，茶园中使用的基本上也是这类机型；2.94kw以上的大功率背负式机动喷雾喷粉机，主要用于树木、果树等乔木型农药喷洒，茶园中使用不多。

③按风机结构形式分类。背负式机动喷雾喷粉机的配套风机，一般采用离心式。按风机叶片出口角度不同，可分为径向式、前弯式和后弯式。

图9－15　背负式机动粉雾喷粉机

（3）背负式机动喷雾喷粉机的基本结构。背负式机动喷雾喷粉机的基本结构，主要由机架、离心风机、汽油机、油箱、药箱和喷洒部件等组成（图9－15）。

（4）背负式机动喷雾喷粉机的工作原理。背负式机动喷雾喷粉机可进行喷雾和喷粉作业，其作业原理如下。

①作为喷雾机使用时的工作原理。背负式机动喷雾喷粉机的离心风机与汽油机的动力输出轴直接相连，在进行喷雾作业时，汽油机带动风机叶轮旋转，所产生的高速气流，大部分经风机出口流往喷管，而少量气流经进风阀门、进气塞、进气软管和滤网，流入药液箱内，使药液箱内形成一定气压，药液在压力作用

下，经粉门、药液管和开关，流到喷头，从喷嘴周围的小孔以一定流量流出，先与喷嘴叶片相撞，初步雾化，接着再在喷口中受到高速气流冲击，进一步雾化，弥散成细小雾粒，并随气流吹到很远的前方茶篷上。

②作为喷粉机使用时的工作原理。背负式机动喷雾喷粉机的进行喷粉作业时，同样汽油机带动离心风机叶轮旋转，所产生的大部分高速气流，经风机出口流往喷管，而少量气流经进风阀门进入吹粉管，然后由吹粉管上的小孔吹出，使药箱中的药粉松散，以粉气混合状态吹向粉门。由于在弯头的出粉口处，喷管的高速气流形成负压，将粉剂吸到弯管内。这时药剂随高速气流、通过喷管和喷粉头吹向作物。

(5) 背负式机动喷雾喷粉机的使用效果。具体防治效果统计结果见表9-9，表中机动和手动机型均使用苏云金杆菌350倍喷雾，对照不施药，每个处理设3个重复，每个重复喷茶行400m，每台机器配2个熟练工人操作，其中1人供水到防治地块，1人对水防治。两种机器的喷雾工效和防治成本统计结果见表9-10，表中的亩成本费包括每亩的成本折旧、机器维修、燃油、人工和农药费总和。从上述两表中可以看出，机动喷雾机较手动喷雾器防治效果好，防治成本较低，这时目前机动喷雾机在生产中较受欢迎的主要原因。

图9-16　背负式机动喷雾喷粉机进行喷雾作业

表9-9　机动喷雾机与手动喷雾器防治茶黑毒蛾效果对比

喷雾机械类型	喷药1d		喷药3d		喷药5d		喷药7d	
	虫口减退率（%）	防效率（%）	虫口减退率（%）	防效率（%）	虫口减退率（%）	防效率（%）	虫口减退率（%）	防效率（%）
机动	60.9	60.9	66.4	56.9	81.8	78.8	98.7	98.5
手动	22.5	25.5	45.3	39.8	67.6	64.0	92.0	91.0
对照	0.0		9.1		10.0		11.1	

表9-10　机动喷雾机与手动喷雾器防治功效和成本统计

喷雾机械类型	防治面积（亩）	喷药时间（h）	用工人数（人）	亩成本（元）
机动	22.4	6	2	25.57
手动	10.3	6	2	37.05

6. 担架式喷雾器机

图 9－17　担架式喷雾机

担架式喷雾机，是一种将各个工作部件装在似担架式机架上的喷雾机(图 9－17)。由于作业时可由人抬着担架进行地块转移，故而得名。

(1) 担架式喷雾机的特点。担架式喷雾机一般装在似担架式机架上，也有将药箱和喷雾机统一装在拖拉机上进行转移的。特点是喷射压力高，射程远，喷量大，可以在小块茶园内进行作业和转移，适宜于周围有水源的丘陵山区茶园中进行各类病、虫、草害防治。缺点是需要较长的喷雾胶管，人工拉拽不方便。

(2) 担架式喷雾机的主要结构。担架式喷雾机的基本结构由液压泵、喷洒部件、吸水部件、担架式机架和动力机（含传动部件）等组成。按喷雾泵的形式不同又可分为担架式离心泵喷雾机和担架式往复泵喷雾机。以工农—36 型担架式活塞泵喷雾机为常用。担架式喷雾机的配套动力机有柴油机、汽油机和电动机等，可根据用户需求而定。

图 9－18　御茶村担架式喷雾机的专用药箱

(3) 担架式喷雾机的工作原理。动力机启动后，经传动部件带动液压泵运转，水从水源经过吸水部件、液压泵、喷洒部件喷出，由液压泵调压阀调节出水压力(图 9－18)。自动混药器一般装在液压泵出水口处，工作时，液压泵排出高压水流，通过喷射嘴后进入渐扩管，经喷雾胶管，由喷枪喷出。药液混合浓度由调节杆的不同孔径进行调节。

7. 静电式喷雾器

静电式喷雾是近年来发展起来的一种新技术，因为它使用微电机驱动进行超低容量喷雾，故也在机动喷雾技术中一并进行介绍。

常用的超低容量喷雾机为手持超低容量喷雾器，主要结构由微电机、干电池及导线、药液瓶及药液输送导管、叶轮、漏斗形喷药罩壳和手持操作杆等组成(图 9－19)。干电池就装在手持操作杆的内部，手持操作杆、药液瓶及药液输送导管、微电机与漏斗形喷药罩壳组装成一个整体，微电机的主轴深入到喷药罩壳内部，主轴上装有叶轮，用于将药液打成雾滴，干电池通过导线与微电机相连，打开开关干电池即会带动微电机和叶轮旋转。工作时，操作者双手手持操作杆，漏斗形喷药罩壳的罩壳口面对茶篷，使罩壳口与蓬面有适当距离，打开电源开关，微电机开始转动，驱动叶轮作7 000 ~ 8 000r/min 的高速旋转，药液由药液瓶经过药液输送导管缓慢地滴在旋转的叶轮上，由于叶轮外缘细齿的分割和叶轮高速回转离心力的作用，使药液变成极为细小的雾滴喷出，并使雾滴带电，适用于有导电性的各种农药制剂，这种雾滴的重量极轻，仅为几百万分之一克，并且雾滴直径小于 20μm。在电力场的作用下，带电雾滴能随气流飘到较远的地方，对目标茶树枝叶喷洒覆盖较均匀，碰到枝叶时，可立即黏附上去，且喷洒以后因风吹雨淋而流失的现象很少，所以，适于茶园中病、虫、草害防治应用，而以治虫效果最佳。怀柔农机厂在东方红—18 型喷雾喷粉机的基础上，加装了超低容量喷头，使之成为机动超低容量喷雾机，工作性能也良好。

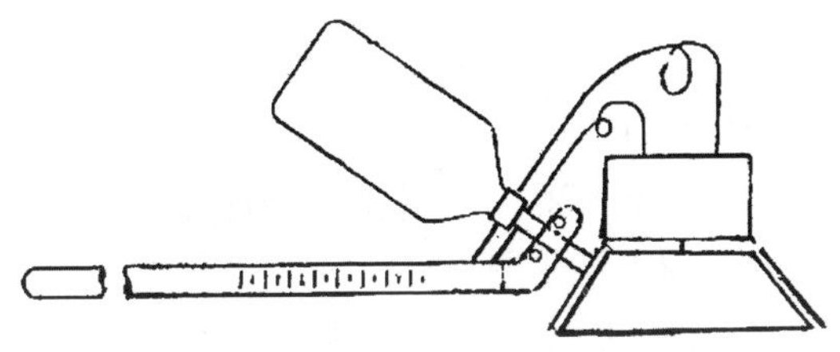

图 9 – 19　手持超低容量静电式喷雾器

由于超低容量类型的喷雾机具，均使用油剂农药而不兑水，十分适用于水源缺乏的山地茶园，能节约大量的运水和药液稀释用工，是一种高效的茶园施药机具。但超低容量喷雾机具作业时受风力、风向影响较大，使用药液的浓度高，稍微不慎易引起药害，且不能使用乳剂农药，故目前在茶园病虫害防治中使用尚不普遍。

8. 拖拉机或自走底盘悬挂式喷雾机

拖拉机或自走底盘悬挂式喷雾机，也称喷杆式喷雾机，是一种近年来才开始在茶园中使用的喷药设备。

（1）喷杆式喷雾机的主要类型。喷杆式喷雾机是一种将喷头安装在横向喷杆或竖向喷杆上的机动喷雾机。这类机型的特点是生产率高，喷洒质量好，是规模性茶园病虫害防治用的大型植保机械。可按喷杆配置方式和与拖拉机或自走底盘连接方式分类。

①按喷杆配置方式分类。喷杆式喷雾机按喷杆配置方式分类，可分为横喷杆式、吊杆式和风幕式。

a. 横喷杆式：横喷杆式的喷杆采取水平配置，喷头直接装在喷杆下部，是生产中应用最普遍的喷杆配置方式。农业部南京农业机械化研究所在所研制的高地隙自走式多功能茶园管理机上，配套开发研制的喷雾机，就是这种喷杆式喷药机械。

b. 吊杆式：吊杆式在横喷杆下面平行地垂吊着若干根竖喷杆，作业时，横喷杆和竖喷杆上的喷头对作物形成“门”字形喷洒，使作物的叶面、叶背等处能较均匀地被雾滴覆盖。主要用在棉花等作物的生长中后期喷洒杀虫剂、杀菌剂等，茶园中尚未见使用。

c. 风幕式：风幕式喷杆喷雾机是一种较新型的喷雾机，我国目前正处在研制阶段。它在喷杆上方装有一条气袋，有一台风机往气袋供气，气袋上正对每个喷头的位置都开有一个出气孔。作业时，喷头喷出的雾滴与从气袋出气孔排出的气流相撞击，形成二次雾化，并在气流的作用下，吹向作物。同时，气流对作物枝叶有翻动作用，有利于雾滴在叶丛中穿透及在叶背、叶面上均匀附着。主要用于对棉花等作物喷施杀虫剂，应该在茶树上也可尝试使用。

②按与拖拉机或自走底盘连接方式分类。喷杆式喷雾机按与拖拉机或自走底盘连接方式分类，可分为悬挂式、固定式和牵引式。

a. 悬挂式：悬挂式喷杆式喷雾机通过拖拉机三点悬挂装置与拖拉机相联接。

b. 固定式：固定式喷杆式喷雾机各部件分别固定装在拖拉机上。农业部南京农业机械化研究所研制的与高地隙自走式多功能茶园管理机配套使用的喷药机型，就是将杆式喷雾机各种部件固定在新研制的茶园管理机上的一种机型。

c. 牵引式：牵引式喷杆式喷雾机自身带有底盘和行走轮，通过牵引杆与拖拉机相联接。

(2) 喷杆喷雾机的主要结构。喷杆式喷雾机的主要结构由液压泵、药液箱、喷头、防滴装置、搅拌器和管路控制部件等组成（图 9－20）。喷杆式喷雾机的液泵主要有隔膜泵和滚子泵两种。药液箱通常用玻璃钢或聚乙烯塑料制作，耐农药腐蚀，其容积有 0.2m^3、0.65m^3、1.0m^3、1.5m^3 和 2.0m^3 等。喷头，有狭缝喷头和空心圆锥雾喷头等几种。狭缝喷头的扁平雾流，在喷头中心部位雾量多，往两

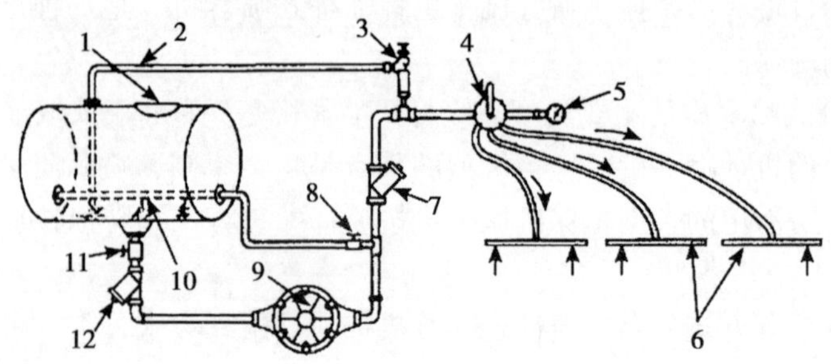

图 9－20　横杆式喷雾机的工作原理

1. 药液箱；2. 旁通回路管；3. 调压阀；4. 调节分配阀；5. 压力表；6. 喷头；7. 过滤器；8. 搅拌阀门；9. 液泵；10. 液力搅拌器；11. 阀门；12. 过滤器

边递减，装在喷杆上相邻喷头的雾流交错重叠，正好使整机喷幅内雾量分布趋于均匀。空心圆锥雾喷头有切向进液喷头和旋水芯喷头两种，主要用于喷洒杀虫剂、杀菌剂和作物生长调节剂，茶园中使用的多为这种喷头。当前常用的防滴装置有3种部件，分别是膜片式防滴阀、球式防滴阀、真空回吸三通阀。3种配置方式为膜片式防滴阀加口吸阀、球式防滴阀加回吸阀、膜片式防滴阀，用以上3种中的任何一种配置均可获得满意的防滴效果。搅拌器常用的搅拌方式，是利用药液泵的压力，在需要时打开搅拌阀门，让部分药液经过液力搅拌，然后返回药液箱，起到搅拌作用。横杆式喷雾机的喷杆依靠桁架进行折叠和展开，桁架并承担安装喷头的作用。按喷杆长度的不同，喷杆桁架一般可为3节、5节或7节，除中央喷杆外，其余各节可以向后、向上或向两侧折叠，便于运输和停放。

（3）横杆式喷雾机的工作原理。横杆式喷雾机工作时，由拖拉机或高架底盘动力输出轴驱动药液泵运转，将药液从药液箱中以一定压力排出，经过过滤器后进入调节分配阀，药液便通过喷杆上的喷头形成雾状喷出。

调压阀用以控制喷杆喷头的工作压力，当压力高时，药液通过旁通管路返回药液箱。若需进行搅拌，可以打开搅拌阀门，让一部分药液经过液力搅拌器，返回药液箱，起到搅拌作用。

9. 多功能茶园管理机配套的横杆式喷雾机

由农业部南京农业机械化研究所研制的高/低地隙自走式多功能茶园管理机，均具备配套喷雾机进行植保作业的功能，是国内茶园唯一专用的配套在高/低地隙茶园高架底盘上的喷雾机（图9－21）。

图9－21　高地隙茶园管理机配套横杆式喷雾机

（1）高地隙自走式多功能茶园管理机配套喷雾机。高地隙自走式多功能茶园管理机所配套的喷雾机，是一种横杆式喷雾机。主要由药液泵、药箱、喷杆、喷头等组成。药液箱用工程塑料制成，固定装置在管理机的作业平台上，药液泵采用国产CBQ－G520－AFPR型齿轮泵，液泵输出流量为76L/min，由进口white液压马达驱动，液压马达型号255040A6312BA。喷杆共有5节，左右各2节可折叠，作业时向两边放开，作业结束折叠收拢，便于运输。该机一次作业宽度可达12m，同时可喷四行茶树，由液力驱动马达驱动药液泵，将药液从药液箱吸出通过管道以一定压力送入喷杆，然后从喷头形成药雾喷出，均匀喷洒在茶篷上。

高地隙自走式多功能茶园管理机配套喷雾机，进行茶树植保喷雾作业效率测定结果见表9-11。作业时，每个行程可同时完成4行茶树的喷雾，作业效率可达0.99hm²/h（14.85亩），如全班作业（8h）计算，约可完成8hm²（120亩）茶园防治任务。实现了高效宽幅的喷雾作业，药液雾化均匀，可以实现大面积茶园及时有效的病、虫、草害防治，显著提高了施药工效，减轻了施药劳动强度，保证了施药安全。该机的作业质量情况如各喷头喷量、变异系数等作业质量指标测定情况见表9-12，从中可以看出，作业质量较好。

表9-11 高地隙茶园管理机配套喷雾机工作参数实测

喷头个数（个）	9
喷头间距（mm）	736
喷管长度（mm）	5890
喷杆直径（mm）	22
药液箱体积（L）	200
喷药行驶速度（km/h）	2.2
喷施效率（hm²/h）	0.99（14.9亩/h）

表9-12 喷雾机各喷头喷量、变异系数测定表

测次		测次（测定单位 kg/min）			各次喷量（kg/min）	次平均喷量（kg/min）
		1	2	3		
喷头1		22.06	1.80	2.02	5.88	1.96
喷头2		2.84	2.40	2.24	7.48	2.49
喷头3		3.30	2.80	2.70	8.80	2.93
喷头4		3.60	2.90	2.66	9.16	3.05
喷头5		2.80	2.40	2.36	7.56	2.52
喷头6		3.30	2.80	2.70	8.80	2.93
喷头7		2.90	2.50	2.58	7.98	2.96
喷头8		2.40	2.40	2.46	7.26	2.43
喷头9		2.46	2.00	2.30	6.76	2.25
每次各喷头总喷量		25.66	22.00	22.02		
各喷头平均喷量		2.85	2.40	2.40		
各喷头喷量的一致性	标准差S（g）	0.42	0.30	0.18		
	变异系数V（%）	14.7	12.5	7.5		

（2）低地隙自走式多功能茶园管理机配套喷雾机（图9-22）。低地隙自走式多功能茶园管理机所配套的喷雾机，同样是一种横杆式喷雾机，喷洒幅度略小于与高地隙多功能茶园管理机配套的喷雾机。同样主要由药液泵、药箱、喷杆、喷头等组成。药液箱用工程塑料制成，固定装置在管理机的作业平台上，同样由液压系统驱动。喷杆共有5节，左右各2节可折叠，作业时向两边放开，作业结

束折叠收拢，便于运输。该机一次作业宽度可达6m，同时可喷2行茶树，由液力驱动马达驱动药液泵，将药液从药液箱吸出通过管道以一定压力送入喷杆，然后从喷头形成药雾喷出，均匀喷洒在茶篷上。

图9－22　低地隙多功能茶园管理机配套横杆式喷雾机

低地隙自走式多功能茶园管理机配套喷雾机，进行茶树植保喷雾作业效率测定结果见表9－13。作业时，每个行程可同时完成2行茶树的喷雾，作业效率可达0.3（4.5亩/h），如全班作业（8h）计算，约可完成2.4hm^2（36亩）茶园防治任务。实现了高效宽幅的喷雾作业，药液雾化均匀，可以实现大面积茶园及时有效的病、虫、草害防治，显著提高了施药工效，减轻了施药劳动强度，保证了施药安全。该机的作业质量情况如各喷头喷量、变异系数等作业质量指标测定情况见表9－14，从中可以看出，作业质量较好。

表9－13　低地隙多功能茶园管理机喷雾机主要性能参数测定表

测定项目	测定值
喷头个数（个）	10
喷头间距（mm）	540
喷杆直径（mm）	22
药液箱体积（L）	150
喷药行驶速度（km/h）	1.8
喷施效率（hm^2/h）	0.3（4.5亩/h）

表9－14　低地隙多功能茶园管理机植保设备各喷头、变异系数测定

喷头	1（g/min）	2（g/min）	每次各喷头总喷量（kg/min）	每次各喷头平均喷量（kg/min）
1	219.2	230.2	449.4	224.7
2	220.4	221	441.4	220.7
3	225.2	234.5	459.7	229.85
4	223.4	215.9	439.3	219.65
5	235	225.8	460.8	230.4
6	211.7	230.2	441.9	220.95
7	232.8	219.6	452.4	226.2
8	220.9	232.4	453.3	226.65

（续表）

喷头		1（g/min）	2（g/min）	每次各喷头总喷量（kg/min）	每次各喷头平均喷量（kg/min）
9		227.4	219.5	446.9	223.45
10		201.5	231.2	432.7	216.35
各喷头排量一致性	标准差（g）			8.4	
	变异系数 V(%)			3.75	
喷药行驶速度（km/h）			1.8		
喷施效率（hm^2/h）			0.3		

10. 吸虫机

吸虫器是茶树虫害防治的一种新型设备，也是一种不需要施用农药的绿色防治设备。目前开发的吸虫机有两种形式，一种是与高地隙自走式多功能茶园管理机配套的吸虫机，一种是在背负式机动喷雾喷粉机基础上改装的吸虫机。

（1）高地隙自走式多功能茶园管理机配套的吸虫机。与高地隙自走式多功能茶园管理机配套的吸虫机，安装在茶园管理机上，由茶园管理机悬挂作业。主要结构由离心式风机、风管、吸虫漏斗和集虫箱等部件组成。吸虫漏斗通过风管与离心风机的进风口相连接，而集虫箱通过管道与风机出风口相连接。作业时，管理机提供的动力，带动离心风机运转，离心风机通过风管，使吸虫漏斗下部产生负压，这时茶园管理机匀速向前行走，与茶篷篷面形状基本一致的吸虫漏斗，从茶篷篷面上部经过，由于吸虫漏斗内的负压作用，便将茶树上的害虫，如会飞的假眼小绿叶蝉成虫吸进吸虫罩斗，并通过风管进入风、虫分离室，而被收集在集虫箱中，达到消灭害虫之目的。使用证明，该机在假眼小绿叶蝉成虫等害虫高发期间使用，效果良好。该机开发初期，如图 9 - 23 所示，曾将吸虫漏斗装于茶园管理机后部，由于机器作业时，茶园管理机先行吸虫漏斗走过茶篷，会将部分假眼小绿叶蝉等成虫驱赶飞走，影响防治效果。为此，新一轮机具将吸虫漏斗装在了茶园管理机前部，防治效果大为改善。

图 9 - 23　高地隙茶园管理机配套吸虫机

（2）背负式机动喷粉喷雾粉机基础上改装的吸虫机。在背负式机动喷粉喷雾粉机基础上改装的吸虫机，是在机器原有机构基础上，拆除喷管，在喷管与风机接口处捆接上集虫布袋；并利用原有风机，在进风口处装置吸虫软管，软管终端接吸虫漏斗，吸虫漏斗上装有手持把手，从而改装成背负式吸虫机（图9－24）。

作业时，启动机器，操作者背负吸虫机，手持吸虫漏斗，将吸虫漏斗置于前方的茶篷上部，与茶篷篷面保持适当距离，匀速向前行进。这样，在发动机的带动下，风机运转，通过吸虫软管使吸虫漏斗进风口内形成真空，从而将吸虫漏斗下部所覆盖处的假眼小绿叶蝉等害虫成虫吸入进风口，并通过吸虫软管进入风机，然后从喷管接口被吹入集虫袋，达到除虫之目的。初步使用表明，性能良好。

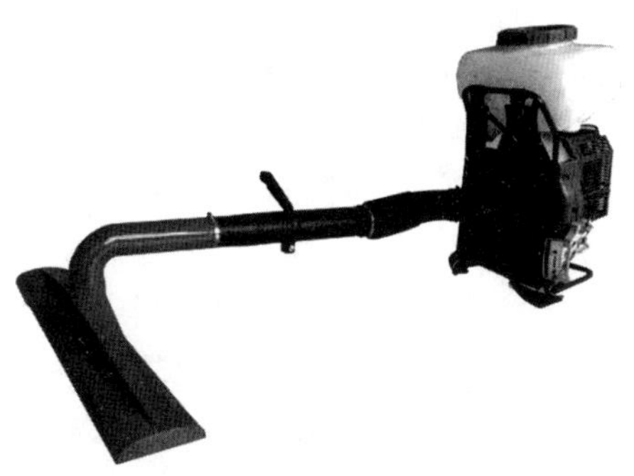

图9－24　用背负式机动喷粉喷雾粉机改装的吸虫机

11. 灯光诱杀技术

灯光诱杀技术是利用昆虫均有一定的趋光性，设计出各种光诱装置，使用光线引诱农作物包括茶树害虫将其杀死的技术和设施。

（1）灯光诱杀技术的特点。灯光诱杀是一种仅对有趋光性害虫有效的物理防治技术，它无化学农药污染，可以称为是一种无公害或绿色的茶树保护新技术。但是它也存在不足，显著的缺点是对有趋光性天敌昆虫同样有诱杀作用，故使用时应避开天敌高峰期，合理使用。现在一种新型的频振式杀虫灯已在生产中广泛使用，它应用光、电结合的诱杀方式，即先用灯光诱集害虫，然后利用高压电网将害虫杀死，对植食性害虫有极强的诱杀力，诱杀害虫种类多，对天敌相对安全，比较适宜于在茶园中使用。

（2）杀虫灯的类型。杀虫灯可以按使用的光源类型、电源类型和使用场合进行分类。

①按使用光源分类：生产中所用的光诱器即通常所讲的诱虫灯，所用光源有白炽灯、日光灯、黑光灯、高压汞灯、频振式杀虫灯以及近年来出现的铊、镓、钴灯等新型金属卤化物灯等。

②按使用电源类型分类：按用于杀虫灯的电源来分类，有使用蓄电池提供12V直流电、使用220V交流电和使用太阳能电池板为电源等类型。蓄电池供电，需经常充电，使用起来不方便，适于用电不方便的偏远山区使用；使用220V交流电的诱虫灯成本低，目前应用较普遍，但需要在使用田间拉电线；使用太阳能电池板为电源，虽购机价格较高，但因不需拉电源线，安装使用方便，目前普及推广非常快。

（3）生产中常用的杀虫灯。当前生产中常用的诱虫灯，有黑光杀虫灯和使用常规电源或太阳能电板电源的频振式杀虫灯等。

①黑光杀虫灯：黑光杀虫灯是当前生产中应用仍较普遍的杀虫灯类型。

以茶园中常用的黑光杀虫灯为例，其基本结构由220V常规电源、黑光灯管、防雨罩、灯架、挡虫板、害虫收集器和支架等组成（图9－25）。

黑光灯的工作原理是，当电源开关接通，黑光灯管内激发离子，在两极间高电压所形成的电场作用下，先是使灯管内的氩气电离而放电，随着放电的进行，管内温度升高，由汞汽化电离逐渐代替了氩气的放电，而发出2 573埃（A）的紫外线。这种紫外线激发管内的荧光粉，发出3 500埃（A）的紫外线，由于昆虫的趋光性和对紫外光一定波段的敏感性，被诱集到灯下，落入害虫收集器内，达到诱杀之目的。

图9－25　黑光诱虫灯

②频振式杀虫灯：频振式杀虫灯是一种使用频振灯管作诱虫光源的诱虫灯，目前在生产中使用越来越普遍。

a. 频振式杀虫灯的基本构造：频振式杀虫灯的基本结构由电源、频振灯管、高压电网、害虫收集器、绝缘柱和控制箱等组成（图9－26）。电源与黑光杀虫灯一样，用220V常规电源，拉电线到茶园内；也有直接使用蓄电池做电源的，但因不方便，应用较少。目前逐步使用较多的是太阳能光伏电板加蓄电池形式电源，被称为太阳能频振式诱虫灯，白天光伏电板接受阳光发电，并将电能贮存在蓄电池中，蓄电池容量不同，可以并联带动1～10台杀虫灯。太阳能频振式诱虫灯，不用拉线，所有部件均在出厂前已装配好，安装时将绝缘柱栽在茶园内，将灯具总成装在绝缘柱上即可使用。频振式杀虫灯的另一大特点是在频振灯管周围装有高压电网，工作时可产生2 000V以上的高压，害虫飞近接触会立即被击昏或击死，而掉入害虫收集器内，显著提高了杀虫效果。由于高压电网通过的电流很小，不会造成人畜触电，使用安全。并且目前使用的频振式杀虫灯，由于电网的特殊绕线方式，还具有电网电击栅的自动清除功能，可以自动清除由于高压触杀而粘在栅格上的虫体和粘液。害虫收集器

图9－26　太阳能频振式杀虫灯

位于诱虫灯和高压电网下部，可以是塑料盒，也可以是布袋，用以收集由灯光诱集并被高压击杀的虫体。

b. 频振式杀虫灯的使用效果：大量调查表明，频振式杀虫灯能诱杀农、林、果、茶、蔬菜等害虫1 000多种，每盏灯控制面积30～50亩，可降低昆虫产卵量70%左右，替代部分化学农药防治，一般可减少化学农药用药2～3次。仅浙江省保有量已达20多万台。

12. 色板和信息诱杀技术

色板和信息诱杀技术，在20世纪80—90年代就已出现，但未能在茶园中广泛应用。近几年利用小绿叶蝉、黑刺粉虱、茶蚜等茶树害虫都具有趋黄、绿色等特性。使用色板诱、粘杀小绿叶蝉、黑刺粉虱等茶园害虫的技术，在茶园虫害防治中，应用已经较普遍。

（1）化学引诱器。化学引诱器又称化学诱捕器，是根据昆虫的趋化性行为设计的灭虫器具，它能针对不同昆虫趋化性行为，提供相应的引诱化学物质，加以诱杀或诱捕。以上海昆虫研究所等单位20世纪60年代自行制造盒式诱捕器最为完善，制作方便，结构简单，可随身携带，对诱杀鳞翅目、双翅目等多种害虫效果良好。

盒式诱捕器是根据昆虫飞翔特点、交配行为而设计的纸质粘胶型诱捕器。盒中心放有一只由用人工合成性引诱剂的胶管诱芯，不同引诱剂，其诱虫对象专一。而盒内壁涂有粘虫胶，粘虫胶使用的原料为低分子聚异丁烯、无规聚丙烯干剂和18号机械油等。配置时将低分子聚异丁烯中按1：1加入聚丙烯干剂进行混合，为加快溶解，可用电炉等加温，并不断搅拌均匀，形成粘虫胶。也可在增粘剂无规聚丙烯中直接加入机械油溶解制成粘胶，两者比例以7：3进行混合，然后用水溶加温搅拌均匀，待粘质降低，变得可以流动，即形成可使用的粘虫胶。将粘虫胶均与涂抹在纸质硬板或塑料板上，即形成用于粘虫的粘虫板。

20世纪推荐茶园、果园和农田均可应用的诱捕器，有一种称之为三角形诱捕器形式。它用1mm厚的表面上蜡的硬卡纸做成，可以防雨，尺寸大小如图9－27所示。折成三角形后，内壁涂上粘胶，橡皮诱芯塞贴在粘胶上，用直径2mm铅丝按图示形状弯成挂钩，将内设橡皮诱芯的三角形胶板挂住，形成一只完整的诱捕器。使用时将其挂在茶园、果园或农田内，悬挂高度与目标害虫虫蛾的活动高度保持一致。当时为了强化诱杀效果，有时还在粘胶中加入少量的杀虫剂，一般如每千克粘胶中加入2.5%溴氰菊酯100～200ml，被诱来的成虫即使未接触粘胶表面，也可被击倒死亡。

（2）色板诱杀技术。假眼小绿叶蝉和黑刺粉虱是当前中国茶区对茶树危害较严重的两种害虫。研究表明，这两种害虫的成虫对黄、绿色特别敏感并有趋集性，这就为应用色板进行诱杀提供了可能性。当前，色板诱杀技术已得到广泛应

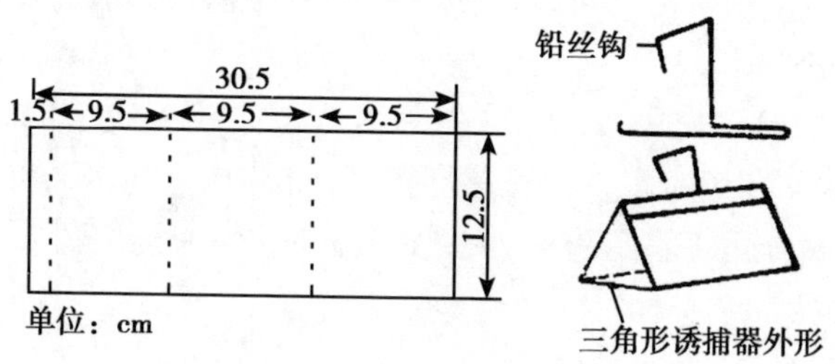

图 9 – 27　三角形诱捕器

用。图 9 – 28 为色板诱杀技术分别对假眼小绿叶蝉和黑刺粉虱的捕杀效果。

图 9 – 28　黄板对假眼小绿叶蝉（左）和黑刺粉虱（右）的诱杀效果

（3）味源诱杀。也被称作食饵诱杀，即利用害虫对某些气味具有趋化性，而使用一些饵料发出气味来进行诱杀。常用的有糖醋诱蛾法，就是将糖、醋和黄酒按 4.5∶4.5∶1 的比例，放入锅中文火熬煮成糊状（亦可加入适当比例的化学农药），一部分倒入盆钵底部，另一部分涂抹在盆钵的内壁上，再将盆钵放在茶园中，诱集具有趋化性的茶卷叶蛾和地老虎等害虫的成虫。这些害虫在飞入盆钵取食时，会触及糖醋液被粘连或中毒而死。此外，用米糠、麦麸在锅中炒出香味，可直接堆积用来诱杀地老虎幼虫或白蚁、蟋蟀等杂食性害虫。

13. 核型多角体病毒防治技术

利用茶尺蠖核型多角体病毒和茶毛虫核型多角体病毒等对 1 ~ 2 龄茶尺蠖和茶毛虫等害虫进行防治，对人畜无害，不杀伤天敌，害虫取食喷有病毒的芽叶患病瘫痪死亡，喷洒一次可控制数代害虫发生。

第六节　机械化修剪与采摘

茶树修剪和采摘机械是茶园作业机械的重要组成部分，而且是目前茶叶生产中需求最为迫切的机械。虽然按作业性质分，茶树修剪机械属于茶园管理机械范畴，而采茶机属于收获机械范畴，但因两中机械的结构基本相似，并且配套使用，故在同一章内进行讨论。茶叶行业中，广义的采茶机械往往也将茶树修剪机械包含在内。

一、采茶机械的分类和工作原理

因采茶机和茶树修剪机通常是配套使用，作业原理相似，故下面统称采茶机械讨论其分类和作业原理。

1. 采茶机械的分类

采茶机械的分类方式一般有按配套动力形式、操作方式、切割方式、切割器形式不同等进行分类。

（1）按配套动力形式不同分类。采茶机械按配套动力形式不同分类，有人力或畜力驱动、机动和电动等类型。随着工业化水平的提高，目前人力或畜力驱动的采茶机械已很少应用，除了一些农户和小型茶叶生产企业还使用剪枝剪即大剪刀进行茶树修剪和边销茶鲜叶原料的采摘外，像手动人力采茶机等在生产中使用已很少见，而当前生产中应用的主要是机动和电动采茶机械，又以机动采茶机型应用最普遍。

机动采茶机械，就是以小汽油机为动力的采茶机械，在采茶机和茶树修剪机上应用最广泛，它机动灵活，功率大，作业效率高，重量较轻，缺点是噪音和振动较大，保养要求也较高。当然，在一些自走式机型上，也有使用柴油机为动力的。

电动采茶机械，是一种以小型发电机组或蓄电瓶为动力的采茶机械。小型发电机组一般使用以汽油机为动力的直流发电机组，将其固定放置于茶园地头，采茶机或茶树修剪机上装有小型直流电动机，用电线将发电机组与采茶机或茶树修剪机机头相连接，往往一个发电机组可带动多台采茶机或茶树修剪机作业。蓄电瓶为动力的采茶机械，一种为将蓄电池固定放置于茶园地头，用电线将蓄电池与采茶机或茶树修剪机机头相连接，另一种将蓄电池直接由操作者背负，以很短电线与采茶机或茶树修剪机机头相连接，驱动机头进行采摘或修剪作业。电动采茶机械噪音小，无污染，维修方便，但是将发电机组或蓄电池置于地头的采茶机械，需要拖一根很长的电线，加之茶篷阻碍，作业很不方便，同时蓄电池背负较笨重，还需要及时充电。

（2）按操作方式不同分类。采茶机械按操作方式不同分类，有单人手提式、双人抬式、半自走式、自走式和乘坐式等形式。单人采茶机和茶树修剪机均有电动和机动两种形式，机动采茶机一般由操作者背负小汽油机，双手持采摘器进行作业；单人茶树修剪机一般将汽油机与切割器连为一体，由一人两手手持作业；双人采茶机和茶树修剪机以汽油机作动力，由两人手台作业；自走式和乘坐式采茶机和茶树修剪机的行走方式有履带式和轮式两种，采摘和修剪用的切割器悬挂在自走式行走装置和乘坐式自走底盘上，乘坐式机型使用履带行走方式较多。半自走式的采摘器则一端悬挂在自走式行走装置上，一端以手抬作业。当前生产中主要使用的机种单人和双人采茶机或茶树修剪机。

（3）按切割方式不同分类。虽然国内外探讨过多种鲜叶采摘原理，但目前投入生产应用的基本上为切割式。切割式的工作原理被广泛应用在机、电动单人、双人、半自走、自走和乘坐式采茶机和茶树修剪机以及修边机上，按其切割形式，又可分为往复切割式、螺旋滚刀式和水平勾刀式。其中往复切割式应用最普遍，性能被认为最好，而水平勾刀式仅在单、双人等采茶机上有所应用。

（4）按切割器形状不同分类。采茶机和茶树修剪机按切割器形状不同，也就是刀片形状不同进行分类，有弧形和平形两种，单人采茶机、茶树修剪机和修边机形式主要用在幼龄茶园、密植茶园和大叶种茶区的茶树修剪和鲜叶采摘，弧形刀片主要用于中、小叶种成龄茶园的修剪和鲜叶采摘。而衰老茶园的台刈作业，目前多用割灌机，以单人背负汽油机，手持刀杆进行作业，其刀片为园盘锯，靠圆盘锯片的高速旋转而锯断茶树枝条。

2. 采茶机械的工作原理

采茶机械的发展过程中，出现过几种不同的采摘原理，其中以往复切割式原理的采茶机应用最为广泛，下面对往复切割式采摘原理进行重点介绍。

（1）往复切割式采摘和修剪切割原理。往复切割式采摘和修剪切割原理是切割式原理的一种。切割器由上、下两片多齿刀片组成，彼此作反向往复运动，当相邻的两个刀齿之间遇到茶树芽叶或茶树枝条时，即会将其快速、干净、利落剪下。这种切割式的采摘和修剪切割方式，从机械学的观点看，如理发剪的工作原理一样，很适合于茶树修剪，但对茶树芽叶采摘却没有选择性，遇到的芽叶一律切割下来，难免有老梗老叶混入，会在一定程度上影响所采下的鲜叶质量，直至目前世界上尚缺乏一种选择性良好、对芽叶采摘干脆、利落、同时生产率又高的采摘原理。面对这种机械工程上无法解决的难题，国内外的实际生产中是次用茶园生物学措施进行补救和配合，如茶树的栽培规范，茶篷的修剪平整，种植的茶树性状单一，发芽整齐，这样应用往复切割式原理进行采摘，可获得较好的采摘质量。

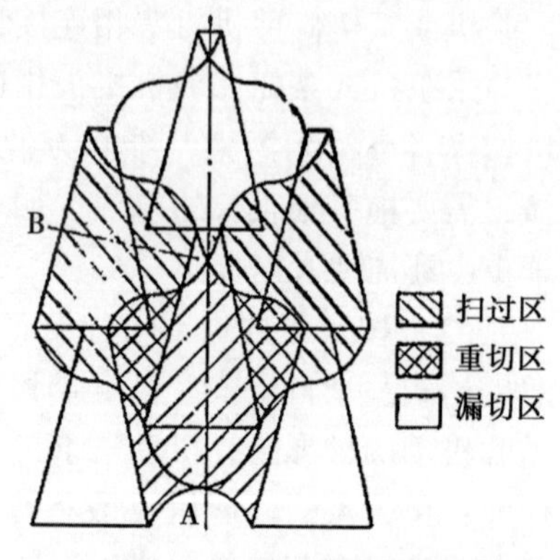

图 9－29　采茶机切割图

因采茶机和茶树修剪机使用双动刀片，故刀齿往复运动行程等于刀齿间距的一半。采茶机和茶树修剪机正常作业时，前进速度一般为 0.5m/s，刀片往复运动频率为 1 000次/min 左右，故其进距为 15mm。

采茶机正常作业状态下刀齿的切割状况如图 9－29 所示。图中为刀片在一个反复即两个行程内的运动即切割状况。当上、下刀片相向运动时，即图中下方所示两个刀齿向梢上中央的一个刀齿处运动并重合的过程，期间上刀片的左侧刃口与下刀片的右侧刃口向前方中部推移，并产生弯斜，在上、下刀齿根部相交时即图中所示的 A 点开始切割。切割是在 AB 连线上进行的，到上、下刀齿重合前的 B 点即失去切割作用。由于茶梢是在被推移弯斜到 AB 连线上被切断的，故难免切割区内的切茬稍有高低不平现象。上、下刀齿重合后即开始向相反方向运动，这时进行第二个行程的切割则同时开始。上刀齿的右侧刃口与下刀齿的左侧刃口，将茶梢向两侧推移，并与图中未画出的各自相邻的上、下刀齿产生切割。上下刀齿在第二个行程的运动中，都重复切割了上一行程已切割过的部分面积，这部分面积称为“重切区”，但是如机器切割高度掌握得当，不一定会发生重切。B 点上方有一个空白三角形区域，是在第二个行程未能切割到的区域，通常称为“漏切区”，但由于可在下一个往复过程中的第一个行程中被切割，实际上并不漏切。图中 A 点以下有一个空白区，实际上是在上一个往复已被切割的区域。为此，只要在实际机采作业中，严格规范操作，往复式的切割采摘方式，是不会产生重切和漏切的。

茶树修剪机的机器前进速度和刀片往复频率与采茶机一样，切割图也相似，如图 9－30 所示。因为修剪机切割的枝条较粗，刀齿的较采茶机厚短，故在 B 点上方出现了形状似菱形的空白区域，此区域的茶梢，在第二个行程中上、下刀齿的外侧刀刃也未能扫过该区，成为“漏切区”。但是该区域内的茶梢也会被两刀齿间的刀杆向前推至 C 点后被切割，故也不一定产生漏切，只是因茶梢被向前推弯才切割，产生切割面在局部有一些不平而已。

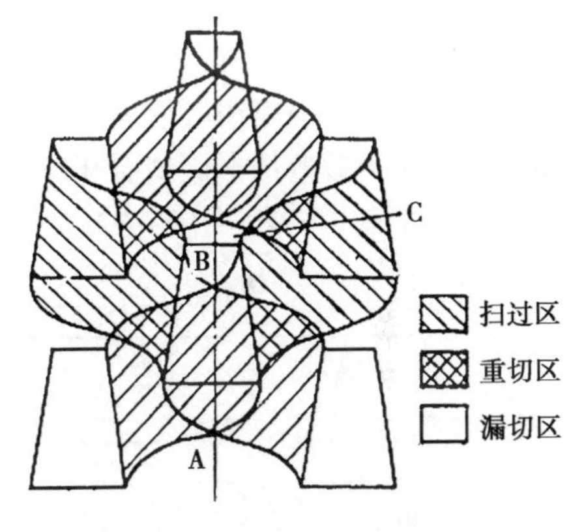

图 9－30　修剪机切割图

不论是采茶机还是茶树修剪机，在对茶梢进行切割时，都会造成茶梢弯曲，只是程度不同而已，故采摘或修剪后的篷面，并不是一个非常理想的平整面，而是一个虽有一定不平整但已能满足农艺要求的切割面。实际上，刀片往复运动频率（曲柄转速）与机器前进速度之间有一个最优的比值关系，当刀片往复频率偏高时，切割的重切区面积增加，漏切区面积减小，茶梢的弯斜量也减少，切割面较整齐，但生产率较低；当机器前进速度偏高时，切割的重切区面积减小，漏切区面积增加，茶梢的弯斜量也增加，切割面欠整齐，甚至会出现枝梢拉断与漏切现象。试验和实际操作表明，在采茶机和修剪机作业时，操作者的前进速度应掌握在 0.5m/s，即每分钟前进30m，发动机的转速则以掌握在使采茶机与茶树修剪机的往复频率维持在1 000次/m为宜，这时的作业质量最好，生产率也较高。

往复切割式原理的采茶机，对茶芽无选择性，但是切割是在一个平面内进行，切割面平整，割茬整齐，切割力较大，工效高，遇到茶芽可干净利落一刀切下，并且重切现象很少，在茶树蓬面按要求经过修剪与茶园发芽一致的情况下，可获得较好的采摘质量。至于茶树修剪，因为只要求在一定高度将茶树枝条干净利落剪下，这是往复切割式原理的特长，故所有茶树修剪机都采用切割式原理，其作业质量明显好于人工大剪刀修剪，这是在机械化采茶普遍实现之前，茶树修剪机械化就很迅速在茶区普遍推广应用的主要原因。

（2）其他采摘原理。其他采摘原理主要有螺旋滚切式采摘原理、水平勾刀式采摘原理、折断式采摘原理三种。不过采摘效果不理想、作业效率低等因素，这些原理的采茶机并没有得到广泛应用。

3. 常用采茶机

（1）单、双人采茶机。当前中国茶区常用的采茶机型号如表9－15所示。如前所述，中国目前生产中使用的采茶机，主要靠从日本进口零部件在国内装配成整机，而供应茶区满足生产需求的两家公司的产品。但是，近两年国内单人采茶机已有多家产品在市场上销售，并且已逐步被茶农接受，同时也有少量的国产双人采茶机在生产中应用。故表9－15中列举了目前中国茶区使用的日本采茶机型和中国前几年参考日本机型而开发采茶机型的型号和性能参数。单人、双人采茶机的结构如图9－31、图9－32。

表9－15 中国茶区常用的采茶机械型号

类型	型号	刀片形状	割幅（mm）	汽油机（马力）	整机重量（kg）	生产厂
双人采茶机	NCCZ1－1000	弧	1 000	2.0	14.0	洪都航空工业集团
	4CSW1000	弧	1 000	2.0	15.0	宁波电机厂
	CS1000	弧、平	1 000	2.0	17.0	无锡扬名采茶机械厂
	4CSW910	弧	910	1.4	17.0	杭州采茶机械厂
	V8NewZ21000～1200	弧、平	1 000	3.2	12.3	浙江落合农林机械公司
	PHV100～120	弧、平	1 000	1.5	13.0	浙江川崎茶业机械公司
单人采茶机	4CDW330	平	330	1.1	9.0	杭州采茶机械厂
	NV45H	平	450	0.8	8.9	浙江川崎茶业机械公司
	NV60H	平	600	0.8	9.4	浙江川崎茶业机械公司

注：1马力＝735.50kw

（2）自走式采茶机。不论是国内还是国外，对自走式采茶机都进行了大量研究。当前的自走式采茶机主要包括农业部南京农业机械化研究所研发的跨行自走式采茶机、智能采茶机器人、手扶自走式双行采茶机，以及日本半自走式采茶机、履带式采茶机，前苏联的轮式乘坐式采茶机等。

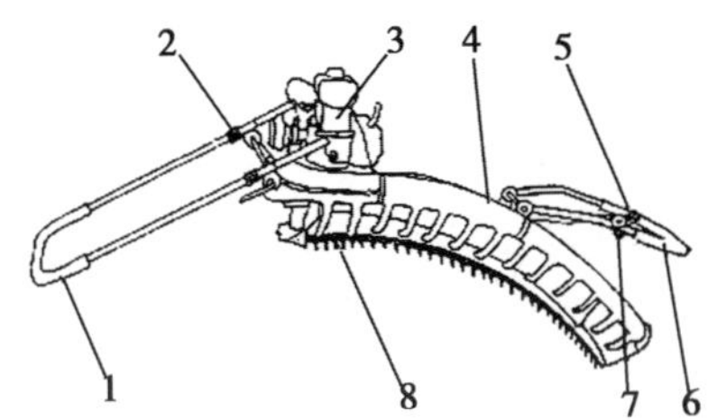

图 9－31　双人采茶机

1. 副把手；2. 锁紧套；3. 汽油机；4. 风管；5. 离合器（上）和油门（下）操作手柄；6. 主把手；7. 停机按钮；8. 刀片

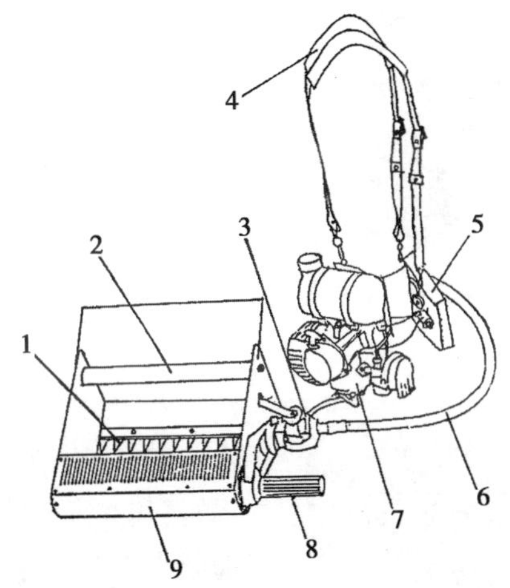

图 9－32　单人采茶机

1. 刀片；2. 把手；3. 减速传动箱；4. 背带；5. 软垫；6. 软轴；7. 汽油机；8. 把手；9. 集叶风机

①跨行自走式采茶机：跨行自走式采茶机（图 9－33）是针对现有小型采茶机使用劳动强度大、生产效率低等问题，而提出并设计的。其具有如下特点与创新：跨行自走，高效作业；创新提出即采即筛高效作业理论，其采中分级系统，极大地简化了作业工序，生产效率提高 40%；创新设计，采用挠性动力传递技术，实现采

图 9－33　跨行乘驾型履带自走式采茶机

摘高度实时调节，解决了由长势或地势差异而导致的漏采或过采问题；优化设计的采摘刀片结构及作业参数，使得生产效率与采茶质量明显高于同类设备；创新提出“弧形双坡面”增产采茶技术，设计组合式弧形双坡面切割器，平均增产7.006%。该机解决了平缓坡茶园的大型高效机械化采茶难题。

图9－34　采茶机器人

②采茶机器人：采茶机器人（图9－34）针对当前名优茶采摘用工量大的突出问题，提出机器人高精技术模式，应用与创新并举。由于田园环境复杂多变，国外未见相同技术，采茶机器人属于前瞻性研究，研发难度大。项目利用不同成熟度茶新叶梢对红外光谱的反射率不同，成功攻克复杂多变环境下茶叶芽头的识别、定位的难题；并在采摘路径高效规划和采摘控制等方面取得突破，实现了茶叶芽头的精确识别与高效采摘，作业效率已可与人工匹敌。该机型迈开了名优茶机器人采摘的第一步，具有里程碑意义。

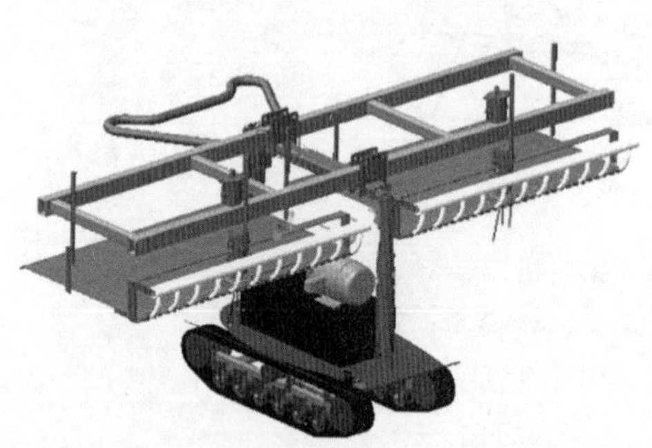

图9－35　手扶自走式双行采茶机

③手扶自走式双行采茶机：手扶自走式双行采茶机（图9－35）针对山区陡坡茶园的地形特点，创造性地提出“单行行走，双行采摘”的高效轻简型机械化作业技术模式。其具有以下特点与创新。第一，提出“最优采摘高度”理论。由于肥水管理等原因，新梢往往不会完全处于同一水平面（弧形修剪则为弧面）；所以对于广泛应用的切割式采茶机，采摘高度合理与否直接影响采茶质量。该机设计以数理统计为依据，提出“最优采摘高度”理论：通过概率统计找出包含茶叶新梢最佳采摘点最多的平面作为最佳采摘平面，谓之最优面；以最优面采摘，以获得最佳的采茶质量。研究建立了茶树新梢生长的统计模型，并找出最优面位置参数，然后设计相应的识别与控制系统，最终实现最优化采摘。第二，设备轻简省力，不仅适用于山区陡坡茶园，也可应用于平缓坡茶园；同时，双行作业极大地提高了生产率，节本增效，应用前景广阔。该机型解决了山区茶园的自走式机械化采摘的难题。

④其他：除了上述几种采茶机械外，日本曾经还提出一种轨道式或称悬挂式茶园作业技术，实际上是一种采摘机和病虫害防除机等作业机悬挂在钢索上，带

动作业，并可自动控制前进、后退以及移动速度快慢等参数的茶园作业装置。虽然由于种种原因，该种机械没有得到推广，但是作为采茶方式的探讨，它为采茶机械的创新设计提供了一种新的思路。

二、茶树修剪机

茶树修剪机是与采茶机配套使用的机具，因为能够显著减轻人们茶树手工修剪的劳动，并且修剪质量好于人工，目前已先于采茶机在生产中普及应用。

1. 中国茶区常用的茶树修剪机

当前中国茶区常用的茶树修剪机型号如表 9 – 16 所示。如前所述，我国目前生产中使用的茶树修剪机如采茶机一样，主要靠从日本进口零部件在国内装配成整机，而供应茶区满足生产需求的两家公司的产品。但表 9 – 16 中也将国内前几年参考日本机型而开发的茶树修剪机型号和性能列入，最近国内已有二三十个厂家从事生产茶树修剪机的生产，特别是单人茶树修剪机。

表 9 – 16　我国茶区常用的茶树修剪机型号

型号		刀片形状	割幅（mm）	汽油机（马力）	整机重量（kg）	生产厂
双人修剪机	NCXJ1 – 1000	弧	1 000	1.7	14.0	洪都航空工业集团
	3CSX – 1000	弧	1 000	1.7	15.0	宁波电机厂
	CJ100	弧、平	1 000	1.7	15.0	无锡扬名采茶机械厂
	XS1040	弧、平	1 040	1.7	15.0	杭州采茶机械厂
	R – 8GA1000 ~ 1200	弧、平	1 000	1.1	13.0	浙江落合农林机械公司
	PSM110	弧、平	1 100	1.0	15.0	浙江川崎茶业机械公司
	PSL110（轻修剪）	弧、平	1 100	0.8	11.0	浙江川崎茶业机械公司
	CZJ100（深修剪）	弧、平	1 000	2.0	17.0	无锡扬名采茶机械厂
单人修剪机	CB70	平	700	0.8	6.0	无锡扬名采茶机械厂
	XD750	平	750	0.8	6.0	杭州采茶机械厂
	E – 7 – 750	平	750	0.8	6.0	浙江落合农林机械公司
	PST75	平	750	0.8	5.0	浙江川崎茶业机械公司
重修剪机与台刈机	CZ120 型轮式重修剪机	平	1 200	3.0	60.0	无锡扬名采茶机械厂
	XZ1200 型轮式重修剪机	平	1 200	3.0	60.0	杭州采茶机械厂
	ZGC – 3 型台刈机（割灌机）	圆盘	Φ250	2.5	11.0	泰州林业机械厂
	ZGC – 0.9 台刈机（割灌机）	圆盘	Φ225	1.1	8.0	福建建新机械厂

注：1 马力为 735.50kw

2. 茶树修剪机的结构和特点

生产中常用的茶树修剪机，有双人修剪机、单人修剪机、重修剪机和台刈机等。

（1）双人修剪机。双人茶树修剪机按能够修剪的茶树枝条粗细不同，有轻修剪机和深修剪机两种，刀片形状分别有弧型和平型两种，其结构如图 9 – 36 所示。

轻修剪机和深修剪机的机械结构基本相同，只是因为轻修剪机的修剪部位较高，剪切的茶树枝条较细，故刀齿较细长，配套汽油机的功率也较小；而深修剪机的修剪部位较低，剪切的茶树枝条较粗，故刀齿较宽、短，配套汽油机的功率也较大。

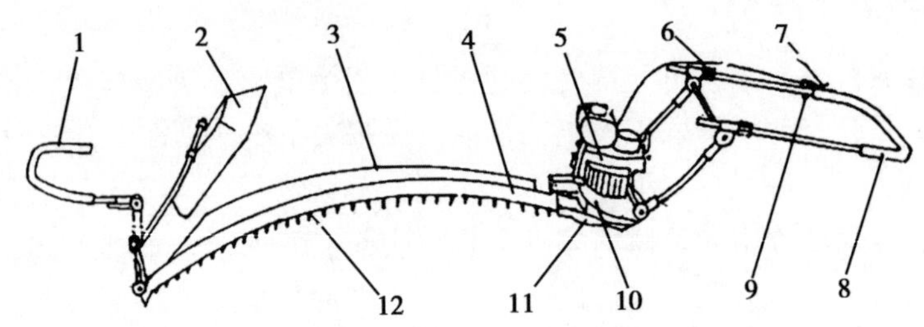

图 9－36　双人茶树修剪机

1. 主把手；2. 防护板；3. 导叶板；4. 护刃器；5. 汽油机；6. 锁紧套；7. 油门手柄；8. 副把手；9. 停机按钮；10. 吹叶风机；11. 减速传动箱；12. 刀片

双人茶树修剪机的结构与双人采茶机基本相同，只是机不设集叶袋。双人茶树修剪机的主要结构由汽油机、减速传动机构、刀片、机架和吹叶风机等组成。与双人采茶机一样的特点，即结构轻巧，使用方便，两人手抬跨行作业较省力，适于较大规模地块茶园的茶树修剪作业。

（2）单人茶树修剪机。单人茶树修剪机又称为手提式茶树修剪机，是一种可由一人手持作业的茶树修剪机，汽油机与工作主机装为一体。主要结构由汽油机、减速传动机构、切割刀片、和操作把手等组成（图 9－37），整机重量约 5kg。生产中也曾使用过以发电机组或蓄电池为动力的电动茶树修剪机型，目前生产中已很少使用。

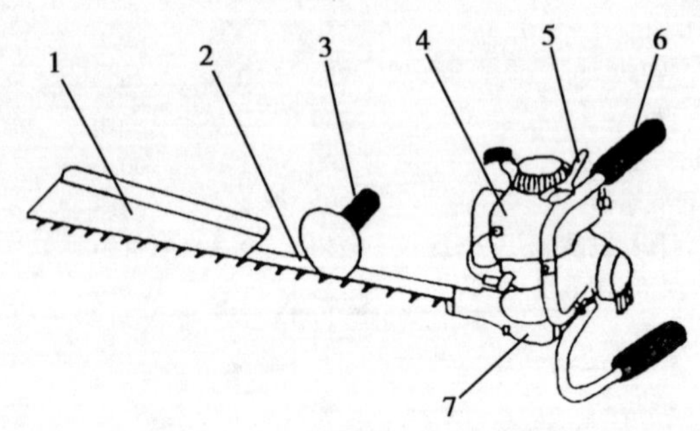

图 9－37　单人茶树修剪机

1. 导叶板；2. 刀片；3、6. 把手；4. 汽油机；5. 油门手柄；6. 油门手柄；7. 减速传动箱

单人茶树修剪机的特点是，机器轻巧，使用起来灵活机动，不仅可用于茶树的轻修剪和深修剪，而且还能用于茶行的修边作业，目前在小规模及农户茶园中

已获得较普遍推广应用，在一些大规模茶园中，也作为茶树修边机与双人茶树修剪机等配套使用。

（3）茶树重修剪机。茶树重修剪机是为茶树进行重修剪而设计，它要求将已经较衰老的茶树离地 30～40cm 将枝条剪去，重修剪机所剪枝条直径大都在 10mm 以上，故对刀片强度的要求高，刀齿较宽、较厚，动力机功率要求也较大。目前生产中茶树重修剪机的使用尚不普遍，但因茶树重修剪人工作业十分繁重，对机械化作业需求迫切，因还没有茶树重修剪机的成熟机型，故现将国内曾经研制的机型介绍如下。

①双人抬式茶树重修剪机：中国最早研制的茶树重修剪机如图 9－38 所示，是一种双人抬式茶树重修剪机，配套动力为 1.25kw（1.7 马力）汽油机，刀片往复频率 500～700 次/min，往复双动平形刀片，刀齿高度为 40mm，齿距为 60mm。机架形式与双人茶树修剪机相似，只是各种零部件结构的刚、强度大为加强，以适应重修剪的作业需要。在发动机一端设置两个把手，作业时由三人手抬，跨行作业，一般要求每行茶树一个行程即完成修剪。但由于双人抬式茶树重修剪机自身重量较重，抬行作业操作人员体力消耗过大，于是后来研制又开发出一种轮式茶树重修剪机。

图 9－38 双人抬式茶树重修剪机

②轮式茶树重修剪机：轮式茶树重修剪机是在双人抬式茶树重修剪机基础上，为了减轻操作时的体力消耗，在机器上装上了行走轮，并将原来手抬把手换成手拉把手，可由两人跨行拉行进行茶树的重修剪作业。轮式茶树重修剪机的主要结构由机架、刀片、动力机、减速传动机构等组成，如图 9－39 所示。

图 9－39 轮式茶树重修剪机

（4）茶树圆盘锯式台刈机。茶树圆盘锯式茶树台刈机原为林业领域所使用的割灌机，是一种从林业机械引入茶园使用的衰老茶树台刈设备（图 9－40），使用茶树圆盘锯式作业原理。因为茶树台刈所切割的枝条是茶树上最为衰老粗大而坚硬的枝条，是茶树修剪作业中修剪深度最深的修剪，一般是将离地面 5～10cm 以上的枝条全部剪去。若使用往复切割式修剪机修剪，一方面切断困难，另一方面容易造成枝杆切口开裂，影响台刈后新芽的萌发和生长。因此，一般使用林业上所应用的圆盘锯式割灌机进行茶树的台刈，该机应用于茶树台刈作业时，

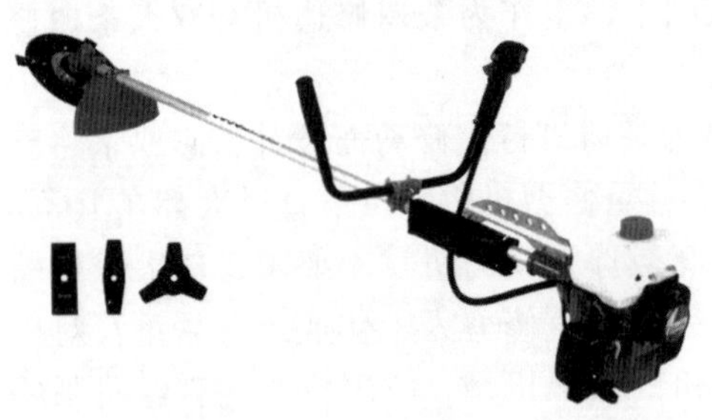

图9-40 茶树圆盘锯式茶树台刈机

一般称之为茶树圆盘锯式台刈机。茶树圆盘锯式台刈机主要由汽油机、传动机构、圆盘锯片、操作把手和背带等组成。

（5）茶树双边修边机。在标准化栽培的茶园中，为了便于茶园管理和机械操作，常常需要进行茶行边缘枝条的修剪，以剪除两行茶篷之间过于接近和下部的枝条，从而使茶树行间留出20~30cm的行间间隙和操作通道。茶树双面修边机就是为了完成上述作业而专门设计的机具。

茶树双边修边机由动力机、减速传动机构、刀片、行走轮和操作手柄等组成。动力机使用0.59kw（0.8马力）汽油机，经过飞块式离合器、齿轮减速、带动双偏心轮机构转动，使两组双动往复切割刀片运转，实施对相邻两行茶树边缘茶条的切割，从而达到修边制目的。茶树双边修边机的两组4只刀片的长度为750mm，刀齿齿距35mm，齿高22mm。两组刀片由同一个主动轴带动并通过两个凸轮传动同时运动，两组刀片的中部间距（两组刀片夹角）可用调整旋钮在20~50cm之间自由调节。

茶树双边修边机由一人手握把手推行作业，行走轮行进在茶行中间，将刀片距离调整适当并固定后，启动汽油机，两组刀片往复旋转，相邻两行茶树靠近机器一侧的侧枝被利落地剪除，使茶树行间留出一条规则的通道，同时茶篷蓬面也变得整齐划一，以利于提高机器采摘时的鲜叶质量。

（6）茶树修剪所使用的手工器械。在我国茶叶生产中，由于农户和小块茶园比例较大，故生产中茶树修剪不少还是用手工器械，其中包括大剪刀（绿篱剪）、剪枝剪、台刈用镰刀和手锯等。

①大剪刀（绿篱剪）：茶树修剪用大剪刀，也称绿篱剪，是茶树修剪传统使用的修剪工具（图9-41）。由上下两个带有长把手的刀片和中部的销轴组成，长

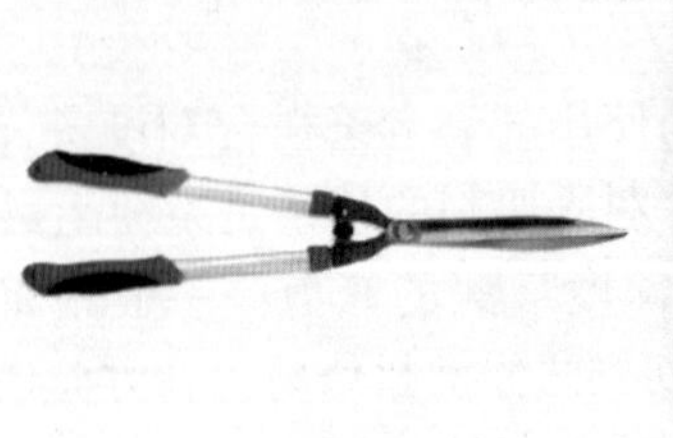

图9-41 大剪刀及其在茶园中实施修剪

把手末端的手握处装有木质手柄。作业时，由两手手持对茶树进行修剪。一般用于茶树修剪深度较小的轻修剪和中修剪，有时也被用作茶树修剪机修剪时的辅助器械，在机器修剪后进行辅助修边及精细整形等。由于修剪时费时费力，生产中已经由茶树修剪机逐步所代替。

②茶树台刈用镰刀及手锯：由于茶树台刈需要从地面以上 5～10cm 剪去全部枝条，一般镰刀或大剪刀很难胜任。但是目前生产中应用的有一种刀刃刃口有刺、并装有木柄的茶树台刈镰刀（图 9－42），刀刃锋利，人工使用这种镰刀进行茶树台刈，可以较省力地将粗大直径的茶树枝干割断，并且割后的枝干留茬不会产生裂缝，割后茬口一般为斜面，下雨时利于雨水及时流下，以免存水腐烂，在茶区用于衰老茶树台刈得到认可和应用。

图 9－42　茶树台刈用镰刀和在茶园中作业

③茶树台刈手锯：对于衰老和坚硬粗大的茶树枝干，在其他工具不易割断时，往往使用手锯进行锯割（图 9－43 所示）。同时，在进行茶树台刈时，用镰刀割断后，往往留茬不够整齐，一般也需要用手锯或剪枝剪进行补修。使用手锯进行枝条锯割，虽然速度较慢，但对粗大枝条锯割有效。

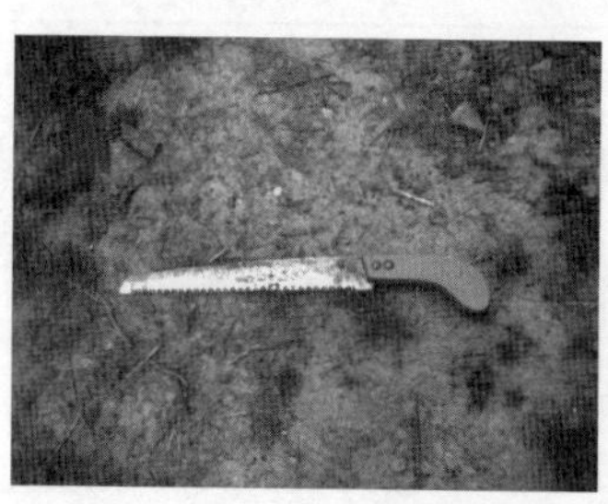

图 9－43　茶树台刈用手锯和在茶园中作业

④茶树台刈用剪枝剪：茶树台刈用剪枝剪有两种类型，主要用于镰刀台刈后不整齐枝干的补剪，由于剪枝剪的刀口特别短厚和锋利，故能够剪断很粗的枝条，但效率低，一般用于挑剪其他器械不容易剪断的粗大枝条。特别是图 9－44 所示形式的剪枝剪，因手柄较长可以站立作业，台刈修剪时较省力。

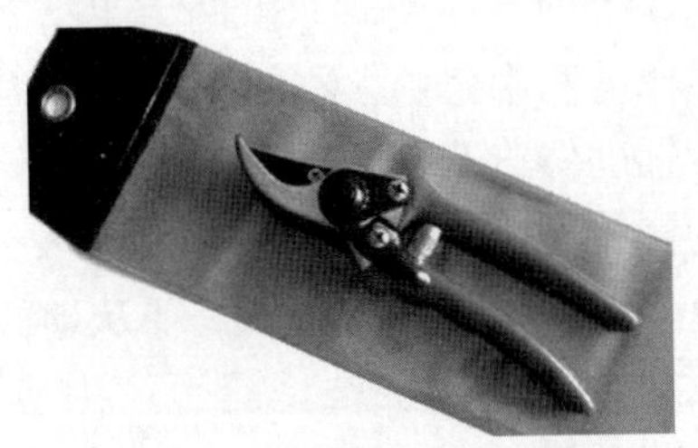

图9－44　茶树台刈用剪枝剪

三、采茶机与修剪机的使用效果

1. 茶机的使用效果

实际使用表明，双人和单人采茶机的作业效果如表9－17所示。从表中可以看出，不论是从机器的作业工效还是作业时的劳动强度，均是双人采茶机性能明显优于单人采茶机，故在实际应用中，只要是茶园规模和地块较大，应尽可能选用双人采茶机。当然，单人采茶机具有机动灵活的特点，故小块茶园的机采适于选用单人采茶机。

表9－17　机械化采摘的作业效果

机具类型	作业工效（亩/h，kg/h）		劳动强度（脉搏增加，次/m）	
	以面积计	以鲜叶计	0.5h	1.0h
双人采茶机	2.18	218.3	22.0	22.0
单人采茶机	0.54	88.5	25.0	30.7
人工手采	/	2.3	/	/

双人采茶机和单人采茶机的采摘质量状况如表9－18所示，从中可以看出，机器采摘的鲜叶芽叶完整率与手工采摘相差不多，这是由于手工采摘虽有良好的选择性，而机器采摘并无选择性，但其切割动作却在同一平面上进行，遇到茶芽一刀利落切下，从而保证了较好的芽叶完整率。而表中手工采摘鲜叶的受伤芽叶和嫩碎芽叶并不比机采低，这是由于手采时伴有较严重捋采的缘故。由表9－18可知，目前所使用的采茶机存在的主要问题是机采叶老梗老叶含量明显比手采高，这也是因为采茶机对芽叶缺乏选择性所引起，这一点虽然已采取蓬面修剪等方法进行补救，然而蓬面还是难免有高低不平现象，并且采茶机操作时也很难将采摘高度始终控制在完全适当水平，从而造成鲜叶中有少量老梗老叶混进。同时，从表中还可看出，双人采茶机和单人采茶机由于使用的采摘原理一样，机采叶的质量看不出明显差异。

表 9－18　机械化采茶的采摘质量

机具种类	鲜叶机械组成（%）				漏采率（%）
	完整	受伤	嫩碎	老梗老叶	
双人采茶机	69.98	17.85	7.89	4.28	0.98
单人采茶机	68.40	19.90	6.75	4.95	1.57
人工手采	74.25	19.78	4.72	1.25	/

2. 茶树修剪机的使用效果

因为茶树修剪是茶园中劳动强度最大的作业项目之一，而使用机械进行茶树修剪作业，工效明显高于传统的人工大剪刀修剪，一般情况下，一台双人茶树修剪机可相当于 50 人使用大剪刀进行茶树修剪的工效，单人修剪机也可以相当于 10 人。并且机械化修剪不象机器采摘那样需要顾虑作业质量，而是茶树机械修剪的质量显著比人工好，故机械化修剪技术在茶区的推广，相对来说要比机械化采茶容易得多。加上机械化修剪，一方面是机械化茶园建设的必要条件，另一方面即使是手工采摘茶园，也需要应用修剪机进行修剪以形成良好的采摘篷面，这就是机械化修剪，在机械化采茶尚没能普遍推广情况下，便在茶叶生产中广泛推广和应用的原因。综合中国农业科学院茶叶研究所的试验和测定结果，茶树修剪机的作业性能状况如表 9－19 所示。

表 9－19　茶树修剪机的作业性能状况

修剪类型	使用机具	修剪高度（cm）	生产率（亩/h）	作业质量状况
定型修剪	双人茶树修剪机	规定高度	2.58	良好
轻、深修剪	双人茶树修剪机	剪去 17.5	2.17	Φ8mm 枝杆裂开率 5%
	单人茶树修剪机	剪去 17.5	0.35	
重修剪	茶树重修剪机	离地 30.0	1.32	Φ10mm 枝杆裂开率 7.5%
修边	单人茶树修剪机		2.0	良好
台刈	圆盘锯式茶树台刈机	离地 7.5	0.28	

实际应用表明，一般情况下，双人茶树修剪机或单人茶树修剪机用于茶园定型修剪或轻修剪，作业质量良好，修剪后的蓬面整齐，枝干切口平整。使用单人茶树修剪机，或者使用双人茶树修剪机分别选用平行或弧形刀片，可将茶树蓬面修成平行或弧形。茶树修剪机用于深修剪，一般情况下也可保证修剪蓬面整齐，但由于修剪的枝条部分较粗，少数情况下会造成较粗枝干剪口处裂开，将会影响枝杆以后的发芽，不过从表 9－19 中可看出，Φ8mm 的枝干，裂开率仅为 5% 左右，影响并不严重，说明修剪质量良好。同样双人茶树修剪机或单人茶树修剪机用于深修剪，修剪篷面也同样可保证整齐，Φ10mm 枝杆裂开率仅为 7.5% 左右，修剪质量也较好。

第七节 茶园机械化生产管理发展趋势与展望

一、茶园机械化发展趋势分析

综合近年的发展特点，茶园机械化发展的趋势有以下几点表现。

1. 研究范围逐步扩大，发展趋于全面、合理

随着农业机械化进程的推进，茶园机械化已由最早的茶树管理机械向土肥管理、植保、灾害管理等方面延伸；随着这一进程的加深，茶园机械化的发展将会延伸至包括垦殖机械在内的每一个环节，趋于全面发展、均衡发展、协调发展。

2. 技术应用日益多元化

茶园机械化研究中新技术应用逐渐增多，茶园机械不再是单纯的机械产品。自动控制技术，无线通讯、无线传感网络技术，新能源、新型材料等工业技术竞相涌现，形成了皆为我所用的良好发展局面。

3. 人工智能技术应用愈加广泛

不管是基于无线传感网络的灾害管理系统中的智能检测、智能决策、灾害预警，还是采茶机器人的芽头识别、最优路径规划都无不是人工智能技术的应用。随着工业技术的发展和社会的进步，人们对无人化劳动作业的向往日益强烈，人工智能技术在茶园机械化发展中的应用必将日益广泛。

4. 多功能一体机备受青睐

多功能一体机集多种作业功能于一身，多作业机具共享一套动力源及行驶系统，具有省时、高效、节省成本等特点。相对于功能单一的机型，生产者更倾向于选择前者。

二、茶园机械化发展建议

深入分析、总结茶园机械化最新发展情况，根据发展中存在的问题，未来茶园机械化发展须注意如下几个方面。

1. 加快标准化茶园建设与推广

统一的标准有利于机械化进程的推进，有利于肃清茶园机械市场，有利于产品获批国家购机补贴，在全国推广，形成有投入、有产出、有市场、有回报的良好发展循环。

2. 局部与整体相结合

要加强茶园机械化薄弱环节——专用茶园垦殖机械、茶园土肥管理、茶园灾害管理机械——的研究，针对采茶机械、质保机械、灾害管理机械中难点问题，

重点攻克，全面、均衡发展，突出问题重点对待，同时兼顾整体发展水平，为实现茶园生茶全程机械化作业打下坚实基础。

3. 注重人工智能技术的应用

要提高机械设备的自动化、智能化程度，提高作业效率，减轻操作人员的劳动强度。某些新涉足的版块实现从无到有的同时，考虑从有到优，在现有技术条件下，尽可能两者兼顾，加快茶园机械化、现代化进程。

4. 重点加强采茶原理方面研究，争取名优茶机械化采摘取得突破

人们对名优茶的需求及要求不断提高，名优茶采摘具有很大的市场。而目前采茶机械在名优茶采摘领域一直步履维艰，现有采茶机，或因采摘质量差、或因作业效率低，而无法满足要求。因此，针对采茶机理进行研究创新十分必要。

5. 注重茶园机械标准的制定与推行

标准是设备设计、研发的规范，让设计工作有据可以，一定程度上可以避免重复工作，减小研发的阻力，也有利于产品的推广、维护与产业化。当前由于标准缺失，或者旧标准已不合时宜，对我国茶园机械化的发展形成了较大的障碍。因此，茶园机械标准的制定、更新与实施，也是茶园生产管理机械化工作的重要组成部分。

总之，我国茶园的整体机械化水平还不高，自动化、智能化程度还很低，发展还不全面，要实现茶园生产全程的机械化、自动化、智能化，任务还很艰巨。

第十章

茶叶高效加工机械设备

茶叶高效加工技术是集高效、优质和低耗于一身的茶叶加工技术，茶叶高效加工技术关键是在技术体系中使用高效加工机械设备。高效茶叶加工机械设备具有减少操作人员、减轻劳动强度、台时产量大、产品质量好、能耗低等优良特性。

第一节　茶叶高效加工机械设备

制茶机组模块是将复杂的生产线进行多块的简单化分解，再由分解后的各个模块集成各种生产线的动态模式。茶叶机组模块是茶叶高效加工机械的典型代表，茶叶高效加工机械今后发展趋势就是模块化。茶叶机械模块化设计，具有设计标准化、制造标准化、不同茶类生产线可以积木式搭配、机组台时产量大、加工标准化、产品品质高、产品一致性好等优点。另外，茶叶机械模块化还具有操作人员少、劳动强度低等优点。所以这里只介绍各种机组模块。

制茶机组模块现有滚筒杀青机组模块、热风杀青机组模块、理条机组模块、连续理条机组模块、揉捻机组模块、烘干机组模块、炒干机组模块、摊青机组模块、萎凋机组模块、发酵机组模块等。

（一）滚筒杀青机组模块

杀青设备是茶叶初制加工的重要设备之一，是绿茶、青茶、黑茶和黄茶加工中不可缺少的设备。滚筒杀青机组模块是将进料机、滚筒杀青机、出料机、电气控制系统合为一体的机组模块，对外具有标准进出接口。

滚筒杀青机组模块主要由上料输送机、滚筒杀青机、出料冷却输送机和电气控制柜等组成（图 10－1）。鲜叶装入上料输送机上料斗，输送带将鲜叶向上提升，通过旋转匀叶器匀叶保持稳定流量，再通过振动喂料机进入滚筒杀青机。

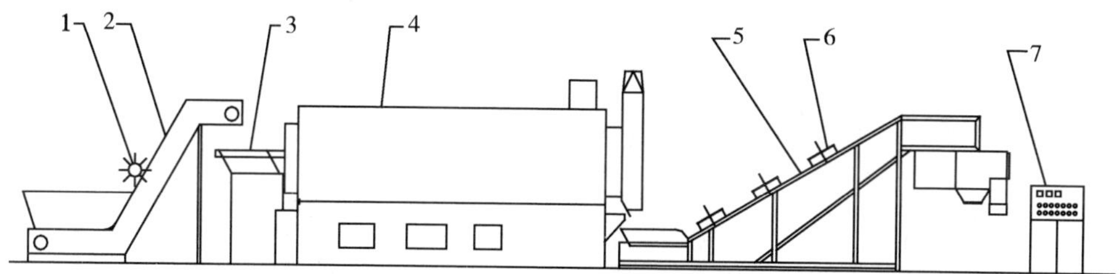

图 10－1　滚筒杀青机组模块结构图

1. 上料输送机；2. 匀叶器；3. 振动喂料机；4. 滚筒杀青机；
5. 出料冷却输送机；6. 冷却风扇；7. 电气控制柜

滚筒杀青机主要由薄壁金属滚筒体、传动机构、加热装置、机架组成，其中金属滚筒体是标志性配件。工作时，滚筒体匀速转动并被加热；当滚筒达到一定温度时，即可向滚筒内投叶，投入的鲜叶随滚筒的转动做圆周运动、滑动和抛体运动。鲜叶通过吸收筒体传递的热量以及自身水分蒸发而产生的大量水蒸气所保持的热量，在短时间内温度迅速上升，酶的活性被破坏。同时，有蒸发水分，使叶质柔软，便于揉捻成条和做形的功能。鲜叶经过杀青作业后，叶温很高，如果不迅速降温，杀青叶将很快黄变。所以杀青机组模块最后都有冷却输送机。电气控制系统完成温度自动控制、滚筒体电机和上料输送机电机变频运行、机组模块中各个单机协调运行工作（图 10－2）。

图 10－2　滚筒杀青机组模块

完成杀青作业的在制茶连续从滚筒出口输出，进入出料冷却输送机提升、冷却。出料冷却输送机出口再连接下一个机组模块。机组模块进出接口设计基本原则是进口高度尺寸要低，出口高度尺寸要高，以便与其他机组模块连接及方便人工操作。

滚筒杀青机组模块集茶叶提升、均匀加料、杀青、冷却、再次提升出料于一身。高效、快速完成滚筒杀青的各个作业环节。

（二）热风滚筒杀青机组模块

热风滚筒杀青机组模块与滚筒杀青机组模块类似，也主要由上料输送机、热风滚筒杀青机、出料冷却输送机和电气控制柜组成（图 10－3）。主要区别是滚筒杀青机改为热风滚筒杀青机及增加高温热风发生炉。

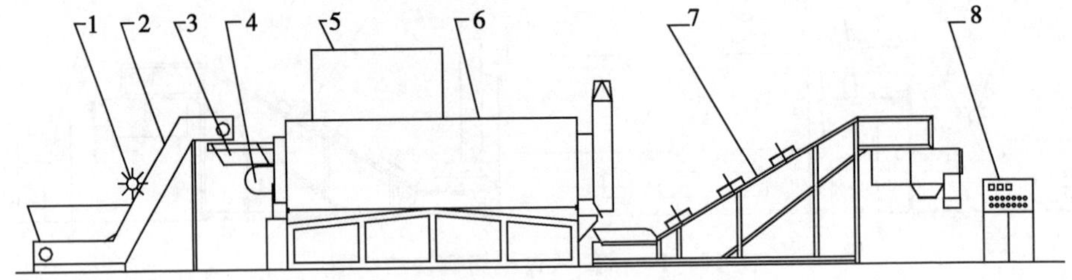

图 10－3　热风滚筒杀青机组模块结构图

1. 匀叶器；2. 上料输送机；3. 振动喂料机；4. 热风输入管；
5. 高温热风发生炉；6. 热风滚筒杀青机；7. 出料冷却输送机；8. 电气控制柜

图 10－4　热风滚筒杀青机组模块

鲜叶装入上料输送机上料斗，输送带将鲜叶向上提升，通过旋转匀叶器匀叶保持稳定流量，再通过振动喂料机进入高温热风滚筒杀青机。杀青叶通过出料冷却输送机出料（图 10－4）。

高温热风滚筒杀青机与普通滚筒杀青机相比，最大区别是滚筒内有一根开有密集小孔的中心热风输送管。高温热风滚筒杀青机杀青、脱水工作介质是 300℃高温热风，300℃高温热风与鲜叶充分接触，鲜叶与热风温差很大，热风迅速将热量传递给鲜叶，鲜叶快速升温，酶的活性被钝化，完成杀青作业。热风滚筒杀青机组模块集茶叶提升、均匀上料、高温热风杀青、冷却、再次提升出料于一身。高效、快速完成高温热风杀青的各个作业环节。

（三）连续理条机组模块

往复式振动理条机主要由多槽锅、传动机构、加热装置、机架组成，其中多槽锅是标志性配件，一般简称理条机。理条机通过调节振动频率、锅温、连续理条机的斜度完成理条、杀青、辉干作业。理条机工作原理是：取向再杂乱的茶叶投入锅槽后，叶片自动转向最稳定的取向，即叶片主脉方向与往复运动方向垂直。所以经往复振动理条后，茶叶都以叶片主脉为轴心，产生收紧、卷曲。再在加热锅槽传热作用下，茶叶干燥、成条（图 10－5）。

往复式振动理条机分为水平理条机和连续理条机 2 种，水平理条机多槽锅水平安置，是间隙工作机械。连续理条机多槽锅沿槽锅方向倾斜安置，茶叶从高端进入，在低端输出，是连续工作机械。连续理条机工作效率远高于水平理条机。

图 10－5 连续理条机组模块

连续理条机组模块主要由上料输送机、2 台连续理条机、出料冷却输送机和电气控制柜组成（图 10－6）。茶叶装入上料输送机上料斗，输送带将鲜叶向上提升，然后依次进入上连续理条机、下连续理条机、出料冷却输送机输出。电气控制系统完成 2 台连续理条机温度自动控制、理条机电机和上料输送机电机变频运行、机组模块中各个单机协调运行工作。连续理条机组模块集茶叶提升上料、均匀加料、2 次理条、冷却、再次提升出料于一身。高效、快速完成理条的各个作业环节。

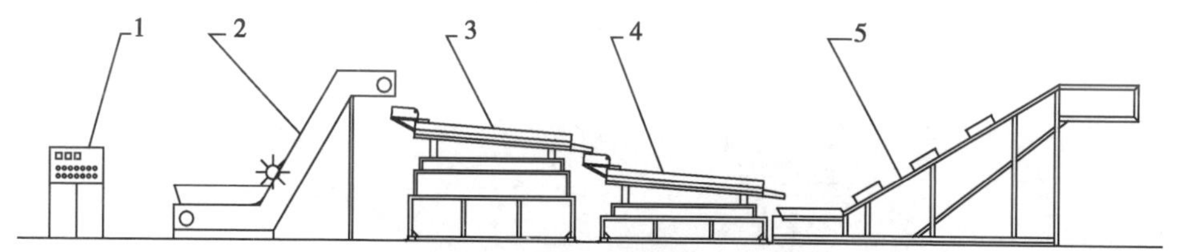

图 10－6 连续理条机组模块结构图

1. 电气控制柜；2. 上料输送机；3. 上连续理条机；4. 下连续理条机；5. 出料冷却输送机

（四）连续化揉捻机组模块

揉捻机是典型的非连续化工作茶机。因为揉捻机是非连续化工作茶机，所以揉捻作业费工、劳动强度大、揉捻质量不稳定等。连续揉捻机单机研制很早就开始并投入大量精力，但无一成功例子。在连续揉捻机无法研制出的前提下，采取了连续化揉捻机组模块的方案。连续化揉捻机组模块特点是从内部看，还是数台非连续化揉捻机。从外部（两头）看，是连续化工作机组。

拟揉捻茶叶从加料斗进入，通过上料输送机、上平输送机、下左（右）平输送机到某台揉捻机。因为上平输送机、下（左、右）平输送机可以正反转，所以茶叶可以根据需要，进入需要加料揉捻机。这样部分揉捻机在工作、部分揉捻机在出料、部分揉捻机在进料，拟揉捻茶叶可以连续化输入，完成揉捻茶叶可以连续化输出。加压电动机完成自动开揉捻桶盖、关揉捻桶盖、加压。自动控制系统由工业计算机、变频器、接触器等组成，完成模块的自动控制（图 10－7）。在连续化揉捻机机组研制成功的同时自动加料加压程控揉捻机单机也被研制成功。用程控揉捻机的连续化揉捻机机组是近几年茶机研发的一个亮点。

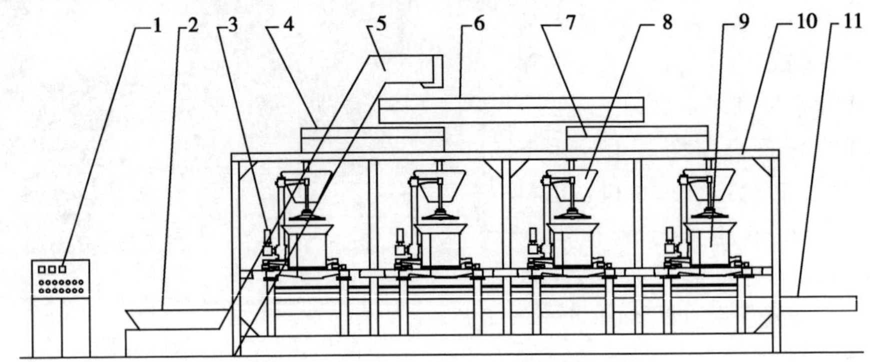

图 10－7 连续化揉捻机组模块结构图

1. 电气控制柜；2. 加料斗；3. 加压电动机；4. 下左平输送机；5. 上料输送机；6. 上平输送机；7. 下右平输送机；8. 揉捻机进料斗；9. 揉捻机；10. 出料振动槽

连续化揉捻机组模块特点：①集茶叶自动化分配加料、揉捻、出料于一身。高效完成揉捻的各个作业环节；②劳动强度低、操作人员少；③揉捻质量好、一致性高（图 10－8）。

图 10－8 连续化揉捻机组模块

（五）炒干机组模块

滚筒炒干机也是典型的非连续化工作茶机。因为是非连续化工作茶机，所以炒干作业费工、劳动强度大等。连续化炒干机组模块特点也是从内部看，还是数台非连续化滚筒炒干机。从外部（两头）看，是连续化工作机组（图 10－9，图 10－10）。

拟炒干茶叶通过提升装置进入上平输送机，再通过下左（右）平输送机到某台滚筒炒干机。因为上平输送机、下（左、右）平输送机可以正反转，所以茶叶可以根据需要，进入需要加料滚筒炒干机。

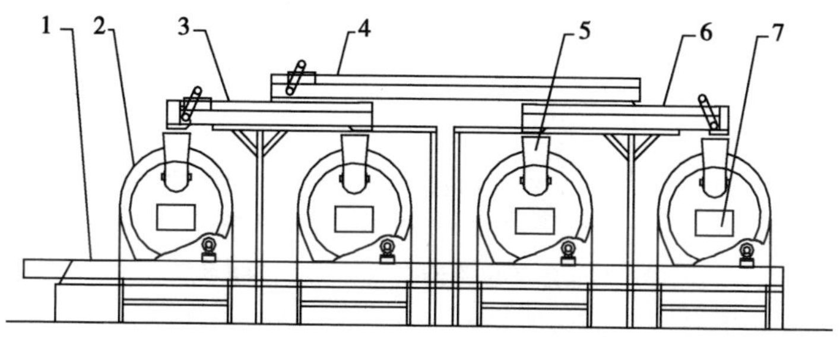

图 10－9　连续化炒干机组模块结构图

1. 出料振动槽；2. 滚筒炒干机；3. 下左平输送机；4. 上平输送机；
5. 炒干机进料斗；6. 下右平输送机；7. 炒干机观察窗

图 10－10　连续化炒干机组模块

连续化炒干机组模块特点：集茶叶自动化分配加料、炒干、出料于一身。高效完成炒干的各个作业环节；劳动强度低、操作人员少；炒干质量好、一致性高。

连续化茶叶加工生产线是指该生产线待加工茶叶从生产线起点输入，成品或半成品从生产线终点输出，中间连续化操作，无需人工搬运。连续化茶叶加工生产线加工生产特点是产量大、产品质量一致性好、人员少、劳动强度低、清洁化程度高。是茶叶高效加工机械的代表。

从研究思路分析，连续化茶叶加工生产线在制茶机组模块基础上发展起来的，不同制茶机组模块通过积木式搭配就可以组成各种连续化茶叶加工生产线。

茶类生产线可以积木式搭配、机组台时产量大、加工标准化、产品品质高、产品一致性好等优点。另外，茶叶机械模块化还具有操作人员少、劳动强度低等优点。

1. 炒青绿茶连续化加工生产线

炒青绿茶连续化加工生产线一般由滚筒杀青机组模块、揉捻机组模块、烘干机组模块、滚筒炒干机组模块等 4 个机组模块组成（图 10－11）。也可以增加冷却回潮机组模块和复揉机组模块。

炒青绿茶连续化加工生产线特点：清洁化加工。再制茶全程不落地、使用清

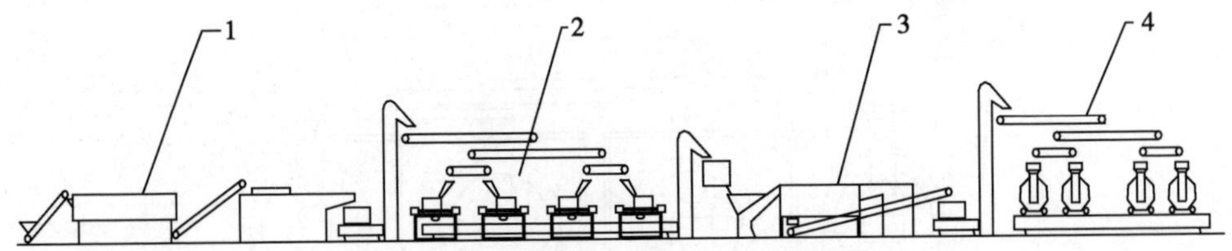

图 10－11　炒青绿茶连续化加工生产线示意图

1. 滚筒杀青机组模块；2. 揉捻机组模块；3. 烘干机组模块；4. 滚筒炒干机组模块

图 10－12　炒青绿茶连续化加工生产线

洁化能源、人手触摸茶叶少，保证了产品清洁化；劳动强度低。操作人员少、劳动强度低；产量大。连续化加工生产线台时产量大；产品质量高。因为是自动化操作，工艺参数控制精确、产品质量高、一致性好（图 10－12）。

2. 功夫红茶连续化加工生产线（图 10－13）

功夫红茶连续化加工生产线一般由红茶萎凋机组模块、揉捻机组模块、红茶发酵机组模块、红茶烘干机组模块模块等 4 个机组模块组成（图 10－14，15，16，17）。也可以增加复揉机组模块。

功夫红茶连续化加工生产线特点：清洁化加工。再制茶全程不落地、使用清洁化能源、人手触摸茶叶少，保证了产品清洁化；劳动强度低。操作人员少、劳动强度低；产量大。连续化加工生产线台时产量大；产品质量高。因为是自动化操作，工艺参数控制精确、产品质量高、一致性好。

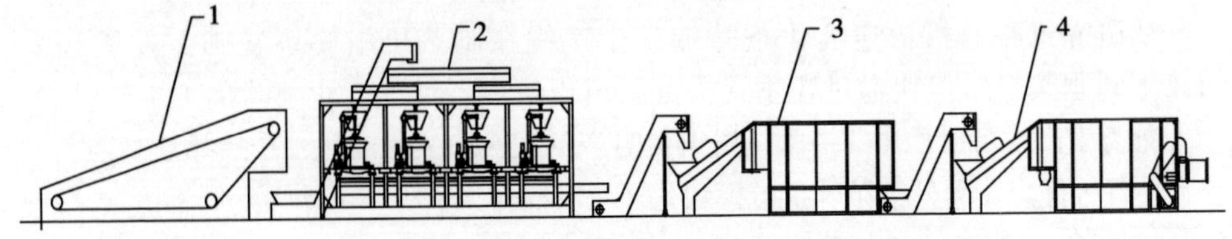

图 10－13　功夫红茶连续化加工生产线示意图

1. 红茶萎凋机组模块；2. 红茶揉捻机组模块；3. 红茶发酵机组模块；4. 烘干机组模块

图 10－14　红茶萎凋机组模块

图 10－15　红茶揉捻机组模块

图 10－16　红茶发酵机组模块

图 10－17　红茶烘干机组模块

第二节　节能茶叶加工机械设备

高效加工机械设备是集高效、优质和低耗于一身的茶叶加工机械设备。节能减排是高效茶叶加工机械的重要特点。

一、茶叶加工机械能源选择

茶叶初制过程是一个强耗能过程，需大量热量蒸发鲜叶中的水分。大多茶叶机械都附带加热炉灶。将目前广泛使用的茶叶加工机械按传热原理分为以下几类：炒锅类茶机、热风类茶机、辐射板类茶机、电磁加热类茶机、微波加热类茶机。

（一）炒锅类茶机

炒锅类茶机的传热原理是火焰（包括电热）直接加热金属容器，被加热的金属容器再加热茶叶。炒锅类茶机有：滚筒杀青机、滚筒二青机、滚筒炒干机、用电和燃气理条机、曲毫机、扁茶机等。

炒锅类茶机加热炉简单，在一般情况下可以优先考虑煤、柴能源。但在有些情况下，应该选择电、气能源。这些情况是：①小型茶机。茶机越小，燃煤、柴加热炉单位燃料热效率越低。茶机越小，用电、燃气加热炉单位燃料热效率也下降，但没有燃煤、柴加热炉热效率下降快。另外，茶机越小，操作燃煤、柴加热炉人工费上升。用电、燃气加热炉基本无需人工操作。②清洁化茶厂。燃煤、柴不易清洁化生产，清洁化茶厂应该优先考虑电、气能源。③自动化生产线。燃煤、柴不易自动控制，自动化生产线应该优先考虑电、气能源。④名优茶制茶厂。名优茶的制茶成本占比低，应该优先考虑电、气能源。以上选择原则也适用在热风类茶机。

（二）热风类茶机

热风类茶机的传热原理是火焰直接加热金属换热器，被加热的金属换热器产生热空气再加热茶叶，也有电热直接加热空气再加热茶叶。热风类茶机有：滚筒热风杀青机、烘干机、萎调机、热风理条机、提香机等。

热风类茶机加热过程复杂，最大结构特点是有热风发生炉。热风类茶机中滚筒热风杀青机、烘干机功率大，可以优先考虑煤、柴能源。热风金属换热器换热过程复杂，热效率低，小型热风炉可以考虑用电直接加热空气，电热风炉热效率高。热风理条机、提香机配套热风炉属于小型热风炉，应该考虑用电。烘干机也可以考虑用柴油。

（三）辐射板类茶机

辐射板类茶机只有一种，配套燃煤、柴加热炉的理条机。

因为理条机的槽锅往复振动，直接燃烧槽锅锅底，烟气无法封闭。只能燃烧一块静止的铁板，高温铁板再通过辐射将槽锅加热，最终加热茶叶。

配套燃煤、柴加热炉理条机换热过程很复杂，换热过程越复杂，热效率越低。理条机应该优先考虑电、气能源。

（四）电磁加热类茶机和微波加热类茶机

电磁加热类茶机只有一种，电磁加热滚筒机。微波加热类茶机只有一种，微波加热隧道机。这 2 个茶机只能使用电能。

我国制茶能源按使用广泛性从高到低排序如下：木柴、煤炭、电能、石油液化气、木炭、柴油。以上能源按价格从低到高排序是：煤炭、木柴、电能或石油液化气或柴油、木炭。原来是电能最贵，近年来，随着石油液化气、柴油、木炭价格上涨速度快，石油液化气、柴油与电能价格基本持平，木炭价格最高。

以上能源按茶叶加工厂排污情况从高到低排序是：煤炭、木柴、柴油、木炭、石油液化气、电能。以上能源按可再生性从低到高排序是：煤炭或石油液化气或柴油、电能、木柴或木炭。煤炭、石油液化气、柴油是化石质能，不能再生。风电、水电、核电、太阳能电等可被认为是取之不尽用之不竭。木柴、木炭是被认为可再生的生物质能，但部分茶厂密集的地区，因为制茶，山林越来越稀疏，木柴、木炭已成为不可再生性能源。以上能源按使用方便性从低到高排序是：煤炭或木柴、木炭、石油液化气或柴油、电能。煤炭或木柴燃烧控制不方便，电能最易自动化控制。燃烧自动化控制程度越高，操作人员越少、劳动强度越低、制茶品质越高。制茶能源应该逐步淘汰木柴、木炭，逐步增加电能。

二、节能茶叶加工机械设备

（一）废气再循环使用茶叶烘干机

长期以来茶叶烘干机顶部都是不封闭的，废气由烘干机顶部自由排出，废气携带的大量热能也被浪费。废气直接排放是茶叶烘干机热效率低的主要原因。废气再利用的茶叶烘干机。其顶部封闭形成一个废气室，废气和新鲜空气被风机抽入换热器中再加热。

（二）蒸汽集中供热系统

传统茶叶烘干机都是每台烘干机配置一台燃煤热风发生炉。如果一个茶厂有多台烘干机情况下，则需要多台燃煤热风发生炉。多台燃煤热风发生炉造成烟囱多、污染大、热效率低。为了解决这些问题，少部分大型茶厂出现了蒸汽集中供热系统。茶厂蒸汽集中供热系统由锅炉、锅炉房、蒸汽输送分配管道、阀门、茶叶烘干机等组成。锅炉产生的蒸汽通过蒸汽输送分配管道输送至烘干机的热交换器，热交换器产生热空气作为烘干机加热干燥热源。茶厂蒸汽集中供热系统优点是：污染小、热效率高。

改变一台茶机一个炉灶，使用集中供热系统是茶机加热系统今后的发展方向。

（三）石油液化气集中供给系统

现在使用石油液化气的茶机越来越多，每台机器配一瓶石油液化气罐是不合理的。近几年，有规模的茶厂都开始用石油液化气集中供给装置。茶厂石油液化气集中供给装置由储气罐、减压阀、截止阀、压力表、输送分配管道、终端茶机组成。储气罐一般采用若干个50kg石油液化气罐组成，少部分茶厂是采用大型储气罐。

（四）红外辐射加热制茶机械

红外线（Infrared）是波长介乎微波与可见光之间的长在760纳米（nm）至1毫米（mm）之间。红外线加热优势有：①红外线有一定穿透性，产生内外一齐发热，不会使茶叶外干内湿现象；②物体可以选择性吸收红外线辐射能量；③红外线辐射加热节能。

利用红外辐射加热制茶是个发展方向。现在研制成功的红外辐射加热制茶机械有：红外滚筒杀青机、红外杀青理条机、红外理条机、红外烘干机等。红外辐射加热制茶机械与一般制茶机械相比，有以下重大优点：①杀青叶失水内外均匀、色泽翠绿、没有焦边焦叶；②理条叶失水内外均匀，没有焦边焦叶、理条效果好；③炒干叶无焦茶、节茶。

第十一章

茶叶质量管理制度与产品质量体系

茶叶基地应当建立完善的茶叶质量管理技术体系，有条件的基地还可以选择通过实施产品认证来进一步提高质量管理水平，并建立符合认证要求的管理体系。本章节重点介绍绿色食品茶、有机茶和良好农业规范（GAP）等三种认证的认证程序与要求，及普遍适用的生产管理制度和产品质量追溯体系。

第一节　产品认证

一、绿色食品茶叶认证程序和材料要求

绿色食品茶叶认证由中国绿色食品发展中心负责。

1. 认证申请

申请绿色食品（茶叶）认证的单位和个人（以下简称申请人）向中国绿色食品发展中心（以下简称中心）及其所在省（自治区、直辖市）绿色食品办公室、绿色食品发展中心（以下简称省绿办）领取《绿色食品标志使用申请书》、《企业及生产情况调查表》及有关资料，或从中心网站（网址：www. greenfood. org. cn）下载。申请人填写并向所在省绿办递交《绿色食品标志使用申请书》、《企业及生产情况调查表》及以下材料。

（1）保证执行绿色食品标准和规范的声明。

（2）茶叶种植、加工生产操作规程。

（3）公司对“基地 + 农户”的质量控制体系（包括合同、基地图、基地和农户清单、管理制度）。

（4）产品执行标准，《绿色食品　茶叶》（NY/T288）和具体的茶产品标准，如龙井茶还要执行《地理标志产品　龙井茶》GB/T 18650 – 2008）。

（5）产品注册商标文本（复印件）。

（6）企业营业执照（复印件）。

（7）企业质量管理手册。

（8）要求提供的其他材料（通过体系认证的，附证书复印件）。

2. 受理及文审

省绿办收到上述申请材料后，对申请认证材料的审查，并向申请人发出《文审意见通知单》。申请认证材料不齐全的，要求申请人收到《文审意见通知单》后10个工作日提交补充材料。申请认证材料不合格的，通知申请人本生长周期不再受理其申请。

3. 现场检查、产品抽样

省绿办在《文审意见通知单》中明确现场检查计划，计划得到申请人确认后委派2名或2名以上检查员进行现场检查。现场检查合格，可以安排产品抽样。凡申请人提供了近一年内绿色食品定点产品监测机构出具的产品质量检测报告，并经检查员确认，符合绿色食品产品检测项目和质量要求的，免产品抽样检测。申请人将样品、产品执行标准、《绿色食品产品抽样单》和检测费寄送绿色食品定点产品监测机构。现场检查不合格，不安排产品抽样。

4. 环境监测

绿色食品产地环境质量现状调查由检查员在现场检查时同步完成。经调查确认，产地环境质量符合《绿色食品　产地环境质量现状调查技术规范》规定的免测条件，免做环境监测。根据《绿色食品　产地环境质量现状调查技术规范》的有关规定，经调查确认，必要进行环境监测的，省绿办自收到调查报告2个工作日内以书面形式通知绿色食品定点环境监测机构进行环境监测。

5. 产品检测

绿色食品定点产品监测机构自收到样品、产品执行标准、《绿色食品产品抽样单》、检测费后，20个工作日内完成检测工作，出具产品检测报告。

6. 认证审核

审核结论为“有疑问，需现场检查”的，书面通知申请人，再次进行现场检查。审核结论为“材料不完整或需要补充说明”的，申请人需在20个工作日内将补充材料报送中心认证处。

7. 认证评审

认证终审结论分为两种情况：①认证合格。②认证不合格。如果认证不合格，本生产周期不再受理其申请。

8. 颁证

申请人在60个工作日内与中心签订《绿色食品标志商标使用许可合同》后颁发证书。

二、有机茶认证程序和要求

《中华人民共和国认证认可条例》和《有机产品认证管理办法》规定，有机产品认证机构应当依法设立，具有《中华人民共和国认证认可条例》规定的基本条件和从事。通过国家认证认可监督管理委员会批准、符合中国合格评定国家认可委员会有机产品认证的技术能力认可的有机产品认证机构均方可从事有机产品的认证。目前，25家认证机构认可业务范围包含“有机产品认证”，有机茶的认证主要在浙江省杭州市的杭州中农质量认证中心（原中国农业科学院茶叶研究所有机茶研究与发展中心，英文简称OTRDC）和设北京的北京中绿华夏有机食品认证中心（COFCC）等机构。有机茶认证是对茶园直至茶杯里的茶叶全过程的认证，认证机构不同认证程序大同小异，以杭州中农质量认证中心（OTRDC）为例，有机茶认证程序有10个步骤。

1. 信息查询

有机产品认证是自愿性产品认证，有意向的申请人可根据市场销售需要，直接向OTRDC询问相关认证信息、索取资料。

2. 申请，填写调查表

如果申请人确认其农场和加工厂能够按照有机产品认证标准进行生产和加工，则可填写OTRDC的申请表，传真或寄送至OTRDC。OTRDC根据申请表向申请人寄发茶叶种植和食品加工厂调查表，申请人将填写好的调查表寄回OTRDC，同时按照认证文件清单的要求附上相关材料。有机茶认证申请人至少应准备以下文件。

（1）申请人的合法经营资质文件，如土地使用证、营业执照、租赁合同等；当申请人不是有机产品的直接生产或加工者时，申请人还需要提交与各方签订的书面合同。

（2）申请人及有机生产、加工的基本情况，包括申请人/生产者名称、地址、联系方式、产地（基地）/加工场所的名称、产地（基地）/加工场所情况；过去三年间的生产历史，包括对农事、病虫草害防治、投入物使用及收获情况的描述；生产、加工规模，包括品种、面积、产量、加工量等描述；申请和获得其他有机产品认证情况。

（3）产地（基地）区域范围描述，包括地理位置图、地块分布图、地块图、面积、缓冲带，周围临近地块的使用情况的说明等；加工场所周边环境描述、厂区平面图、工艺流程图等。

（4）申请认证的有机产品生产、加工、销售计划，包括品种、面积、预计产量、加工产品品种、预计加工量、销售产品品种和计划销售量、销售去向等。

（5）产地（基地）、加工场所有关环境质量的证明材料。

（6）有关专业技术和管理人员的资质证明材料。

（7）保证执行有机产品标准的声明。

（8）有机生产、加工的管理体系文件。

（9）其他相关材料。

3. 材料初审

OTRDC 对申请人的调查表等资料进行初步审核，决定是否受理申请。如基本条件符合要求，则予受理；如认为存在问题，则需与申请人沟通，了解情况，并征询是否有进行整改的意向，再据此决定是否受理申请；如不同意申请，说明理由，本年度不再受理该项申请。OTRDC 自收到申请人书面申请之日起 10 个工作日内，完成对申请材料的评审，并做出是否受理的决定。

4. 签订协议

OTRDC 同意受理后，与申请人协商并签订有机认证检查协议。申请人根据协议规定交纳相关费用。

5. 采样检测

为提高有机产品认证的效率，更好地为“三农”服务，首次认证申请人在选定种植基地后，采集样品送有能力的实验室或经过国家计量认证的法定检测机构，对样品进行分析、检测，检测合格继续认证程序，检查员现场检查时认为必要也可采集样品检验。第 2 年及以后的复认证必须由检查员现场按认证规则的要求现场抽样，申请人不得自行取样。

6. 实地检查和编写检查员报告

OTRDC 在确认申请人已交纳认证所需的各项费用后，与申请人商定实地检查时间，派出经 OTRDC 认可的检查员，根据检查计划，依据认证标准和检查准则，对申请人的茶叶生产基地、茶叶加工厂等进行实地检查，必要时需再取样复测，检查员在检查结束时将提出改进意见或开出不合格项；申请人在规定时间内对不符合项（改进建议）进行整改，并向 OTRDC 提交附含原因分析的纠正措施材料（如本年度内不能完成整改，须提出改进计划），检查员进行验证。检查员在规定的时间内根据检查情况编写检查报告，经申请人核实签字后将检查报告提交到 OTRDC。

派检查员进行实地检查评估，是有机认证的关键一环。认证机构派出检查员，对申请者所申请的内容进行实地检查，以评估其是否达到认证标准。同时还要现场采集土壤样品和茶叶样品供检测。为了防止违背有机茶种植和加工的行为，保证产品符合有机茶质量标准的要求，保护消费者的利益，有时还进行不通知检查，也就是通常所称的飞行检查。

7. 综合审查

OTRDC 根据申请人提供的调查表、相关材料和检查员的检查报告，对照有机茶认证标准进行综合审查评估，编制认证评估表，如果综合审查认为申请者符合有机认证的最低要求，则提交认证委员会审议。同时核定认证面积和产量。

8. 认证决议

认证委员会根据综合审查意见，基于产地环境质量、现场检查和产品检测结果的评估，做出认证决定，颁发有机产品认证证书或拒绝认证通知。

有机产品认证证书：①茶叶生产加工活动、管理体系及其他审核证据符合有机产品认证实施规则和有机产品认证标准的要求。②茶叶生产加工活动、管理体系及其他审核证据虽不完全符合有机产品认证实施规则和有机产品认证依据标准的要求，但认证申请人已经在规定的期限内完成了不符合项纠正措施，并通过认证机构验证。茶园种植获得有机产品认证证书（生产），茶叶加工获得有机产品认证证书（加工）。

有机转换认证：如果申请人的茶园前3年曾经使用过禁用物质，但在申请之日起就开始按照有机生产要求进行转换，并且计划一直按照有机方式进行生产，则可颁发有机转换认证证书。从有机转换茶园收获的鲜叶，按照有机方式进行加工，只能作为常规茶销售。

拒绝认证：申请人如达不到有机茶认证标准要求，认证委员会将拒绝认证，并向申请者提出转化的建议。

9. 颁发证书

根据认证委员会认证决议，对获得认证的单位颁发有机或有机转换产品证书，也可包含生产、加工，符合有机茶标志使用的获证者，发给标志准用证。

OTRDC还将根据国家规定和申请人获得认证产品的数量及包装规格发给申请人相应数量的国家有机产品认证标志。有机茶证书和标志使用有效期为1年。有效期满前，愿继续认证的企业应在有效期终止前3个月重新提出申请，不重新认证的企业，不得继续使用有机茶证书和有机茶标志。

10. 证后监督

有机茶企业获证后加强认证证书的管理，应当在生产、加工、包装、运输、贮藏和经营等过程中，按照有机产品国家标准和《有机产品认证管理办法》的规定，建立完善的跟踪检查体系和生产、加工、销售记录档案制度。持续改进企业管理体系和满足有机茶认证的要求。在认证范围覆盖的产品内，合理规范的使用认证证书。接受监督检查。严格遵守OTRDC公开文件《批准、保持、扩大、缩小、撤销或注销认证资格及认证证书暂停使用》的要求。

三、良好农业规范（GAP）茶叶认证程序和要求

《中华人民共和国认证认可条例》规定，良好农业规范（GAP）认证机构应当依法设立，具有《中华人民共和国认证认可条例》规定的基本条件和从事。通过国家认证认可监督管理委员会批准、符合中国合格评定国家认可委员会良好农

业规范认证的技术能力认可的认证机构均方可从事 GAP 茶叶的认证。目前，16 家认证机构认可业务范围包含“GAP 认证 – 植物类”，GAP 茶叶认证主要在浙江省杭州市的杭州中农质量认证中心（原中国农业科学院茶叶研究所有机茶研究与发展中心，英文简称 OTRDC）和在北京的农业部优质农产品开发服务中心（采取安排）等机构。GAP 茶叶认证是对侧重茶园（包括加工）全过程的认证，认证机构不同认证程序大同小异，以杭州中农质量认证中心（OTRDC）为例，GAP 茶叶认证与有机茶认证程序基本一致，也有 10 个步骤。

流程	步骤	工作内容	企业配合工作内容
1	认证意向	介绍 GAP 产品认证的内容、特点和要求，必要时进行初访	介绍企业基本情况
	申请受理	向客户发放申请书等资料，进行合同评审、确定认证产品、确定产品标准和检测项目，和客户确定检测机构，客户报价	递交申请书和必需的文件及资料，确定检测机构，确认报价
	签约付费	签约，通知客户支付费用	签约，支付费用
2	样品采集	与客户确定采样日期，委托采样人员到现场采样	确定采样日期，配合采样人员采样
	样品检测	委托检测机构对样品进行检测	对检测不合格的项目进行整改
3	检查计划	与客户确定现场检查日期和检查计划	确认检查日期和检查计划
	现场检查	委托检查组实施生产基地、加工及流通情况等检查，核定产品品种、包装规格及其数量	配合检查组做好现场检查
	认证推荐	验证不符合项纠正，评价检测结果，撰写检查报告，提出推荐或不推荐建议	分析不符合原因、制定纠正措施、纠正不符合项
4	卷宗审查	审查所需文件材料是否完整	补充材料（如不完整）
	合格评定	检测和现场检查标准是否适用，检测和检查是否充分，检测和检查对照标准的符合性	补充材料（如需要）
	认证批准	认证批准，制作证书，卷宗归档	
	支付余款	通知客户支付余款	交付余款
	发放证书	邮寄或发放证书、标志使用规定等	确认收到证书，按规定使用标志等
5	证后监督	监督获证企业规范使用认证证书、标志，监督检查	规范使用认证证书、标志
	跟踪检查	证书有效期截止前通知客户年度跟踪检查或复审换证跟踪检查	配合年度跟踪检查和复审换证跟踪检查

第二节　管理制度与追溯体系

一、管理制度

茶叶生产基地必须建立完善的茶叶种植基地和茶叶加工管理制度，确保对茶叶种植基地和茶叶加工过程能实施有效管理。建立生产加工的管理制度和生产全过程档案，是茶叶绿色栽培模式过程中必不可少的，十分重要的内容。可以对生产整个过程进行跟踪审查，生产档案建立可以明确生产的责任，及时发现不合格的产品，查明原因，提供产品品质的证明和茶叶认证制度要求的技术的证据。

生产基地应编制和保持茶叶生产、加工、经营质量管理手册，质量管理手册是阐明企业生产目标的文件，是企业内部纲领性文件，是指导企业做好标准化茶园建设的内部规定，对于企业员工来说是法规性文件，应严格遵守。该手册应包括以下内容：生产、加工、经营者的简介；生产、加工、经营者的经营方针和目标；管理组织机构图及其相关人员的责任和权限；生产、加工、经营实施计划；内部检查；追踪审查；记录管理；客户申、投诉的处理。

生产操作规程是企业针对茶叶生产关键环节而制定的，用以指导和规范茶叶生产、加工和销售过程中关键环节具体的技术操作程序和操作方法，是确保企业的茶叶生产、加工和销售过程中符合相关操作和标准的管理性文件。操作规程至少包括以下内容：种植、加工、贮存、销售的良好操作规程；农药、化肥管理制度；种植基地茶叶有毒有害物质检验监控制度；鲜叶采收规程及收获后运输、加工、储藏等各道工序的管理规程；设备的维修、清洗及卫生管理规程；教育和培训规程；原料批次管理制度；生产记录规程；员工福利和劳动保护规程。

1. 生产管理制度

（1）茶园实行地块编号，责任到人，专地专管，按时巡察茶园，发现问题及时汇报。

（2）护好茶园生态环境，保护茶园清洁卫生，防止茶园污染，对可能造成污染的因素按有关规定及时排除；维护茶树生长，保产保质；每块标准茶园地头树立标准经生产公示牌，提示工作人员、游人及居民等注意，防止对标准茶园污染。

（3）按茶叶绿色生产模式的要求进行茶园管理。

（4）茶园投入物必须严格按有关标准，统一调度、合理安排和使用，农具、农药、肥料实行专人领用、专人保管、专门使用；根据茶树生长规律和农事季节进行科学施肥、用药；严禁使用高毒、高残留农药及其他有害物质。

（5）每年按月编写茶园生产管理农事活动计划，按计划实施每项农事操作活动。做好茶园农事记录，确保产品的可追溯性；农事活动记录力求及时、真实、规范、详细，做好当天活动当天记录，妥善保管。

（6）及时按标准采收茶叶，青叶按规定编好编码，茶叶不过夜，及时用专人专用装具送到茶厂，保证在运送过程中不受到污染。

2. 茶园农药、肥料管理规定

（1）遵循“预防为主，综合治理”的植保方针，综合运用农业、物理、生物、化学防治措施，控制有害生物，将农药残留降低到标准允许的范围内。

(2) 种植基地应选择高效、低毒、低残留农药品种。必须符合进口国以及我国有关部门的规定，严禁使用我国法律、法规、规章及茶叶进口国禁用或限用的农药。

(3) 农药应由基地农资管理部门统一向有资质的农药销售商采购，并加强对购进农药的验收管理。首次采购的农药必须经过有效成分确认，确认合格后方可发放使用。

(4) 农药的发放要根据不同时期的病虫害发生情况，由植保员提出书面申请，农资管理部门审批后方可发放。

(5) 农药由植保员领取后按照农药使用标准规范和稀释表确定的稀释比例进行配制，并监督农药喷洒及器具清洗。

(6) 施药后剩余的农药由基地植保员负责退回基地农资管理部门，统一处理，并做好记录。

(7) 基地使用的肥料必须经过有效成分确认，茶树种植宜使用有机肥。农家肥等有机肥料施用前应经无害化处理，有机肥中污染物质含量应符合有关规定，微生物肥料应符合 NY/T 227 要求，叶面肥应使用农业部门登记注册的品种。

3. 茶叶加工车间管理制度

为确保按质按量完成生产任务，创造优良的生产环境，提高车间生产质量，增强员工的思想素质，特制定如下车间制度：

(1) 操作人员持个人卫生合格证上岗，体能适应工种要求，不许带病上岗工作。所有工作人员穿工作服、戴工作帽、穿工作鞋上岗，严禁赤身、赤脚工作。

(2) 遵守劳动纪律和卫生制度，服从指导和分配，按时上、下班，有交接，机器运行时，工作人员不离岗，防止空岗运行。上班时间内不准聊天、嬉笑、玩耍、吃零食、偷懒、睡觉。

(3) 对所生产的产品不得有损坏行为；不得随意拿、吃加工车间茶叶。

(4) 按《加工技术规程要求》操作，及时做好记录，记录要及时、真实、详细、完整、规范。

(5) 车间要有标志，机具要标识，有重要危险机器应标有“警示牌”，以便使操作人员提高警惕。

(6) 车间要装消防和其他安全设施，工作人员要注意安全，开机关要试机，生产结束要及时关机，保护机具和设备，文明生产。

(7) 车间如发生非常的质量问题、操作问题、安全问题、组织纪律问题及其他问题，及时报告，车间主任要及时到场作出必要的处理。

4. 茶叶检验室管理制度

为了顺利进行茶叶质量控制工作，紧密配合生产部门进行生产，茶叶检验室设立工作管理制度如下。

（1）评茶室应经常保持清洁，严禁吸烟和饮食。

（2）每次做检验前、后必须将评茶室打扫干净。

（3）工作人员入室时必须穿戴工作衣、帽，离室时脱去工作衣、帽，挂于指定地点经洗净、消毒，保持清洁。

（4）工作人员操作前后或离开实验室，必须肥皂消毒液洗手。

（5）采样时用洁净的样罐采取一定量的样品，保证样品不受污染，及时进行感观和理化检测。

（6）备份样品，如果产品检验结果没出来，留样不要毁掉要保存。

（7）每次对生产的产品进行采样，检验如有超标的应及时向上级部门报告，并采取正确的措施改正。

（8）认真做好准备工作，尊重事实，实事求是，确保检验的准确性和可信性。

（9）下班后，检查电源、水源、门窗等是否关好，确认无安全隐患后方可离开。

5. 茶叶库房管理制度

（1）不得将有异味的物品与茶叶混放。

（2）随时整理物品、保持库房内的清洁卫生。

（3）及时办理商品的出库、入库手续，凭单发货，做好每天的出、入库记录，做到账物相符。

（4）维护产品的状态标识和产品标识。

（5）每天要按时查看温湿度计，并准确记录，有异常现象立即向厂长汇报。

（6）全心全意为生产服务，料单随到随发，不得短斤少两，库存茶一律凭单发货；

（7）库存货做到随发随盘，盘点发现的问题及时查明原因，做好记录，填报清单；

（8）保持库内干燥、通风、地面严禁有积水。

（9）配备有效的消防设施（灭火器），专人负责保管，基本掌握灭火知识，熟练使用灭火器。

（10）严禁在库房吸烟、嬉戏、打闹及乱扔废弃物，保持卫生清洁，避免造成污染。

（11）下班前检查门、窗是否已关闭，电源是否已切断，切实做好安全工作，防止隐患发生。

6. 产品批次、批号管理制度

（1）必须做到建立茶园地块的编号档案，各工序编号加工，责任人签字。保证流向可追踪、源头可追溯、出现质量问题可查询。

（2）根据不同的地块号及送叶日期、当日批次，为鲜叶编制批号。收购验收后单独摊放、单独加工，并且做到每道加工工序挂牌操作，标识流程，并做好加工记录。

（3）精制后生成成品，编制成品批号，以参拼数量最多的茶叶基地订为本批次茶叶的基地号。成品装箱后以唛批的方式注明：年份、基地号、颁证机构、花色、等级、批次，然后才能出厂销售，做好销售记录。

二、生产跟踪追溯体系

建立茶叶绿色生产模式的茶叶基地，应当建立一套可追溯的质量跟踪记录系统，来体现全过程控制的理念。一旦发现质量等问题，立即可通过这一套质量跟踪记录系统，追查到全过程的某个环节。茶叶生产过程记录是茶叶绿色生产模式生产、加工活动的有效证据，是生产可追溯性的基础，企业应做好茶叶生产的记录。生产、加工、经营者应建立并保护记录，对记录实施有效的管理，记录要求应字迹清晰、标识明确；记录应具备对相关活动、产品的可追溯性；同时记录的保存和管理应便于查阅，避免损坏、变质或遗失；记录至少保存5年。质量跟踪记录系统是记载从茶树种植、茶园管理、茶叶采摘，到茶叶加工及包装、运输、贮藏和销售全过程的文字、数据和图像等资料。是茶叶标准化生产的证据，是生产者提高管理水平的重要依据（表11－1～14）。

田间生产档案内容：①地块分布图。清楚地显示出茶园各个地块的大小、方位、边界、缓冲区及相邻土地的状况，显示茶树、建筑、树林、溪流、排灌系统等；②茶园历史记录。详细列举过去3年每个地块每年的投入物（肥料和农药等）及其投入的数量和日期；③农事活动记录。农事活动记录是实际生产过程发生事件的详细记录，如施肥、除草、修剪、采摘的日期和形式，投入物记录、天气条件、遇到的问题和其他事项；④当年投入物记录。详细记录了外来投入物物品、种类、来源、数量、使用量、日期和地块号等。可以从收据和标签上加以鉴别，记录应和地块号相关联；⑤采摘记录。按地块分别记录采摘日期、数量、鲜叶等级等；采摘记录可以包含在农事活动记录中，也可单独记录。

加工记录是茶叶质量跟踪管理的重要档案，这一点往往被加工人员所忽视，加工记录也是反映企业记录体系的重要内容之一。必须有专人负责记录加工情况。鲜叶进厂时应做好记录并放置认证标签标识（绿色、有机、GAP），鲜叶记录的内容包括鲜叶采摘的地块、鲜叶数量、等级、质量以及相关的责任人等。运输和装卸过程应也当有完整的档案记录，并保留相应的票据，保持茶叶生产的完整性。茶叶加工通常应记录生产日期、鲜叶的来源、数量和等级，加工成品的数量和质量、加工负责人以及品质等信息，并给每一个批次的产品编一个号，以便茶叶的流通、转移和运输，方便后阶段的管理和检查。

在茶叶贮运过程中必须详细记录被贮运的茶叶生产日期、茶叶等级、检验单、入库单、仓库号、堆垛位置、贮藏温度、湿度、出货单、运输单证、运输车辆、运输路径、盛装器具、盛装方式、数量、茶叶等级、批次、经办人等。

为了便于做好记录，根据茶叶生产的特点，我们编制了建立农事活动记录、加工记录和销售记录表。各单位可以根据自身的实际情况，参考建立记录系统，做好标准茶园档案记录。

表 11－1　茶叶生产基地基本情况表

<table>
<tr><td>基地名称</td><td colspan="2"></td><td>基地编号</td><td colspan="2"></td></tr>
<tr><td>基地地址</td><td colspan="2"></td><td>基地面积</td><td colspan="2"></td></tr>
<tr><td>基地负责人</td><td></td><td>电话</td><td></td><td>基地建成时间</td><td></td></tr>
<tr><td rowspan="3">植保员姓名</td><td colspan="2"></td><td rowspan="3">资格证书号</td><td colspan="2"></td></tr>
<tr><td colspan="2"></td><td colspan="2"></td></tr>
<tr><td colspan="2"></td><td colspan="2"></td></tr>
<tr><td>主要茶树品种</td><td colspan="5"></td></tr>
<tr><td>灌溉水源</td><td colspan="5"></td></tr>
<tr><td>周围环境情况</td><td colspan="5"></td></tr>
<tr><td>专用农药保管
仓库及状况</td><td colspan="5"></td></tr>
<tr><td>使用农药名称（必须填写农药
正式中文学名）</td><td colspan="5"></td></tr>
<tr><td>农药来源或购买途径</td><td colspan="5"></td></tr>
<tr><td>农药施放程序（农药的
领用、稀释、施放）</td><td colspan="5"></td></tr>
<tr><td>施药后的安全处理程序（空瓶、
剩余农药、喷药用具等）</td><td colspan="5"></td></tr>
<tr><td>施药人员的安全措施
（人员培训、防毒用具等）</td><td colspan="5"></td></tr>
<tr><td>农药保管人员名单
农药施放人员名单</td><td colspan="5"></td></tr>
<tr><td>基地平面图</td><td colspan="5"></td></tr>
</table>

制表人：　　　　　　　制表日期：

表 11－2　茶叶种植基地茶园地块组成清单

基地名称：　　　　　　　　　　　制表人：

茶园名称	责任人	地块编号	栽培面积	茶树品种	备注

表 11－3　茶叶种植基地农事活动记录

基地名称：　　　　　　　　　　　　地块编号：　　　　　　　　填表人：

日期	农事活动项目（施肥、除草、修剪、耕作、采摘，农药、肥料等茶园投入物使用，等等）	劳动面积	具体内容（包括执行结果）	负责人、活动人员	备注

表 11－4　茶叶种植基地可选农药清单

基地名称：　　　　　　　　　　　　使用年度：　　　　　　制表人：

序号	农药中文名称	英文名称	农药登记号	安全间隔期（天）	防治对象	使用剂量	正确稀释倍数	每茶季使用次数
备注								

表 11－5　茶叶种植基地农药使用记录

基地名称：　　　　　　　　　地块编号：　　　　　　　　　填表人：

使用日期	地　号	面　积	农药名称	使用量（千克/亩）	稀释倍数	防治对象		施药人	预计采摘期	备　注
						主治	兼治			

表 11－6　农药购进和领用记录

基地名称：________　农药仓库名称：________　保管人：________

农药名称：________　主要成分（英文）：______　单位：______克/瓶（毫升/瓶、克/袋）

购入日期	农药登记号	生产厂	经销单位	购入数量（瓶、袋）	使用日期	使用数量（瓶、袋）	领用人	结余（瓶、袋）	备注

表 11－7　肥料采购和领用记录

基地名称：__________　仓库名称：__________　保管人：________

肥料名称：__________　主要成分：__________　单　位：________千克/袋)

购入日期	肥料登记号	生产单位	经销单位	购入数量（瓶、袋）	领用日期	领用数量（瓶、袋）	领用人	结余（瓶、袋）	备注

表 11－8　茶叶种植基地肥料使用记录

基地名称：　　　　　　地块编号：　　　　　　填表人：

使用日期	地块编号	面积	肥料名称	主要成分	使用数量	施肥人	预计采摘日期	备注

表 11－9　茶叶种植基地鲜叶流向记录

基地名称：　　　　　　　　　　　　　　　　　　填表人：

采摘日期	地块号	面　积	批号	产　量	等　级	初加工企业名称

表 11－10　初加工企业生产记录

生产日期：　　　　　　　　　　车间：　　　　　　　　　　填表人：

鲜叶来源						加工情况			产品出运情况			
基地名称	地块编号	批号	数量	等级	验收人员	加工品种	干茶产量	等级	批号	入库号	调运单位	调出日期
备注												

对于规模较大的加工厂，建议制作工艺流程卡，加工过程按每道工序分别填写，如绿茶加工包括摊青、杀青、揉捻、烘干等，该卡随加工流程从上一工序交接到下一工序，直到加工完成产品入库

表 11－11　绿茶加工基本工艺流程卡

车间名称			日期	
原材料名称			数量	
原料来源	自有	外购	等级	
工艺流程	主要设备	工序状态检验记录	操作者	检验员
鲜叶验收	台秤			
摊放（或贮青）	篾垫、竹匾			
	摊放（贮青）设备			
杀青	锅（手工）			
	（锅式杀青机）			
	滚筒杀青机			
揉捻	揉捻			
干燥	烘笼			
	烘干机			
包装				

表 11－12　红茶加工基本工艺流程卡

车间名称			日期	
原材料名称			数量	
原料来源	自有	外购	等级	
工艺流程	主要设备	工序状态检验记录	操作者	检验员
鲜叶验收	台秤			
萎凋	篾垫、竹匾			
	摊放（贮青）设备			
揉捻（切）	揉捻（切）机			
发酵	发酵车和发酵机			
干燥	烘笼			
	烘干机			
包装				

表 11－13　青茶（乌龙茶）加工基本工艺流程卡

车间名称			日期	
原材料名称			数量	
原料来源	自有	外购	等级	
工艺流程	主要设备	工序状态检验记录	操作者	检验员
鲜叶验收	台秤、人感官			
萎凋	日光萎凋：簸垫、竹匾			
	加温萎凋：焙楼和萎凋槽			
做青	手工：簸垫、竹匾			
	机械：摇青机			
杀青	锅（手工）			
	锅式杀青机			
	滚筒杀青机			
揉捻	揉捻机			
初干	烘笼和烘干机			
干燥	烘笼、烘干机			
包装				

表 11－14　茶叶销售记录表

日期	购货单位	茶叶品名等级	包装规格	数量	批次号	发票号或出库单号	负责人

参考文献

黎得辉，傅尚文 . 2012. 有机茶生产大全［M］. 北京：化学工业出版社 .

毛和福 . 2007. 建设生态茶园　生产绿色食品："绿色食品"茶叶主要栽培技术［J］. 福建农业，12：36.

谢应南 . 2006. 绿色食品茶叶茶园管理技术［J］. 茶叶，32（3）：158－159.

张文锦，翁伯琦，张应根，等 . 2010. 福建良性生态茶园建设的模式选择及关键技术［J］. 福建农业学报，25（6）：792－795.

中华人民共和国农业部 . 中华人民共和国农业行业标准 . 绿色食品　产地环境质量 NY/T 391—2013［S］. 北京：中国农业出版社 .

中华人民共和国农业部 . 中华人民共和国农业行业标准 . 绿色食品　农药使用准则 NY/T 393—2013［S］. 北京：中国农业出版社 .

中华人民共和国农业部 . 中华人民共和国农业行业标准 . 绿色食品　肥料使用准则 NY/T 394—2013［S］. 北京：中国农业出版社 .